最新 臨床検査学講座

化 学

奈良雅之

JN003030

医歯薬出版株式会社

「最新臨床検査学講座」の刊行にあたって

　1958 年に衛生検査技師法が制定され，その教育の場からの強い要望に応えて刊行されたのが「衛生検査技術講座」であります．その後，法改正およびカリキュラム改正などに伴い，「臨床検査講座」(1972)，さらに「新編臨床検査講座」(1987)，「新訂臨床検査講座」(1996) と，その内容とかたちを変えながら改訂・増刷を重ねてまいりました．

　2000 年 4 月より，新しいカリキュラムのもとで，新しい臨床検査技師教育が行われることとなり，その眼目である"大綱化"によって，各学校での弾力的な運用が要求され，またそれが可能となりました．「基礎分野」「専門基礎分野」「専門分野」という教育内容とその目標とするところは，従前とかなり異なったものになりました．そこで弊社では，この機に「臨床検査学講座」を刊行することといたしました．臨床検査技師という医療職の重要性がますます高まるなかで，"技術"の修得とそれを応用する力の醸成，および"学"としての構築を目指して，教育内容に沿ったかたちで有機的な講義が行えるよう留意いたしました．

　その後，ガイドラインが改定されればその内容を取り込みながら版を重ねてまいりましたが，2013 年に「国家試験出題基準平成 27 年版」が発表されたことにあわせて紙面を刷新した「最新臨床検査学講座」を刊行することといたしました．新シリーズ刊行にあたりましては，臨床検査学および臨床検査技師教育に造詣の深い山藤　賢先生，高木　康先生，奈良信雄先生，三村邦裕先生，和田隆志先生を編集顧問に迎え，シリーズ全体の構想と編集方針の策定にご協力いただきました．各巻の編者，執筆者にはこれまでの「臨床検査学講座」の構成・内容を踏襲しつつ，最近の医学医療，臨床検査の進歩を取り入れることをお願いしました．

　本シリーズが国家試験出題の基本図書として，多くの学校で採用されてきました実績に鑑みまして，ガイドライン項目はかならず包含し，国家試験受験の知識を安心して習得できることを企図しました．国家試験に必要な知識は本文に，プラスアルファの内容は側注で紹介しています．また，読者の方々に理解されやすい，より使いやすい，より見やすい教科書となるような紙面構成を目指しました．本「最新臨床検査学講座」により臨床検査技師として習得しておくべき知識を，確実に，効率的に獲得することに寄与できましたら本シリーズの目的が達せられたと考えます．

　各巻テキストにつきまして，多くの方がたからのご意見，ご叱正を賜れば幸甚に存じます．

2015 年春

医歯薬出版株式会社

序

　臨床検査技師を目指す皆さんは，大学もしくは専門学校の初年次の授業として「化学」を学ぶことが多いと思います．国家試験科目には「化学」という科目がないこともあり，化学の授業時間数は学校のカリキュラムにより異なります．そのために，化学をあまり重要な科目でないと感じるかもしれません．しかし，化学は生化学，臨床化学検査学，臨床検査総論などを学ぶための基礎であり，高校で学んだ「化学」の知識を土台としてさらに積み上げていく重要な学問です．本書は，この目的に沿うために，臨床検査技師教育の基礎科目として，化学の全分野を網羅するように配置しました．

　"物質の構造"，"物質の状態"，"物質の変化"の各章では，物質の化学的性質についての概念を習得することを目的にしています．この部分は化学の基礎として最も重要でありながら，初学者にとってなかなか理解しにくいところです．そこで，記述をできるだけ丁寧に，平易にすることを心掛けました．また，専門科目とのつながりを重視して，酵素反応機構など少しレベルの高い内容も含まれており，その箇所には「発展（ハイレベル）」の印がついています．是非じっくり取り組んでほしいところですが，難しい場合は読み飛ばしても構いません．

　"無機化合物"，"有機化合物"の章では，無機ならびに有機化合物の性質を熟知し，専門科目を学ぶためのベースとなる知識や，また臨床検査技師として業務を遂行するうえで，適切に対処できるような知識を習得することを目標として記述しました．有機化学については，有機電子論による反応機構を理解できるように，形式電荷，共鳴混成体についても詳しく解説しました．

　最後に"実習のための基礎知識"の章では，化学実験における基本操作，実験値の正しい取り扱い方などを習熟することを目標としました．試薬の取り扱い方，廃液の処理，実験室における事故の処理など，臨床検査技師として現場で役に立つようになっています．

　章末問題には，臨床検査技師国家試験で実際に出題された問題が含まれています．「化学」の知識だけで正解にたどり着ける問題が含まれていることからも，化学の重要性を確認できると思います．特に，酸塩基平衡は体液を理解するうえで欠かせない項目ですので，付録の発展問題では，公式を暗記するだけでなく，原理的な取り扱いも含めて理解を深められるように，解説も少し詳しく載せました．

　本書が臨床検査技師教育のための教科書として役立つものとなるように，今後とも多くの方からご指摘やご鞭撻をいただければ幸いです．

2020 年 1 月

奈良雅之

最新臨床検査学講座
化学
CONTENTS

 **側注マークの見方**　国家試験に必要な知識は本文に，プラスアルファの内容は側注で紹介しています．

📕 用語解説　　🔵 関連事項　　🔵 トピックス

第1章 物質の構造

Ⅰ 原子と分子

　化学は，物質の構造，性質および変化を対象とする学問である．

　天然に得られる物質は，一般に2種類以上の物質の混合物であることが多い．これらの物質を互いに分離し，純粋な物質を得る方法を**精製**（purification）という．

　精製方法としては，分別沈殿，遠心分離，蒸留，昇華，再結晶，透析，濾過，ゲル濾過，限外濾過，クロマトグラフィ（分配，吸着，イオン交換，アフィニティ），電気泳動などが用いられる．

　純粋な物質は，それぞれ特有の構造，性質，たとえば融点，沸点，密度，溶解度，屈折率，色，化学反応性，電磁気学的性質などをもつので，それらの諸性質を調べることにより，他物質と区別することができる．

　全体が均一に混ざっている混合物は**溶体**（solution）とよばれる．溶体が液体のときは溶液，固体のときは固溶体，気体のときは混合気体とよばれる．空気は気体状の溶体，食塩水や砂糖水は溶液，金と銅の合金は固溶体の例である．

　一方，食塩と砂糖の混合物，水と活性炭，水と石油の混合物などは均一に混ざり合わず，不均一混合物の例である．

1　元素，単体，化合物

　今日知られている物質の種類は1億を超すといわれる．しかし，これらを構成している元素（element）は118種類しかない．そのうち30種類は天然には存在せず，人工的につくられた元素である．人工的につくられた元素には，$_{43}$Tc，$_{61}$Pm，$_{85}$At，$_{87}$Fr および原子番号が93以上の超ウラン元素（$_{93}$Np〜$_{118}$Og）などがある．

　元素の記号としては，元素のラテン名の頭文字，または頭文字と他の1字を組み合わせたものが用いられる（表1-1）．これを**元素記号**または**原子記号**という（付表Ⅰ）．

　1種の元素からなる物質を**単体**，2種以上の元素からなる物質を**化合物**（compound）という．単体の種類は比較的少ないが，化合物の種類はきわめて多い．また，同じ元素からなる単体が2種類以上存在することもあり，これらは互いに**同素体**（allotrope）であるという．たとえば，酸素とオゾン，黒鉛とダイヤモンドとフラーレンなどである．化合物は便宜上，**無機化合物**

元素記号の表記法

質量数 → 12
原子番号 → 6　C

質量数＝陽子数＋中性子数
原子番号＝陽子数
詳しくはp.9を参照のこと．

付表はp.240〜243を参照．

表1-1　元素名の例

元素名		元素記号	名の由来
日本語	英語		
カルシウム	calcium	Ca	石灰の成分であるから，"石灰" のラテン語
臭素	bromine	Br	悪臭があることから，"臭気" のギリシャ語
ネオン	neon	Ne	新発見の気体の元素 "新しいもの" のギリシャ語
ウラン	uranium	U	この元素の数年前に発見された天王星 "uranus" から
キュリウム	curium	Cm	ラジウムなど放射性元素を発見したキューリー夫妻を記念して
ニホニウム	nihonium	Nh	日本で初めて発見された元素として，"日本" から

(inorganic compound）と**有機化合物**（炭素原子を含む化合物，organic compound）に大別される．化合物の種類は無機化合物に比べて有機化合物の方が圧倒的に多い．

2　原子，分子

　すべての物質は，細分化していくと，ついには分割不可能な極限の粒子に達する．この極限の微粒子をドルトン（Dalton，1803年）は**原子**（atom）とよんだ．この説に従うと，元素の種類は原子の種類に等しく，同じ元素の原子は一定の同じ質量，同じ大きさ，同じ性質をもった粒子である．そして，化合物は種類の異なる元素の原子が整数個ずつ結合したものである．

　アボガドロ（Avogadro，1811年）は，物質を構成している最小単位粒子は**分子**（molecule）であり，分子は原子がいくつか結合してできているので，分子を分割して原子にすることはできるが，このとき物質としての特性は失われると考えた．すなわち，物質の性質を失わずに，分割しうる最小単位は分子である．またアボガドロは "同温同圧のもとで同体積の気体は，気体の種類に関係なくすべて同数の分子を含む" という仮説を提唱した．

　ドルトンの原子説，アボガドロの分子説により，次にあげる化学の基本法則は完全に説明される．現在では，原子，分子の実在が確認されている．

3　化学の基本法則

　化学変化に関連して実験的に証明された化学の基本法則には，次の4つがある．

　質量保存の法則（law of conservation of mass）：化学変化にあずかる物質の全質量は，化学変化の前後で不変である．

　定比例の法則（law of definite composition）：1つの化合物に含まれる成分元素の質量の比は一定である．すなわち，どんな製法によろうと，できあがった化合物が同じなら，その組成は一定である．

　倍数比例の法則（law of multiple proportion）：同一の2つの元素，たとえ

ばA，Bからなる化合物が2種類以上あるとき，1つの化合物においてAの一定量と化合するBの質量と，別の化合物において同じ量のAと化合しているBの質量とは簡単な整数比をなす．

気体反応の法則 (law of gaseous reaction)：気体の体積を同温，同圧で量るとき，互いに反応する気体の体積の間，および生成した気体の体積と反応前の気体の体積との間には簡単な整数比が成立する（たとえば，水素2体積と酸素1体積が反応して水蒸気2体積ができる）．

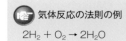
気体反応の法則の例
$2H_2 + O_2 \rightarrow 2H_2O$

4 原子量，分子量およびモルの概念

1961年に国際純正・応用化学連合（IUPAC）および国際純粋・応用物理学連合（IUPAP）は，質量数（原子核を構成する陽子数と中性子数の和）12の炭素の同位体（^{12}C）を基準にとり，これを原子質量単位（atomic mass unit）として，12.0000と定めた．現在では，原子質量単位をさらに修正した**統一原子質量単位**（unified atomic mass unit）が用いられている．その記号はuで，1uは正確に1個の^{12}C原子の質量の1/12と定義される．

同位体：p.9を参照のこと．

各元素は，天然にいくつかの同位体を含む．同位体混合物の平均の質量を統一原子質量単位で表した数を各元素の**原子量**という（**付表I**）．これは鉛などを除いて，地球上では各元素の同位体混合比がほぼ一定であることを基盤にしている．

統一原子質量単位
生化学ではこの単位をDa（dalton，ドルトン）という単位でよぶことが多い．
1u = 1Da．

原子量と同じ基準を用いて分子の相対的な質量を表した数を**分子量**（molecular weight）という．分子量は分子を構成するすべての原子の原子量の和に等しい．

質量数12の炭素12gには6.022×10^{23}個の原子が含まれる．6.022×10^{23}のことを**アボガドロ定数**という．また，0℃，1 atm（標準大気圧）の気体の1 cm^3に含まれる分子数2.6869×10^{19}を**ロシュミット数**という．

一般に，原子，分子，イオンなどの粒子の1個の質量はきわめて小さく（たとえば，水素原子1個の質量は1.673×10^{-24}g），実験室などで物質を扱うとき，一定の質量（たとえば1gなど）に含まれる各粒子の数を表すのに，粒子の数そのものを用いるのははなはだ不便であるので，もっと多数の粒子の集まりを1つの単位とする（100,000,000個を1億個と表すように）．すなわち，粒子がアボガドロ定数個存在するときの量を**1 mol**（モル：mole）とよぶ．

1 molは一定の数を表す量であるから，どのような物質でも物質量が等しければ同じ数の粒子が含まれる．原子量または分子量の異なる物質が1 molずつあるとき，各物質の質量は原子量または分子量に比例する．原子量または分子量にグラム単位をつけたものを**1グラム原子**または**1グラム分子**とよぶことがあるが，これは1 molにまったく等しい．したがって，**物質1 molの質量はその物質の原子量または分子量に等しい数字にグラムをつけた量である**．

以上述べた概念は，電子に対しても適用される．すなわち，電子の質量は統一原子質量単位では0.00055であり，電子1 molとは電子の数が6.022×

10^{23}（アボガドロ定数）個存在し，その質量は 0.00055 g である．1 mol の電子の電荷量は，電子 1 個の電荷量が 1.60×10^{-19} C（クーロン）であることから，$6.022 \times 10^{23} \times 1.60 \times 10^{-19}$ C ≒ 96,485 C である．

原子量は実験でも求められ，たとえば，固体の比熱に関する**デュロン・プティ**（Dulong–Petit）**の法則**や，化合物の組成と結晶の形に関する**ミッチェルリッヒ**（Mitscherlich）**の同形の法則**などがある．化学反応を利用した実験から元素の当量（水素 1.008，酸素 7.9997，または銀 107.868 と過不足なく化合する元素の量）を正確に求め，これに原子価をかけて求める方法がある．分子量の求め方については，のちに述べる．

5 化学式

物質を構成する元素の種類と原子数の比を最も小さい整数を用いて元素記号とともに表した式を**実験式**（empirical formula，組成式ともいう）という．水晶（石英）を SiO_2，食塩を $NaCl$，ダイヤモンドを C と表すのはその例である．

分子量を定義するのが困難なこれらの物質では，実験式そのものをその物質の**化学式**とする．もし分子量がわかれば，分子を構成する原子とその数を元素記号で表した**分子式**（molecular formula）を用いて物質を表すことができる．分子量は実験式について計算した原子量の総和（化学式量）の整数倍になる．

高分子物質で 1 つの単位が繰り返し存在するもの，たとえばデンプンやセルロースは，実験式 $C_6H_{10}O_5$ を n 倍したという意味の分子式 $(C_6H_{10}O_5)_n$ を用いることがある．n はかなり大きい正の整数を意味する．n は，あらゆる分子種で同じ値であるときのみならず，数のある範囲を示すときや，また値は大きいがはっきりしていないときにも用いられることがある．

6 当量，原子価

ある特定の反応（主として中和，酸化還元反応など）に際し，水素原子 1 mol または酸素原子 1/2 mol と反応する（一般に電子 1 mol の授受に関与する）元素の質量を，その元素の**化学当量**または**当量**（equivalent weight）という．同じ元素でも，反応する相手の元素，分子などにより異なる当量の値をとることもある．この場合，これらの当量の値は簡単な整数比をなす．例を**表 1-2**に示す．

原子量は当量の整数倍である．原子量と当量の比をその元素の**原子価**（valence）という．

$$原子価 = \frac{原子量}{当量}$$

原子価は，その原子がいくつの水素原子と結合または置換しうるか，あるいはいくつの核外電子が結合に関与しうるかを示している．

デュロン・プティの法則

比熱容量（cal/g×℃）× 原子量（g/mol）≒ 6 cal/mol℃

化学式

実験式（組成式）や，分子式のほか，官能基を明示した示性式．価標を使って表した構造式がある．

酢酸の例

実験式 （組成式）	CH_2O
分子式	$C_2H_4O_2$
示性式	CH_3COOH
構造式	

化学当量

メタン CH_4 は 1 個の炭素原子 C に対して水素原子 H が 4 個結合してできる．したがって，1 mol の水素原子 H に対して炭素原子 C は 1/4 mol 反応するから，炭素の原子量 12.0 に 1/4 をかけて，$12.0 \times 1/4 = 3.0$ が炭素の当量となる．したがって，メタンの炭素の 1 グラム当量は 3.0 g となる．

表1-2　元素の当量

元素の当量		化合物	
酸素	7.999	水	H_2O
窒素	4.668	アンモニア	NH_3
炭素	3.028	二酸化炭素	CO_2
炭素	6.056	一酸化炭素	CO
硫黄	16.032	硫化水素	H_2S
塩素	35.453	塩化水素	HCl

表1-3　SI基本単位と物理量

物理量	量の記号	SI単位の名称		SI単位の記号
長さ	l	メートル	metre	m
質量	m	キログラム	kilogram	kg
時間	t	秒	second	s
電流	I	アンペア	ampere	A
熱力学温度	T	ケルビン	kelvin	K
物質量	n	モル	mole	mol
光度	I_v	カンデラ	candela	cd

7　国際単位系（SI：International System of Units）

　物理量は数値と単位の積（数値×単位）として表される．ある直線の長さ l がメートル（m）という単位の 2.5 倍に等しいということが測定してわかったとすると，$l = 2.5\,m$ と表す．等式の両側は同じ次元でなければならないので，$l/m = 2.5$ という表現は正しいが，$l = 2.5$ は正しくない．

　科学の世界では物理量を表すために共通の単位系が普及しつつある．それは国際単位系 SI とよばれるもので，国際純正・応用化学連合（IUPAC）などの多くの国際団体が採用している．SI における長さ，質量，時間の基本単位はメートル，キログラム，秒であり，その記号はそれぞれ m，kg，s である．基本となる物理量は**表1-3**にあげた7個であり，これらの基本物理量の積または商の形で表したものを用いると，いろいろな物理量を組み立てることができる．たとえば，体積は長さ×長さ×長さ＝m×m×m＝m^3 と表され，速度は距離（長さ）を時間で割ったもの，つまり，長さ／時間＝$m\,s^{-1}$ で表される．

　SI組立単位は，基本単位の積または商の組み合わせによりつくられる．ある種のSI組立単位には特別の名称が与えられることがある（**表1-4**）．たとえば，力の単位 $m\,kg\,s^{-2}$ に対して N が与えられる．単位と単位の間にはスペースを空けるか，"・"をおくことになっている．

　SI基本単位ならびに組立単位の10の整数乗もしくは10の整数乗分の1を表すのに，**SI接頭語**（**表1-5**）が便利である．たとえば，$10^3\,J = 1kJ$，$10^{-9}\,m = 1\,nm$，$10^{-6}\,s = 1\,\mu s$ などと表すことができる．ただし，質量はグラムから導かなければいけないので，$10^{-6}\,g$ を $1\,\mu g$ と表すことはできるが，1 nkg と書いてはいけない．また，接頭語と単位の間はスペースをおいてはいけない．たとえば，1 mN と書けば $10^{-3}\,N$ と解釈されるが，1 m N あるいは 1 m・N と書けば m×N で 1 J（エネルギーの単位）を意味する．単位は次のように大別できる．

表1-4　固有の名称と記号をもつSI組立単位の例

物理量		SI単位の名称		SI単位の記号	SI基本単位による表現
周波数	frequency	ヘルツ	hertz	Hz	s^{-1}
力	force	ニュートン	newton	N	$m\ kg\ s^{-2}$
圧力，応力	pressure, stress	パスカル	pascal	Pa	$m^{-1}\ kg\ s^{-2}\ (= N\ m^{-2})$
エネルギー，仕事，熱量	energy, work, heat	ジュール	joule	J	$m^2\ kg\ s^{-2}\ (= N\ m = Pa\ m^3)$
工率，仕事率	power	ワット	watt	W	$m^2\ kg\ s^{-3}\ (= J\ s^{-1})$
電荷	electric charge	クーロン	coulomb	C	$s\ A$
電位	electric potential	ボルト	volt	V	$m^2\ kg\ s^{-3}\ A^{-1}\ (= J\ C^{-1})$
静電容量	electric capacitance	ファラド	farad	F	$m^{-2}\ kg^{-1}\ s^4\ A^2\ (= C\ V^{-1})$
電気抵抗	electric resistance	オーム	ohm	Ω	$m^2\ kg\ s^{-3}\ A^{-2}\ (= V\ A^{-1})$
コンダクタンス	electric conductance	ジーメンス	siemens	S	$m^{-2}\ kg^{-1}\ s^3\ A^2\ (= \Omega^{-1})$
磁束	magnetic flux	ウェーバ	weber	Wb	$m^2\ kg\ s^{-2}\ A^{-1}\ (= V\ s)$
磁束密度	magnetic flux density	テスラ	tesla	T	$kg\ s^{-2}\ A^{-1}\ (= V\ s\ m^{-2})$
インダクタンス	inductance	ヘンリー	henry	H	$m^2\ kg\ s^{-2}\ A^{-2}\ (= V\ A^{-1}s)$
セルシウス温度*	Celsius temperature	セルシウス度	degree Celsius	℃	K
平面角	plane angle	ラジアン	radian	rad	1
立体角	solid angle	ステラジアン	steradian	sr	1

＊：セルシウス温度は θ（℃）＝ T(K)－273.15 と定義される．

表1-5　SI接頭語

倍数	接頭語		記号	倍数	接頭語		記号
10	デカ	deca	da	10^{-1}	デシ	deci	d
10^2	ヘクト	hecto	h	10^{-2}	センチ	centi	c
10^3	キロ	kilo	k	10^{-3}	ミリ	milli	m
10^6	メガ	mega	M	10^{-6}	マイクロ	micro	μ
10^9	ギガ	giga	G	10^{-9}	ナノ	nano	n
10^{12}	テラ	tera	T	10^{-12}	ピコ	pico	p
10^{15}	ペタ	peta	P	10^{-15}	フェムト	femto	f
10^{18}	エクサ	exa	E	10^{-18}	アト	atto	a
10^{21}	ゼタ	zetta	Z	10^{-21}	ゼプト	zepto	z
10^{24}	ヨタ	yotta	Y	10^{-24}	ヨクト	yocto	y

質量の単位の10の整数乗倍は，グラムに接頭語をつけて表示する．たとえば，mg（μkg と書かない），Mg（kkg と書かない）．

表 1-6 定義値（誤差のない値）となる 7 つの基礎物理定数

物理量	記号	数値
^{133}Cs の基底状態の超微細構造の遷移の振動数	Δv	9192 631 770 s^{-1}
真空中での光速	c	299 792 458 m s^{-1}
プランク定数	h	6.626 070 15×10^{-34} J s
電気素量	e	1.602 176 634×10^{-19} C
ボルツマン定数	k_B	1.380 649×10^{-23} J K^{-1}
アボガドロ定数	N_A	6.022 140 76×10^{23} mol^{-1}
視感効果度	K_{cd}	683 lm W^{-1} *

＊：lm（ルーメン）.

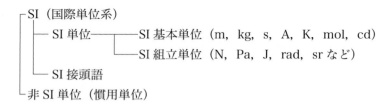

〈SI 単位の特徴〉

① 1 つの物理量に対して 1 つの単位が原則である（例外として，温度は K と℃の 2 つの単位を用いてよい）.

② 接頭語をつけて 10 の整数乗倍の単位を使うことができる.

③ 単位の定義が現在の学問的限界まで明確かつ限界の精度を有する. 2019年 5 月 20 日より，基礎物理定数に基づいて，基本単位が定義されるようになり，キログラム原器による定義は廃止された. **表 1-6** には現在の定義のもととなる基礎物理定数を示し，**表 1-7** には現在の SI 基本単位の定義と従来の定義の比較を示す.

④ 一貫性（coherent）があり，すべての単位に数値因子がつかない.

　科学の世界では SI 単位を使用することが勧められるが，現実にはこれまでの習慣として用いられてきた慣用単位（非 SI 単位）を用いることもかなり多い. たとえば，SI 単位では圧力の単位として Pa を用いることになっているが，化学では長い間，標準大気圧 1 気圧（atm）を標準状態として用いてきた. また，医療現場では常用ミリメートル水銀柱（mmHg）が日常的に使われていることから，慣用単位から SI 単位へは簡単に移行できるものではない. 実際に，SI 単位を使うことを国際度量衡総会で決めてから 60 年近く経った現在でも，慣用単位は健在である. したがって，これから医療の世界で活躍する諸君は，SI 単位，非 SI 単位とも使い慣れておく必要がある.

表 1-7　7 つの SI 基本単位の新しい定義と従来の定義の比較

物理量	新しい定義[*1]	他の基礎物理定数を使った定義[*1]		従来の定義と制定年[*2]
時間	$1s = 9192\,631\,770/\Delta v$		1967	${}^{133}\text{Cs}$ の基底状態の 2 つの超微細構造の エネルギー準位間の遷移に対応する電磁 波の周期の 9192 631 770 倍の継続時間
長さ	$1m = c/299\,792\,458\,s$	$= 30.663\,318\cdots c/\Delta v$	1983	1s の 1/299 792 458 の時間に光が真 空中を伝わる行程の長さ
質量	$1kg$ $= h/(6.626\,070\,15\times10^{-34})\text{m}^{-2}\,s$	$= 1.475\,521\cdots\times10^{40}h\,\Delta v/c^2$	1889	単位の大きさは国際キログラム原器の質 量に等しい
物質量	$1mol = 6.022\,140\,76\times10^{23}/N_A$		1971	0.012 kg の ${}^{12}\text{C}$ の中に存在する原子の数 に等しい数の要素粒子を含む系の物質量
電流	$1A$ $= e/(1.602\,176\,634\times10^{-19})s^{-1}$	$= 6.789\,687\cdots\times10^8\Delta v\,e$	1948	真空中に 1 m の間隔で平行に配置された 無限に小さい円形断面積を有する無限に 長い 2 本の直線状導体のそれぞれを流れ, これらの導体の長さ 1 m につき 2×10⁻⁷ N の力を及ぼし合う一定の電流
温度	$1K$ $= (1.380\,649\times10^{-23})/k_B\,\text{kg m}^2\,s^{-2}$	$= 2.266\,665\Delta v\,h/k_B$	1967	水の三重点の熱力学温度の 1/273.16
光度	$1cd = K_{cd}/683\,\text{kg m}^2\,s^{-3}\,sr^{-1}$	$= 2.614\,830\cdots\times10^{10}\,(\Delta v)^2hK_{cd}$	1979	周波数 540×10¹² Hz の単色電磁波を 放出し, 所定の方向におけるその放射強 度が 1/683 W sr⁻¹ である光源のその方 向における光度

＊1：新しい定義に使われる基礎物理定数を茶で示す.
＊2：従来の定義に使われていた物質等を下線で示す.

Ⅱ 原子の構造

1 原子模型

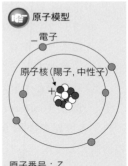
原子模型
電子
原子核(陽子,中性子)
原子番号：Z
質量数：$A\ (Z+N)$
●陽子：Z 個
○中性子：N 個
〔$(A-Z)$ 個〕
●電子：Z 個

　ラザフォード（Rutherford, 1911 年）は α 線〔α 粒子，すなわち He イオン（He^{2+}）の高速度の流れ〕が原子によって散乱される様子を詳しく研究し，原子の構造についての模型を提案した.

　すなわち，原子の正電荷および質量の大部分は原子の大きさに比べてきわめて小さい核（半径 $10^{-13}\sim10^{-12}$ cm）に集中し，α 線を散乱する．この核（**原子核**：atomic nucleus）のまわりに負電荷を帯びた**電子**（electron）が存在する．この電子を**核外電子**という．電子の電荷 e と質量 m の比（**比電荷**：specific charge）は $e/m = 1.7588\times10^{11}$ C/kg である．電子の電荷は電気量の最小単位，すなわち**電気素量**（elementary charge）である．電気素量の値は $e = 1.6021\times10^{-19}$ C であり，e/m と e の値から，電子の質量は $m = 9.1094\times10^{-31}$ kg（水素原子の質量の 1/1,837）である.

　原子の直径を 100 m と仮定すると，原子核の直径は数 mm でしかない．正電荷をもつ原子核と負電荷をもつ電子との間にはクーロン引力が働く．これは核外電子が核の周囲を軌道運動して回転する力となっている.

2　原子核の構造

　原子核は**陽子**（proton）と**中性子**（neutron）からなり，陽子と中性子をあわせて**核子**（nucleon）という．陽子は水素原子の原子核そのもので，電荷は電子と同じ大きさで正符号（$+e$）である．中性子は電荷をもたず，その質量はほとんど陽子の質量に等しい（統一原子質量単位で示すと，陽子の質量は1.007274，中性子は1.008662）．原子核中の陽子の数は，その元素の**原子番号**（atomic number）および電子の数に等しい．中性子の数は，一般に陽子の数にほぼ等しく，原子番号の大きい原子では陽子の数よりも大きい．原子核を構成する陽子と中性子の数の和を**質量数**（mass number）という．原子番号を Z，質量数を A と書くことが多いが，これを用いると中性子数は（$A-Z$）と表せる（p.8，側注「原子模型」を参照）．

　原子番号，質量数，中性子数のうち，2つが決まれば原子核の種類，すなわち，**核種**（nuclide）が決まる（注）．核種を表すのに元素記号の左上に質量数を記し，左下に原子番号を記す方法がよく用いられる．たとえば，天然の酸素に含まれる3つの核種は $^{16}_{8}\mathrm{O}$, $^{17}_{8}\mathrm{O}$, $^{18}_{8}\mathrm{O}$ と記される．このように原子番号は同じで質量数の違うものを，それぞれその元素の**同位体**（または**同位元素**：isotope）という．同位体は周期表上で同じ位置を占めるものという意味であり，互いに化学的性質にほとんど差がない．これは化学的性質は主として核電子，特に最外殻電子の配置によって決まっているからである．

　多くの元素は，2種以上の同位体の混合物である（天然に産出する Be, F, Na, Al, P, I には同位体は存在しない．ただし，人工的に同位体をつくることはできる）．たとえば，水素は H_2, HD, D_2 の混合物で，水には $\mathrm{H_2O}$, $\mathrm{D_2O}$, HDO がある．**表 1-8**（p.10）にいくつかの元素の同位体の例，存在比を示す．同位体の原子量，存在比は，質量分析器により測定することができる．

　一方，原子番号は異なるが，質量数の同じ核種は**同重体**（isobar）という．

> （注）
> <u>質量数＝原子番号（陽子数）＋中性子数</u>
> の関係があるので，2つが決まれば必然的に残りの1つも決まる．

水素の同位体
D は重水素 $^{2}_{1}\mathrm{H}$ を表す．

3　ボーアの原子模型

　$+Ze$ の電荷をもった原子核の周囲を1個の電子が円運動しているとしよう（**図 1-1**）．$Z=1$ の場合は水素原子そのものの模型となる．半径を r，円運動の速度を v とすると電子に働く求心力は $\dfrac{mv^2}{r}$ である．ただし，m は電子の質量である．この求心力は原子核と電子の間のクーロン力であるから，

$$\frac{mv^2}{r} = \frac{Ze^2}{4\pi\varepsilon_0 r^2} \qquad\qquad 1\text{-}1$$

が成立することになる．古典力学ではこの条件を満足する半径 r は連続値をとれる．しかし，電子のエネルギー状態が連続でないことを説明するために，ボーアは，角運動量 mvr が $\dfrac{h}{2\pi}$ の整数倍の値のみをとることができるという量子条件（ボーアの量子条件）を仮定した．すなわち，

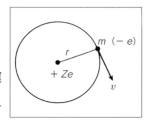
図 1-1　原子の模型

> クーロン力：臨床検査学講座「物理学」も参照のこと．

> e, h は p.7 参照

> 真空中の誘電率
> $\varepsilon_0 = 8.854\times10^{-12}\mathrm{C^2N^{-1}m^{-2}}$

表1-8　同位体の例

原子番号	元素	同位体の質量数	原子核内の 陽子数	原子核内の 中性子数	同位体の核種	天然の存在比（原子百分率）	人工的に得られた同位体 および半減期[*1]	
1	水素	1	1	0	$^{1}_{1}H$ （軽水素 protium）	99.9850	$^{3}_{1}H$[*2]	12.262 年
		2	1	1	$^{2}_{1}H$ または D（重水素 deuterium）	0.0149		
6	炭素	12	6	6	$^{12}_{6}C$	98.893	$^{10}_{6}C$	19.1 秒
		13	6	7	$^{13}_{6}C$	1.107	$^{11}_{6}C$	20.4 分
							$^{14}_{6}\underline{C}$	5,568 年
							$^{15}_{6}C$	2.25 秒
7	窒素	14	7	7	$^{14}_{7}N$	99.6337	$^{12}_{7}N$	0.0125 秒
		15	7	8	$^{15}_{7}N$	0.3663	$^{13}_{7}N$	10.05 分
							$^{16}_{7}N$	7.35 秒
							$^{17}_{7}N$	4.14 秒
8	酸素	16	8	8	$^{16}_{8}O$	99.759	$^{14}_{8}O$	72.1 秒
		17	8	9	$^{17}_{8}O$	0.0374	$^{15}_{8}O$	124 秒
		18	8	10	$^{18}_{8}\underline{O}$	0.2093	$^{19}_{8}O$	29.4 秒
15	リン	31	15	16	$^{31}_{15}P$	100.00	$^{28}_{15}P$	0.28 秒
							$^{29}_{15}P$	4.45 秒
							$^{30}_{15}P$	2.55 分
							$^{32}_{15}\underline{P}$	14.30 日
							$^{33}_{15}P$	24.4 日
							$^{34}_{15}P$	12.4 秒
26	鉄	54	26	28	$^{54}_{26}Fe$	5.82	$^{52}_{26}Fe$	8.3 時間
		56	26	30	$^{56}_{26}Fe$	91.66	$^{53}_{26}Fe$	8.9 分
		57	26	31	$^{57}_{26}Fe$	2.19	$^{55}_{26}Fe$	2.60 年
		58	26	32	$^{58}_{26}Fe$	0.33	$^{59}_{26}\underline{Fe}$	45.1 日
							$^{60}_{26}Fe$	～3×10^{5} 年
							$^{61}_{26}Fe$	5.5 分

＊1：原子核反応（p.142）参照.
＊2：トリチウム tritium（元素記号 T）という.
　　　下線の核種は生化学研究においてしばしば使用されている.

$$mvr = n\frac{h}{2\pi} \qquad n = 1,\ 2,\ 3\cdots \qquad\qquad\qquad 1\text{-}2$$

n のことを**量子数**（quantum number）という.h は**プランク**（Plank）**定数**である.

いいかえれば，角運動量の最小値は $\dfrac{h}{2\pi}$ であって，角運動量の値は $\dfrac{h}{2\pi}$ の倍数となっている．h は非常に小さい値（$h = 6.626 \times 10^{-34}$ J・s）であるから，巨視的には，角運動量の値は事実上連続値となる．原子，分子，電子のような微細な粒子の世界では $\dfrac{h}{2\pi}$ が角運動量の最小単位なのである．ちょうど映画のフィルムを 1 つ 1 つのコマごとにみると決して人物の動きは連続的には動いていない（量子の世界）が，フィルムを速く動かして映画としてみると人物の動きが連続的にみえる（日常の世界）のと似ている．

　さて，ボーアの条件を入れると，式 1-1 と式 1-2 にて v を消去して，

$$r = \frac{n^2 \varepsilon_0 h^2}{\pi m e^2 Z} \qquad\qquad 1\text{-}3$$

が得られる．$h = 6.626 \times 10^{-34}$ J・s, $m = 9.109 \times 10^{-31}$ kg, $e = 1.602 \times 10^{-19}$ C, $\varepsilon_0 = 8.854 \times 10^{-12} \mathrm{C^2 N^{-1} m^{-2}}$ を用いて，$Z = 1$, $n = 1$ の場合の r を求めると，

$$r_1 = 5.29 \times 10^{-11} \text{ m} = 0.0529 \text{ nm} = 0.529 \text{ Å}$$

となる．ただし，ここで Å はオングストロームという長さの単位であり，1 Å $= 10^{-10}$ m $= 10^{-1}$ nm で，原子や分子の直径などを表す場合によく用いられる．r_1 は式 1-3 から明らかなように，水素原子（$Z = 1$）の最も内側の軌道半径で，**ボーア半径**（Bohr radius）とよばれる．

　電子全体のエネルギー E_n は運動エネルギー $\left(\dfrac{1}{2} m v^2\right)$ と位置のエネルギー $\left(-\dfrac{Z e^2}{4\pi \varepsilon_0 r}\right)$ の和に等しいから，式 1-1 を用いて，

$$E_n = \frac{1}{2} m v^2 - \frac{Z e^2}{4\pi \varepsilon_0 r} = \frac{1}{2} \frac{Z e^2}{4\pi \varepsilon_0 r} - \frac{Z e^2}{4\pi \varepsilon_0 r} \qquad\qquad 1\text{-}4$$

したがって，式 1-3，式 1-4 より，

$$E_n = -\frac{m e^4 Z^2}{8 \varepsilon_0^2 h^2} \cdot \frac{1}{n^2} \qquad\qquad 1\text{-}5$$

$$\boxed{\begin{aligned} \frac{m e^4}{8 \varepsilon_0^2 h^2} &= 2.18 \times 10^{-18} \text{ J} \\ &= 13.6 \text{ eV} \end{aligned}}$$
1 eV $= 1.602 \times 10^{-19}$ J
電子ボルト eV は原子の世界で用いられるエネルギーの単位．

　ここで，E_n は常に負の値をとり，量子数 n が大きいほど大きい値になる（0 に近くなる）ことに注目したい．$Z = 1$ のとき，$n = 1$, 2, 3… を入れると各 n に対応したエネルギーの値が計算され，このエネルギーの高さのことを**エネルギー準位**（energy level）とよぶ．各準位に対応する場所に水平線を引くと，**図 1-2** のようになる．電子が 1 つの場合は，エネルギーの最も低い $n = 1$ の状態を**基底状態**（ground state）といい，$n = 2$ 以上の状態を**励起状態**（excited state）という．

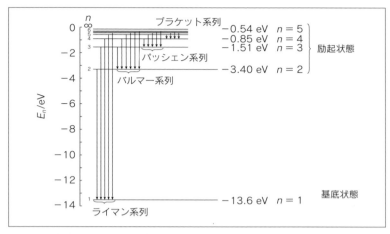

図 1-2　水素原子のエネルギー準位

光は波動としての性質だけでなく粒子としての性質があり，振動数 ν の光は $h\nu$ のエネルギーをもつ粒子の流れと考えられる．光の粒子を光子といい，光子のもつエネルギーは $E = h\nu$ である．光の真空中の速度を c（$= 2.998 \times 10^8\ \mathrm{ms^{-1}}$），波長を λ とすると，$\nu = c/\lambda$ であるから，$E = h\nu = h\,c/\lambda$ の関係がある．

（$E_n > E_i$ の場合）エネルギーの高い状態（E_n）にあった電子がエネルギーの低い状態（E_i）に移るとき，光を放出する．その光のエネルギー $h\nu$ はエネルギー保存則を満足する（ボーアの振動数条件）ので，$h\nu = E_n - E_i$ となり，波長 λ の光を放出する．$l = 1$ の場合がライマン系列（紫外領域），$l = 2$ の場合がバルマー系列（可視領域），$l = 3$ の場合がパッシェン系列（赤外領域），$l = 4$ の場合がブラケット系列（赤外領域）である．

4　核外電子の状態（電子が 2 個以上の場合）

　原子中では，原子核（$+Ze$ の電荷）のまわりを Z 個の核外電子が楕円軌道を描いて回転していると考えられる．これらの電子状態を表現するには量子力学の方法が必須であるが，ここでは得られた結果についてのみ簡単に触れよう．

　一般に，三次元の状態を規定するには 3 個の独立変数を用いる必要がある．電子の軌道運動を規定するのに，量子力学では 3 つの量子数を用いる．第一は式 1-2，3，5 などで現れた**主量子数** n で，あと 2 つは**方位量子数** l および**磁気量子数** m である．このように各量子数は通常 n, l, m の記号で表され，それぞれ整数値のみをとる．

　主量子数 n は 1, 2, 3… の値をとり，方位量子数 l は 0, 1, $\cdots$, $n-1$ の値をとる．$l = 0$, 1, 2, 3 に対応して，それぞれ s, p, d, f という記号を用いる．そこで，n と l の組み合わせに応じて，$1s(n = 1,\ l = 0)$，$2p(n = 2,\ l = 1)$，$3d\ (n = 3,\ l = 2)$ などと電子状態を表す．式 1-5 によれば，1 電子の場合は，エネルギー E_n は主量子数に依存し，方位量子数が変化しても E_n の値は変わらないことになる．

　磁気量子量 m は 0, ± 1, $\cdots$, $\pm l$ の状態をとりうるので，1 つの l に対し（$2l + 1$）個の m の値が存在することになる．$l = 1$ の場合の 3 つの独立変数を x, y, z の直交座標で表すと，p_x, p_y, p_z となり（p は $l = 1$ を意味する），$l = 2$ の場合は同様に d_{xy}, d_{yz}, d_{xz}, $d_{x^2-y^2}$, d_{z^2} など，x, y, z の二次式における独立変数を用いて表す（d は $l = 2$ を意味する）．

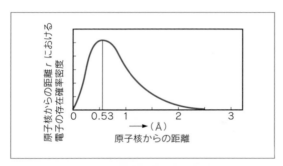

図1-3　水素における電子の存在確率

　3つの量子数，n，l，mによって，核外電子の軌道を規定することができるが，そのほか電子の自転に相当する状態（右回りと左回り）を規定する**スピン量子数**〔spin quantum number〕m_sがある．スピンは＋1/2か−1/2の値をとる．

　以上，核外電子の量子状態は，n，l，m，m_sの4つの量子数の組によって，完全に規定される．電子のエネルギー状態nが小さいほど，また同じnのなかではlの値が小さいほど，安定である．mおよびm_sは，他の電子の配置などによって影響を受けるが，nおよびlの値が変化したときほど大きなエネルギー状態としての差はない．式1-2から明らかなように，nの値が小さいほど，原子核に近い軌道になっている．

　水素原子の基底状態では$n=1$であるので，$l=0$，$m=0$となり，エネルギー状態も式1-3から決まり，軌道半径も決まる．しかし，ハイゼンベルグの**不確定性原理**より，電子の運動量と位置を同時に精密に測定することができない．シュレーディンガーは電子の波動性に関する理論式を発展させ，この波動方程式の解は電子の存在確率密度の表現を与えるとした．水素原子における電子の存在確率密度の例を**図1-3**に示す．

　すなわち，電子は一定の軌道半径の上を運動しているわけではなく，空間のある領域に存在している確率を表現することができるだけであり，ボーア半径は**図1-3**で示すように電子の存在確率密度の極大値に対応する半径であるにすぎない．

　このように，電子の存在は広がりをもっているので，**電子雲**（electron cloud）とよばれ，その電子軌道は**オービタル**（orbital；Orbit 軌道とは違う単語）とよばれることがある．

　$n=1$および2に対する原子のオービタルの例を**表1-9**，**図1-4**および**図1-5**に示す．**図1-5**では図に表現する都合から，電子の存在する領域に端があるような描き方がされているが，電子の存在確率密度は徐々に小さくなりながら，広がっていること（**図1-3，4**）に注目してほしい．これらの図でみるように，s軌道（$l=0$）では電子は球対称に存在確率密度を示し，p軌道（$l=1$）では，mの異なる3つの軌道，p_x，p_y，p_zのような分布となる．

> **（注）ハイゼンベルグの不確定性原理**
> 直線上を運動する粒子に関して，運動量（p）と位置（x）の不確定性の定量的関係は，
> $$\Delta p \Delta x \geqq \frac{1}{2}\hbar$$
> で表される．
> $\hbar = h/2\pi$でh（$= 6.626 \times 10^{-34}$ J s）はプランク定数である．

> **（注）シュレーディンガー方程式**
> 質量がmで，全エネルギーEをもって直線上を運動している粒子のシュレーディンガー方程式は
> $-(\hbar^2/2m)d^2\psi/dx^2 + V\psi = E\psi$
> で表される．ただし，Vはポテンシャルエネルギー，ψは波動関数である．

表 1-9　原子の電子軌道

n	l	m	記号
1	0	0	$1s$
2	0	0	$2s$
2	1	0	$2p_z$
2	1	± 1	$\begin{cases} 2p_x \\ 2p_y \end{cases}$

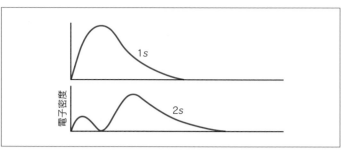

図 1-4　軌道の電子密度

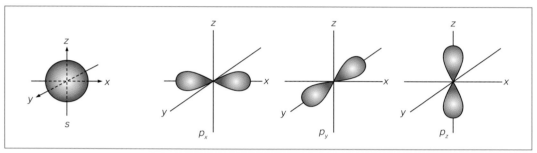

図 1-5　s および p 軌道

p_x, p_y, p_z は三次元空間的な方向性が異なるだけであって，他の量は等価である．

5　核外電子の配置

　原子番号 Z の原子は Z 個の核外電子をもつが，これらの電子はそれぞれ 4 つの量子数 n, l, m, m_s によってその状態が規定されている．"同一の原子中では 4 つの量子数によって規定される 1 つの状態には 1 個の電子しか入り得ない"という**パウリの禁制原理**（Pauli's exclusion principle，パウリの排他原理ともいう）に基づいて，原子の基底状態における電子配置が求められる．

　すなわち，エネルギーの低い準位から 1 つの量子状態に 1 個の割合で Z 個の電子を入れればよい．

　電子のエネルギー準位は，前述したように，主として量子数 n と l によって決まる（m や m_s の差に基づくエネルギー差は小さい）．1 組の (n, l) の値に対して $2(2l+1)$ 個の異なる量子状態が存在する．l は 0 から $n-1$ に至る n 個の値をとるから，1 つの与えられた n の値に対して $2n^2$ 個の異なる状態があることになる．

　すなわち，各 s 軌道（$l=0$）には 2 個，各 p 軌道（$l=1$）には 6 個，各 d 軌道（$l=2$）には 10 個…の電子が入りうる．ここで**表 1-10** に示すように殻という語を定義する．

　$n=1$ のオービタルを K 殻，$n=2$ を L 殻などとする．そうすると，K 殻

表 1-10　各軌道に入りうる電子数

n	殻	l	記号	入りうる電子の最大数
1	K	0	$1s$	2
2	L	0 1	$2s$ $2p$	2 6 } 8
3	M	0 1 2	$3s$ $3p$ $3d$	2 6 10 } 18
4	N	0 1 2 3	$4s$ $4p$ $4d$ $4f$	2 6 10 14 } 32

表 1-11　10 原子の電子配置

元素名	元素記号	電子数	電子配置
水素	H	1	$1s^1$
ヘリウム	He	2	$1s^2$
リチウム	Li	3	$1s^2 2s^1$
ベリリウム	Be	4	$1s^2 2s^2$
ホウ素	B	5	$1s^2 2s^2 2p^1$
炭素	C	6	$1s^2 2s^2 2p^2$
窒素	N	7	$1s^2 2s^2 2p^3$
酸素	O	8	$1s^2 2s^2 2p^4$
フッ素	F	9	$1s^2 2s^2 2p^5$
ネオン	Ne	10	$1s^2 2s^2 2p^6$

には 2 個，L 殻には $2 \times 2^2 = 8$ 個，M 殻には $2 \times 3^2 = 18$ 個，N 殻には 2×4^2 = 32 個の電子が入りうることになる．各殻に入りうる数がすべて入った状態を**閉殻**（closed shell）とよぶ．殻の異なる間ではエネルギー差が大きいので，閉殻の電子は電離しにくく非常に安定である．

　付表Ⅱは基底状態における核外電子の配置を示す．表から明らかなように，原子の最外殻の電子配置は原子番号とともに周期的に変化する．

　まず第 1 周期では $_1$H の電子は最も安定な $1s$ 状態に入る．次に $_2$He の 2 個の電子はともに s 状態に入り $1s^2$ となる．この場合，両電子のスピンは互いに逆平行（antiparallel）になっている．これで K 殻（$n = 1$）は満員になる．

　第 2 周期の $_3$Li では 2 個の電子は $1s$ 状態に，残り 1 個の電子は 1 段エネルギーの高い $2s$ 状態に入る．この電子配置を $1s^2 2s^1$ と記す．この $2s$ 電子は，他の 2 個の $1s$ 電子に比べると不安定で電離しやすい．このような電子は**原子価電子**（valence electron）とよばれる．したがって，$_3$Li は 1 価の陽イオンとなりやすい．また，Li の核外電子のうち $1s$ は閉殻となってきわめて安定であるので，原子核に $1s$ 軌道を含めたものを想像上の原子核と考えて元素の性質を説明すると便利である．このような原子核を**有効核**（effective nucleus）といい，そのときの荷電を**有効核荷電**という．Li の有効核荷電は $+e$，C，N，O，F の有効核荷電はそれぞれ $+4e$，$+5e$，$+6e$，$+7e$ となる．

　$_4$Be では $2s$ 状態に 1 個の電子が加わる．$_5$B から $_{10}$Ne までは $2p$ 状態に次々と電子が入ってゆき，$_{10}$Ne で L 殻（$n = 2$）は満員となる（**表 1-11**）．

　次に第 3 周期であるが，$1s$，$2s$，$2p$，$3s$，$3p$ の順に電子が入る．エネルギー状態が主量子数 n にのみ依存するとしたら，さらに $3d$ へと電子が入ることが期待される．しかし，実際には $3p$ が満たされたあとは $4s$ に入り，しかるのちに $3d$ に入る．

　すなわち，N 殻（$n = 4$）の s 状態の方が M 殻（$n = 3$）の d 状態よりエネ

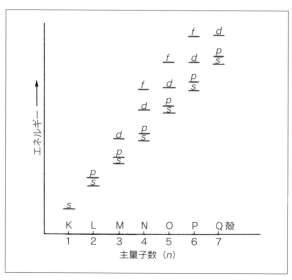

図1-6 主量子数 *n*，方位量子数 *l*（*s*, *p*, *d*, *f*）と電子状態のエネルギー準位の相対的位置づけ

ルギー準位が低い．これは一般に *l* の大きい準位では同じ *l* の値のところに入る電子の数 $2(2l+1)$ が大きくなり，しかも限られた空間に存在するので，電子間の反発を生じ，エネルギーレベルが高くなるうえ，さらに *l* の値を大きくとれるようなときは *n* も当然大きく，*n* と *n*−1 のエネルギーレベルの差が小さくなり，逆転が起こるためである．同様のことが 5*p* と 4*f* の間にも起こる．**図1-6** に電子状態のエネルギー準位を示す．

6 元素の周期律（periodic law of element）

　前項で述べたように，原子番号が1つ増加するに従って核外電子の数も1つ増加する．核外電子はエネルギーの低い安定な電子軌道から順々に入っていく．電子軌道中の電子の配置具合が原子の性質を決めるので，電子軌道の満たされ方に規則性がある以上，元素の性質も原子番号の増加に従って規則的に変化するはずである．

　原子構造が解明されるはるか以前（1869年）に，ロシアのメンデレーエフ（D. I. Mendeleev）は当時知られていた63種の元素の性質を詳細に検討した結果，元素を原子量の順に並べると性質が規則的に変化し，周期的に似た性質の元素が現れることを発見した（メンデレーエフ以前にも元素の周期性を提案した学者がいたが，不完全なためあまり問題にされなかった）．原子量の順と，性質の周期的変化との間にうまく一致しないところが2，3カ所あったが，彼は性質に重点をおいて表を完成させた．

　現在では，原子量の代わりに"原子番号順に並べると元素の性質が周期的に変化する"ことが理論的に裏付けられている．この知識をもとにつくられる元素の周期表は8または18の周期を基準としたもので，前者を短周期型，後者

表 1-12 短周期型周期表

族	I		II		III		IV		V		VI		VII		VIII	0
亜族	a	b	a	b	b	a	b	a	b	a	b	a	b	a	a	
周期 1	$_1$H															$_2$He
2	$_3$Li		$_4$Be			$_5$B		$_6$C		$_7$N		$_8$O		$_9$F		$_{10}$Ne
3	$_{11}$Na		$_{12}$Mg			$_{13}$Al		$_{14}$Si		$_{15}$P		$_{16}$S		$_{17}$Cl		$_{18}$Ar
4	$_{19}$K		$_{20}$Ca		$_{21}$Sc		$_{22}$Ti		$_{23}$V		$_{24}$Cr		$_{25}$Mn		$_{26}$Fe $_{27}$Co $_{28}$Ni	
		$_{29}$Cu		$_{30}$Zn		$_{31}$Ga		$_{32}$Ge		$_{33}$As		$_{34}$Se		$_{35}$Br		$_{36}$Kr
5	$_{37}$Rb		$_{38}$Sr		$_{39}$Y		$_{40}$Zr		$_{41}$Nb		$_{42}$Mo		$_{43}$Tc		$_{44}$Ru $_{45}$Rh $_{46}$Pd	
		$_{47}$Ag		$_{48}$Cd		$_{49}$In		$_{50}$Sn		$_{51}$Sb		$_{52}$Te		$_{53}$I		$_{54}$Xe
6	$_{55}$Cs		$_{56}$Ba		*ランタノイド		$_{72}$Hf		$_{73}$Ta		$_{74}$W		$_{75}$Re		$_{76}$Os $_{77}$Ir $_{78}$Pt	
		$_{79}$Au		$_{80}$Hg		$_{81}$Tl		$_{82}$Pb		$_{83}$Bi		$_{84}$Po		$_{85}$At		$_{86}$Rn
7	$_{87}$Fr		$_{88}$Ra		**アクチノイド											

*ランタノイド	$_{57}$La $_{58}$Ce $_{59}$Pr $_{60}$Nd $_{61}$Pm $_{62}$Sm $_{63}$Eu $_{64}$Gd $_{65}$Tb $_{66}$Dy $_{67}$Ho $_{68}$Er $_{69}$Tm $_{70}$Yb $_{71}$Lu
**アクチノイド	$_{89}$Ac $_{90}$Th $_{91}$Pa $_{92}$U $_{93}$Np $_{94}$Pu $_{95}$Am $_{96}$Cm $_{97}$Bk $_{98}$Cf $_{99}$Es $_{100}$Fm $_{101}$Md $_{102}$No $_{103}$Lr

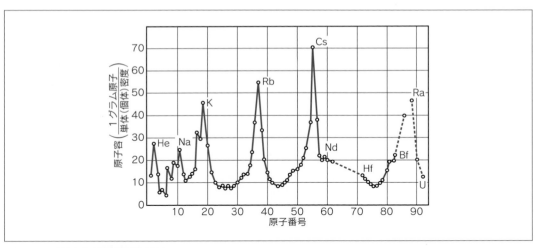

図 1-7　原子容と原子番号の関係

を長周期型という。**表 1-12** に短周期型周期表の例を示す。また，長周期型周期表を裏表紙の見返しに示す（**付表Ⅲ**）。
　元素の化学的性質だけでなく，物理的性質も周期的に変化する。その例として，原子容（原子 1 mol の単位の固体が占める容積）と原子番号の関係を**図 1-7** に示す。このように，元素の性質が原子番号とともに周期的に変化することを"**元素の周期律**"という。周期律は原子の構造を解き明かす大きな手がかりとなった。

> 周期律：p.111 も参照のこと。

7　原子の大きさ

　原子は球対称の形をしているので，その大きさは半径によって示される．しかし，電子の存在確率密度は半径の大きさとともに徐々に減少していくから，原子の端を明確に定義することはできない．したがって，原子半径としては，**ファンデルワールス半径**と**共有結合半径**（covalent radius）が定義されている．

　たとえば，水素原子では，核から 1.2Å（ボーア半径の 2 倍）のところでは電子密度はかなり小さくなっている（**図1-3**）．一方，水素分子 H_2 では，核と核の間は 0.74Å であり，水素原子の半径は 0.37Å であるといえる（**図1-8**）．1.2Å がファンデルワールス半径で，実在気体の状態方程式における分子の大きさと対応している（p.36 参照）．0.37Å は共有結合を形成しているときの値で，水素原子がどのような原子と共有結合していてもほぼ同じ値を示す．

　また，**表1-13** には他のいくつかの元素についての値も示してある．

　一般に，周期表の左から右へいくほど，両半径とも小さくなっている．これは原子核の電荷が大きくなり，K 殻電子（さらには L，M などの閉殻でも）がより核の方へ引きつけられるからである．同じ族の場合，下にいくほど大きくなるのは電子数が増すからである．**図1-9** は各イオンの半径を示したもので，原子半径の場合と似た傾向にある．

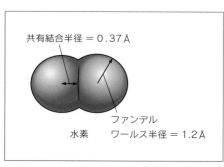

図1-8　水素分子における共有結合半径とファンデルワールス半径

表1-13　いくつかの元素の共有結合半径とファンデルワールス半径（Å）

H							He
0.36 1.2							— —
Li	Be	B	C	N	O	F	Ne
1.26 —	0.98 —	0.87 —	0.77 —	0.74 1.5	0.74 1.4	0.73 1.35	— —
Na	Mg	Al	Si	P	S	Cl	Ar
1.52 —	1.37 —	1.28 —	1.15 —	1.13 1.9	1.04 1.85	1.035 1.80	— —
K	Ca			As	Se	Br	Kr
1.88 —	1.64 —			1.25 2.0	1.22 2.00	1.19 1.95	— —
Rb	Sr					I	Xe
2.01 —	1.78 —					1.36 2.15	— —

上の数字：共有結合半径〔Chemical Society（London）の Special Publication No. 11（1958）に与えられた原子間距離より〕．
下の数字：ファンデルワールス半径〔ポーリングの The Nature of the Chemical Bond（Ithaca, N.Y.：Cornell University Press, 1960）より〕．
数字が示されていないところは，信頼できる値が与えられていないものである．

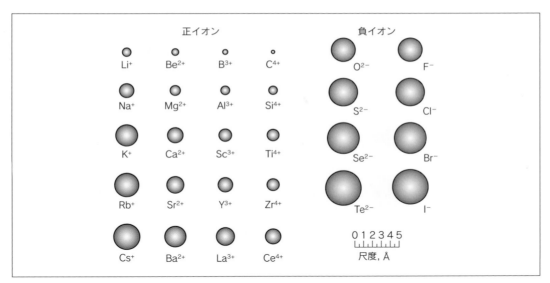

正イオン

Li⁺ Be²⁺ B³⁺ C⁴⁺

Na⁺ Mg²⁺ Al³⁺ Si⁴⁺

K⁺ Ca²⁺ Sc³⁺ Ti⁴⁺

Rb⁺ Sr²⁺ Y³⁺ Zr⁴⁺

Cs⁺ Ba²⁺ La³⁺ Ce⁴⁺

負イオン

O²⁻ F⁻

S²⁻ Cl⁻

Se²⁻ Br⁻

Te²⁻ I⁻

0 1 2 3 4 5
尺度, Å

図 1-9　イオン半径を示す図

8　イオン化ポテンシャルと電子親和力

　Ne，Ar，Kr など，貴ガスはきわめて安定な電子配置をもつことから，他の原子は適当な数の電子を与えたり，受けたりして貴ガスと同じ電子配置をとって安定化する．中性原子から 1 個の電子を取り去るのに必要なエネルギーをイオン化ポテンシャルという．各元素の**イオン化ポテンシャル**の値を**図 1-10** に示す．

　図から明らかなように，第 1 周期のイオン化ポテンシャルは原子番号の増大とともに増大する．Li，Na，K などはイオン化ポテンシャルが小さく，容易に Li⁺，Na⁺，K⁺ になることがわかる．一般に，イオン化ポテンシャルは貴ガスごとに極大になっており，貴ガス原子の安定性を示している．

　一方，原子が電子を取り込む傾向については**電子親和力**の値が知られている（**表 1-14**）．電子を取り込み，陰イオンになって放出するエネルギーの値である．ハロゲンが高い電子親和力をもっていることがわかる．イオン化ポテンシャルの小さい原子と電子親和力の大きい原子の間では電子の授受が起こり，前者が陽イオン，後者が陰イオンとなって互いに静電的に結合している．たとえば，NaCl などのように，アルカリ金属原子とハロゲン原子の間では容易にこれが起こる．このように正負両イオン間のクーロン力による結合を**イオン結合**とよぶ．

9　共有結合
1 ）単結合（single bond）

　H₂，H₂O，NH₃，CH₄ 分子などの化学結合はイオン結合と異なり，2 個の原子がそれぞれ 1 個の原子価電子を出し合って**電子対**（electron pair）をつく

<hr>

貴ガス

周期表の第 18 族の元素は安定な電子配置をもち，貴ガスとよばれる．
その他，第 1 族をアルカリ金属（水素を除く），第 2 族をアルカリ土類金属（Be と Mg を除く），第 17 族をハロゲンとよぶ．
（付表Ⅲ参照）

オクテット則

第 2 周期の原子のほとんどが共有結合化合物のなかで 8 個の電子に取り囲まれていることからオクテット則という．例外として，BF₃ のホウ素原子の周りは 6 個の電子で取り囲まれている．水素の場合は電子が 2 個（デュープレット）である．第 3 周期の原子にもオクテット則を適用するが，P，S，Cl の化合物に関して，かならずしもこの規則に従う必要はないので，8 個よりも多い電子に取り囲まれることがある（たとえば，p.123，図 4-5 の硫酸イオンの S）．

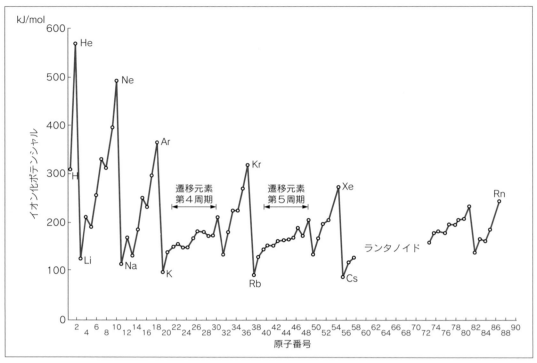

図 1-10　中性の気体状の原子から電子を 1 個取り出すのに必要なイオン化ポテンシャル

表 1-14　電子親和力（eV）

H							He
0.747							—
Li	Be	B	C	N	O	F	Ne
0.54	−0.6	0.2	1.25	−0.1	1.47	3.45	—
Na	Mg	Al	Si	P	S	Cl	Ar
0.74	−0.3			0.7	2.07	3.61	—
						Br	Kr
						3.36	—
						I	Xe
						3.06	—

この値はグレイの "*Electrons and Chemical Bonding*" (New York : Benja-min, 1964) から採用した.

り（スピンは逆平行），その電子対を両原子で共有してできている（Lewis，1916 年）．このような化学結合を**共有結合**（covalent bond）という．原子価電子を点で表すと分子の電子構造は次のようになる．

$$
\text{H:H} \quad \text{H:} \overset{..}{\underset{..}{\text{O}}} \text{:} \quad \text{H:} \overset{\text{H}}{\underset{..}{\text{N}}} \text{:H} \quad \text{H:} \overset{\text{H}}{\underset{\text{H}}{\text{C}}} \text{:H}
$$

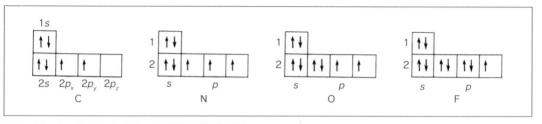

図 1-11 C，N，O，F 原子の電子配置（基底状態）
$2p$ には x，y，z の 3 種の軌道があるが，同じエネルギー準位では電子はできるだけ分散して存在しようとする．これを**フント**（Hund）**の規則**という．

ここで共有されている電子が両方の原子に属すると考えると，各原子は結合することによって貴ガス原子型の電子配置と同じになる．

第 2 周期の元素を例に共有結合を説明する．C，N，O および F 原子の基底状態での電子配置を**図 1-11** に示す．N では 5 個の電子のうち 3 個は**不対電子**（スピンが対になっていない電子）で，他の原子の不対電子と対になり，共有結合をつくる．したがって，N の原子価は 3 価である．N の 3 個の不対電子は $2p_x$，$2p_y$ および $2p_z$ 軌道にあり，これらの軌道は互いに直角の方向（すなわち x，y，z 軸方向）を向いている．これらの軌道がそれぞれ H の $1s$ 軌道と重なり合って（overlap）結合したものが NH_3 分子である（2 つの電子軌道の重なり合いが大きいほど結合は強い）．したがって，H-N-H の原子価角（valence angle，または**結合角**：bond angle；分子内の隣り合う 2 つの結合のなす角）はどれも 90° であることが期待される．しかし，結合にあずかった H 原子の間で互いに反発し合うため，実測値は 108° である．

O は 2 個の不対電子をもっているから，原子価は 2 価である．この 2 個の不対電子 $2p_y$ および $2p_z$ 軌道がそれぞれ H の $1s$ 軌道と重なり合って結合をつくると H_2O 分子となる．したがって，HOH の原子価角も 90° であることが期待されるが，実測値は 104.5° である．

C の電子配置は $1s^2 2s^2 2p^2$ である．このうち，化学結合に関与する原子価電子は $2s^2 2p^2$ の 4 個である．原子軌道では $2s$ オービタルは $2p$ よりも安定である．しかし，4 個の水素と結合した CH_4 分子では 4 個の C-H 結合はまったく等価で区別できない．これは，C が H と結合して分子となると，4 個の共有結合に関与する原子価電子の状態にまったく差がなくなることを意味する．

原子軌道上の $2s^2 2p^2$ が 4 個の H の $1s$ との重なりにおいて等価であることを説明するのに，sp^3 混成軌道の概念が提唱されている．すなわち，$2s$ 軌道の 2 個の電子の一方が $2p$ に移り，原子軌道としては励起状態の $2s^1 2p_x^1 2p_y^1 2p_z^1$ という電子配置をとったあと，この 4 つの電子が空間的にもエネルギー的にも等価に再配分され，軌道の向きが正四面体の中心から頂点に向かう 4 つの方向になったものである（**図 1-12**）．この 4 つの軌道に 4 個の H の $1s$ 軌道が重なって CH_4 分子ができる〔2 つの軌道の重なりに基づく新しい軌

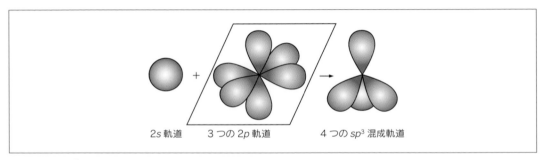

図1-12　sp^3混成軌道

2s軌道　　3つの2p軌道　　4つのsp^3混成軌道

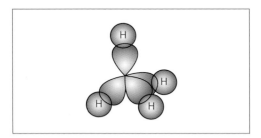

図1-13　C-H結合　CH_4

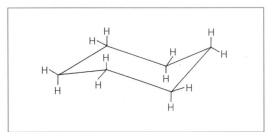

図1-14　シクロヘキサンの立体構造

道の形成により，対応するエネルギー（結合エネルギー）だけ電子のエネルギー状態は安定化する〕．

このように，分子を構成する際に単独の原子では存在しない新しい軌道が生ずる．これを**分子軌道**という．

実際 H-C-H の角度は 109°28′ であり，正四面体の幾何構造と一致する．C-H結合生成における s 軌道と sp^3 混成軌道の重なり合いを**図1-13**に示す．また，このように結合の軸に垂直な面内で円対称の電子分布をもつ結合を**σ結合**とよぶ．

原子が結合して分子になる際には，sp^3 のほかにも sp，sp^2，dsp^2，d^2sp^3 などの混成軌道ができることが知られている．

炭素原子は，4価で三次元空間的に広がっていき，（特に生体物質において）大きな分子を構成する重要な原子であるが，炭素同士がつらなって環を形成するときは，正四面体における原子価角 109°28′ にできるだけ近い内角を有する環をつくろうとする（その方がエネルギー的に安定化する）．

シクロヘキサンでは，炭素原子価角の正四面体からの歪みが最小になるような立体配置をとろうとするので，6個の炭素原子は平面上に存在せず，**図1-14**のようなイス型の立体構造をしている．

2）多重結合

エチレン（エテン）C_2H_4（$CH_2 = CH_2$）では，炭素原子は sp^2 混成軌道により，もう1つの炭素および2個の水素と σ結合をしている．これら3個の

 σ結合

σはギリシャ文字で「シグマ」とよばれ，アルファベットのsにあたる．原子軌道のsと分子軌道のσとはそれぞれの軌道において対称性が最もよいものである．

Column

教科書の平面構造式から立体構造を簡単に予測する方法
― 原子価殻電子対反発則（VSEPR 則）―

　典型元素の化合物，金属化合物や配位化合物を理解するには，構造を立体的にとらえることが必要である．p.20 で水，アンモニア，メタンの構造式が記されているが，紙面に書かれた構造式から立体構造を簡単に予想する方法がある．原子価殻電子対反発則（VSEPR 則：valence shell electron pair repulsion rule）とよばれるもので，電子対同士の反発によってお互いにできるだけ遠く離れるという原則に基づいて，立体構造を予測する．中心原子から伸びている軌道の数を VSEPR 数というが，以下の操作に従って数えていく．

　① 他の原子と結合している数を数える．単結合（価標１本），二重結合（価標２本），三重結合（価標３本）はいずれも１つとして数える．

　② 非共有電子対の数を数える．

　③ ①と②を足し合わせた数が VSEPR 数である．

　たとえば，水分子の O は，単結合２個，非共有電子対２個であるので，VSEPR 数は４となる．アンモニア分子の N は，単結合３個，非共有電子対１個であるので，VSEPR 数は４となる．メタン分子の C は，単結合４個であるので，VSEPR 数は４となる．炭酸イオン（p.122）の C は単結合２個と二重結合１個であるから，VSEPR 数は３となる．

　VSEPR 数に応じて，中心原子から結合する原子の立体構造は表のように予測できる．

VSEPR 数	立体構造	結合角（°）
2	直線形	180
3	平面三方形	120
4	正四面体形	109.5
5	三方両錐形	90, 120, 180
6	正八面体形	90, 180

　水，アンモニア，メタンはいずれも VSEPR 数は４であり，正四面体形構造と予想される．メタン分子は実際に正四面体形構造であるが，アンモニアの非共有電子対には原子はないので，三角錐構造となり，水は非共有電子対２カ所に原子がないので，二等辺三角形構造となる．アンモニアが炭酸イオンのような平面構造ではないことが，VSEPR 数から容易にわかる．

　さらに，結合角を考えるとき，非共有電子対は結合電子対よりも空間を広く使うと考えると，メタン分子の∠HCH が 109.5°であるのに対して，アンモニア分子の∠HNH，水分子の∠HOH は，非共有電子対からの反発で，結合角が狭くなることが予想される．実際にアンモニアは 107.5°，水は 104.5°である．

　典型元素の化合物に VSEPR 則は有用であるが，遷移元素の化合物はあてはまらない場合もある．配位子が６個ある場合は正八面体形，５個の場合は三方両錐形，４個の場合は正四面体形が予想できるが，$[Cu(NH_3)_4]^{2+}$ のように正方形をとることがある（p.134，**表 4-14** 参照）．

結合は空間的に互いに等価に分散するのが一番安定であるので，C_2H_4 のすべての原子は同一平面上に位置し，どの原子価角も 120° である．

　炭素は４価であるから，もう１つずつ電子をもっており，これは原子軌道

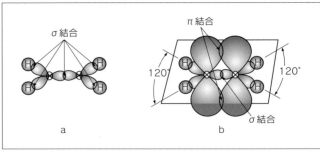
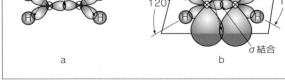

図 1-15　CH₂ = CH₂

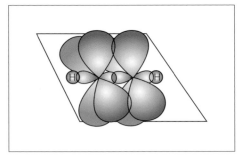

図 1-16　CH ≡ CH

でいえば $2p_z$（分子の面を xy とすると）に存在しているはずである．2個の炭素に存在する2個の $2p_z$ の軌道はエチレン分子の平面に垂直な方向に並行して存在するので，2つの軌道間で重なりが生じ，新しい分子軌道ができあがる．

　このようにしてできた結合は**π（パイ）結合**とよばれ，分子軌道上ではこれら2つの電子を**π電子**とよぶ．すなわち，エチレンの2個の炭素の間には1つの σ 結合と1つの π 結合があり，合計4つの電子が C-C 間の結合をつくっている（**図 1-15**）．

　π 電子は σ 電子に比べ，より低いエネルギーで励起され，不安定で，反応性に富んでいる．

　アセチレン C_2H_2（CH ≡ CH）では，炭素は sp 混成軌道をつくり，各炭素原子の2つの原子価電子は，C および H と σ 結合を形成している．2個の σ 結合は空間的に等価に分散しようとするので，C_2H_2 の原子4個は一直線上に存在する．各炭素原子には2個の p 電子が残っているが，これらはエチレンのときと同様に，π 結合を形成する．すなわち，分子の軸を含む互いに垂直の2枚の平面を対称面にした2つの π 結合ができる（**図 1-16**）．したがって，アセチレンの2個の C の間の三重結合は1個の σ 結合と2個の π 結合からなる．N_2 分子（N ≡ N）の三重結合も同様である．

10　共有結合の極性

　2種の異なる原子間で共有結合を形成しているとき，共有された電子は両方の原子に等しい割合で存在するわけではなく，より電子を引きつけやすい原子の方に共有結合電子の存在確率が偏ることになる．このため，正電荷と負電荷の中心が位置的に一致しなくなり，分子は双極子となる．

　たとえば，HCl 分子は H : C̈l : という完全に共有結合した状態と H⁺ : C̈l : ⁻ という完全にイオン結合した状態を混ぜて平均したような結合をしている．

　このように，一般に異種原子からなる結合は，共有結合とイオン結合の性質をあわせもつような極性をもった結合状態である．原子の種類により，電子を引きつける程度は異なり，これを数値的に表現したものを**電気陰性度**という．

　電気陰性度の値は**表 1-15**に示すが，同じ周期では原子番号が大きくなり，

π結合

π はギリシャ文字であるが，アルファベットでいえば p にあたる．

エチレンのπ結合

図 1-15 の π 結合2個の p_z 軌道から1つの π 結合ができるので，**図 1-15** では π 結合は1個分に相当する．

表1-15　原子の電気陰性度

H																	He
2.1																	–
Li	Be											B	C	N	O	F	Ne
0.97	1.47											2.01	2.50	3.07	3.50	4.10	–
Na	Mg											Al	Si	P	S	Cl	Ar
1.01	1.23											1.47	1.74	2.06	2.44	2.83	–
K	Ca	Sc	Ti	V	Cr	Mn	Fe	Co	Ni	Cu	Zn	Ga	Ge	As	Se	Br	Kr
0.91	1.04	1.20	1.32	1.45	1.56	1.60	1.64	1.70	1.75	1.75	1.66	1.82	2.02	2.20	2.48	2.74	–
Rb	Sr	Y	Zr	Nb	Mo	Tc	Ru	Rh	Pd	Ag	Cd	In	Sn	Sb	Te	I	Xe
0.89	0.99	1.11	1.22	1.23	1.30	1.36	1.42	1.45	1.35	1.42	1.46	1.49	1.72	1.82	2.01	2.21	–
Cs	Ba	*	Hf	Ta	W	Re	Os	Ir	Pt	Au	Hg	Tl	Pb	Bi	Po	At	Rn
0.86	0.97		1.23	1.33	1.40	1.46	1.52	1.55	1.44	1.42	1.44	1.44	1.55	1.67	1.76	1.90	–
Fr	Ra	**															
0.86	0.97																

*La	Ce	Pr	Nd	Pm	Sm	Eu	Gd	Tb	Dy	Ho	Er	Tm	Yb	Lu
1.08	1.08	1.07	1.07	1.07	1.07	1.01	1.11	1.10	1.10	1.10	1.11	1.11	1.06	1.14
**Ac	Th	Pa	U	Np	Pu	Am	Cm	Bk	Cf	Es	Fm	Md	No	
1.00	1.11	1.14	1.22	1.22	1.22	(1.2)	(1.2)	(1.2)	(1.2)	(1.2)	(1.2)	(1.2)	(1.2)	

データは E. T. Little, Jr., M. M. Jones：*J. Chem. Ed.*, **37**：231，1960 から採用した.

核の正電荷が大きくなるほど電子を引きつけやすく，電気陰性度は大きくなる．また，同じ族では周期の数が大きいほど電気陰性度は小さくなる．

　正電荷と負電荷の重心の距離を l [m] とし，電荷量を δ [C] とすると，**双極子モーメント**（dipole moment）μ [C m] は

$$\mu = \delta l \qquad\qquad 1\text{-}6$$

と定義される．双極子モーメントの SI 単位は C m である．この値が極性の強さを表している．H_2，Cl_2，CO_2，C_2H_4 のように共有結合が対称的に存在する多原子分子では μ は 0 C m となる．$\mu = 0$ C m の分子を**無極性分子**(nonpolar molecule) という．

　電子 1 個の電荷量は 1.6×10^{-19} C である．電子の電荷に等しい正と負の電荷が 1Å（$= 10^{-10}$ m）離れて存在すれば，$\mu = 1.6 \times 10^{-29}$ C m となる．

　たとえば，HCl 分子の双極子モーメントは $\mu_{HCl} = 3.70 \times 10^{-30}$ C m と表される．H-Cl 分子がもし完全に共有結合であれば $\mu = 0$ であり，逆に完全にイオン結合であれば $\mu_{H^+Cl^-} = 1.6 \times 10^{-19}$ C $\times 1.27 \times 10^{-10}$ m $= 2.03 \times 10^{-29}$ C m となるはずである．実際には $\mu_{HCl} = 3.70 \times 10^{-30}$ C m であるから，3.70×10^{-30} C m$/2.03 \times 10^{-29}$ C m ≒ 0.18（18%）となり，H-Cl の結合の約 1/6 がイオ

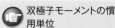
双極子モーメントの慣用単位
双極子モーメントには慣用単位のデバイ（単位記号 D）もよく用いられる．1D ＝ 3.336×10^{-30} C m の関係がある．HCl 分子の双極子モーメントは 1.03D，H_2O 分子の双極子モーメントは 1.84D である．

極性分子
共有結合の極性のために，分子全体として $\mu \neq 0$ となる分子を極性分子とよぶ．HCl，H_2O などが極性分子の代表例である．

ン結合性で，約5/6が共有結合性であるといってよかろう．

一般に，双極子モーメントをもつ分子は無極性化合物とイオンの中間の性質を示す．また，双極子モーメントは分子構造（結合角，結合距離など）と密接な関係がある．というのは，2種の異なる原子からなる3原子分子では，分子の形が直線状であれば$\mu = 0$である．たとえば，CO_2，CS_2などは$\mu = 0$なので，$O = C = O$，$S = C = S$のように3原子が直線上に並んでいると考えられる．

一方，H_2Oは$\mu_{HOH} = 6.14 \times 10^{-30}$ C mで，直線分子でなく，Oを頂点とした三角形の構造をもつことが推定される．μ_{HOH}の値だけからH–O結合の双極子モーメントμ_{OH}を求めることはできないが，H–O–Hの原子価角が約105°であることを用いると，

$$\mu_{OH} = \frac{1}{2}\mu_{H_2O} \times \frac{1}{\cos 52.5°}$$

$$= \frac{1}{2} \times 6.14 \times 10^{-30}\,\text{C m} \times \frac{1}{0.61} = 5.04 \times 10^{-30}\,\text{C m}$$

と計算される．

11 原子間距離

原子間距離はその共有結合が同種（単結合，二重結合，三重結合など）なら，原子の種類によって一定の値となる．そこで，各原子の共有結合半径が定義されている（**表1–13**参照）．

2つの原子A，B間に共有結合ができると，その結合距離（原子間距離）はA，Bそれぞれの共有結合半径の和となる．各種共有結合の原子間距離を**表1–16**に示す．

表1–16　共有結合の原子間距離と結合エネルギー

結合	原子間距離（Å）	結合エネルギー*（kJ/mol）	結合	原子間距離（Å）	結合エネルギー*（kJ/mol）
H–H	0.741	436.0	N–H	1.012	390.8
O–H	0.957	461.1	H–Cl	1.275	431.8
C–H	1.10	413.4	C = C	1.336	606.7
C–C	1.501	347.7	C = O	1.16	748.9
C–O	1.43	351.5	O = O	1.207	490.4
C–N	1.47	291.6	C ≡ C	1.207	828.4
C–S	1.81	259.4	C ≡ N	1.16	790.8
C–Cl	1.78	328.4	N ≡ N	1.098	941.8

＊：結合エネルギーは，その共有結合を切って原子状態にするのに必要なエネルギーの値で，大きいほど強い結合であることを示す．C = Cのような二重結合ではσ結合とπ結合の2つの結合からなるので，定性的にはC–Cのσ結合のエネルギーにπ結合によるものを合わせた合計となる．

たとえば，C-C 結合では単結合は 1.50Å，二重結合は 1.34Å，三重結合は 1.21Å となる．ベンゼンのような共鳴構造では，C-C 結合の距離は 1.39Å で，単結合と二重結合の中間の値を示す．また，原子間距離は結合エネルギーの大きいものほど短い傾向がある（**表 1-16**）．

12　配位結合

NH_3 分子には N と H の間で共有されている電子対のほかに，N にのみ属する非共有性の電子対がある．N 原子は $1s^2 2s^2 2p^3$ の電子配置をしているから，H 原子 3 個と結合すると

$$\text{H} \overset{\circ}{\underset{\times}{\text{N}}} \text{H}$$
$$\text{H}$$

と書き表される．ここで，$1s^2$ 電子は省略し，○は N 原子由来，×は H 原子由来の電子を表す．

H との結合に関与していない 2 つの電子を**孤立電子対**（lone pair）または**非共有電子対**（nonbonding pair）という．NH_3 が H^+ と反応する場合は，この孤立電子対を H^+ と共有した形となり，アンモニウムイオン（NH_4^+）ができる．このような共有結合は電子対中の 2 電子が両方とも一方の原子（N）から他の原子（H^+）に供与して共有しているので，特に**配位結合**（coordinate bond）という．

配位結合は，供与する原子側から矢印を引いて，たとえば N → H のように表し，通常の共有結合と区別することがある．このように NH_4^+ では 4 つの水素原子との結合のうち，1 つだけは一方的に N 原子が電子対を供与しているのであるが，4 つの結合の電子状態は区別がつかない．

すなわち，CH_4 分子の場合のように，NH_4^+ では N 原子が 4 つの sp^3 混成軌道をつくって，4 つの H 原子と等価な結合をした構造をとっており，CH_4 と同様，正四面体形構造をしていて，＋の電荷は NH_4^+ 全体の中心（N 原子）に平均して存在している．

錯イオンには配位結合をしているものが多い．たとえば $[Co(NH_3)_6]^{3+}$，$[Fe(CN)_6]^{3-}$ などでは，NH_3 分子，CN^- の孤立電子対が金属イオンに配位し，共有された構造をしている．

13　化学結合の種類

これまでに述べた化学結合はイオン結合および共有結合（配位結合も含む）の 2 種類であった．このほかに金属原子間にのみみられる金属結合（p.45），さらにこれら 3 つの結合より弱い水素結合がある．水素結合は水素原子が電気陰性度の大きい原子に結合しているときにみられる（p.44）．

以上のほかに，分子間引力としてはどのような物質分子（貴ガスも含めて）の間にも存在する引力として，ファンデルワールス力がある．これは，これまで述べた結合力よりさらに弱い結合である．その他に，双極子モーメントを有

する分子間に働く双極子-双極子間の引力がある．水素結合は双極子-双極子引力の一つの特殊な場合とも考えられる．

これらについては，固体の結晶の部分でさらに詳しく触れる（p.41）．**表1-17**に種々の結合の強さを示す．

表1-17　化学系における引力の主な型

引力あるいは 化学結合の型	例	平衡距離（Å）	平衡における相互作用 のエネルギー（kJ/mol）
イオン結合 （イオン-イオン力）	$Na^+\cdots F^-$	2.3	669
共有結合	H—H	0.74	435
イオン-双極子力	$Na^+\cdots O{<}^H_H$	2.4	80
水素結合 （双極子-双極子力）	$^H_H{>}O\cdots H{-}O{<}^H$	2.8	20
ファンデルワールス力	$Ne\cdots Ne$	3.3	0.25
電荷移動結合	ベンゼン-ヨウ素	3.4	5

表1-18　健康診断の検査表（演習問題）

検査項目		基準値	検査項目	基準値
身長	（男子平均）	① 170.6 cm	血液検査項目	
	（女子平均）	① 158.0 cm	WBC（白血球）	3,900～⑥ 9,800/μL
体重	（男子平均）	② 59.5 kg	RBC（赤血球）	442～570×10⁴/μL
	（女子平均）	② 53.5 kg	LDL-コレステロール	70～⑦ 139 mg/dL
BMI（体格指数）		③ 18.5～24.5（単位は略した）	TG（中性脂肪）	30～149 mg/dL
＊BMI＝（体重 / 身長×身長）			HbA1c（ヘモグロビン A1c）	⑧ 5.1%以下
血圧			電解質	
血圧最高値	（略号　HBP）	④ 100～139 mmHg	Na　ナトリウム	136～⑨ 147 mEq/L
血圧最低値	（略号　LBP）	④ 60～89 mmHg	K　カリウム	3.6～5.0 mEq/L
聴力			Cl　クロール	98～109 mEq/L
聴力　⑤ 1,000 Hz（略号　H10）		～30 dB	Ca　カルシウム	8.7～⑩ 10.1 mg/dL
聴力　4,000 Hz（略号　H40）		～40 dB	P　リン	2.4～4.3 mg/dL
			Mg　マグネシウム	1.8～2.6 mg/dL

🔴 演習問題

1. 健康診断の検査項目の基準値を**表1-18**に示す．アンダーラインの物理量①～⑩をSI基本単位だけで表してみよう．ただし，kg以外はSI接頭語を用いず，10の乗数（○.○○×10°の形式）で表すものとする．

ヒント
SI基本単位は，p.5，**表1-3**の7つである．
$1\,atm = 760\,mmHg = 1.013 \times 10^5\,Pa = 1.013 \times 10^5\,m^{-1} \cdot kg \cdot s^{-2}$
$1\,L = 10^{-3}\,m^3$

解答

①：100 cm = 1 mであるため，170.6 cm = 1.706 m，158.0 cm = 1.580 m．

②：kgはSI単位であるため，単位の変更は不要である．$59.5\,kg = 5.95 \times 10^1\,kg$，$53.5\,kg = 5.35 \times 10^1\,kg$．

③：BMI = 体重[kg]÷(身長[m])²で求められることから，単位はkg/m²である．$18.5\,kg/m^2 = 1.85 \times 10^1\,kg/m^2$．

④：ヒントより，mmHgをSI単位（$m^{-1} \cdot kg \cdot s^{-2}$）に換算するには，mmHgの値に$1.013 \times 10^5/760$を乗ずればよい．したがって，$100\,mmHg = 100 \times (1.013 \times 10^5/760) = 13{,}328\,m^{-1} \cdot kg \cdot s^{-2} = 1.33 \times 10^4\,m^{-1} \cdot kg \cdot s^{-2}$，$60\,mmHg = 7997.4\,m^{-1} \cdot kg \cdot s^{-2} = 8.00 \times 10^3\,m^{-1} \cdot kg \cdot s^{-2}$．

⑤Hzは周波数の単位であり，1秒間の周波数・振動数を表す．すなわち，$Hz = s^{-1}$である．$1{,}000\,Hz = 1.0 \times 10^3\,s^{-1}$．

⑥ヒントより，$L = 10^{-3}\,m^3$であるから，$9{,}800/\mu L = 9{,}800/10^{-6}\,L = 9{,}800/10^{-6} \times 10^{-3}\,m^3 = 9.800 \times 10^{12}/m^3$．

⑦ $139\,mg/dL = 139 \times 10^{-6}\,kg/10^{-1}\,L = 139 \times 10^{-6}\,kg/10^{-1} \times 10^{-3}\,m^3 = 1.39\,kg/m^3$．

⑧ $5.1\% = 5.1 \times 10^{-2}$．%はSI単位ではない．

⑨電子1 mmolの電荷と等しい電荷をもつイオン量を1 mEqといい，1価のイオンではイオン量（Eq）はmol数と等しくなる．2価のイオンではイオン量（Eq）はmol数の2倍となる．
Naは1価の陽イオンであるから，$147\,mEq/L = 147\,mmol/L = 147 \times 10^{-3}\,mol/10^{-3}\,m^3 = 1.47 \times 10^2\,mol/m^3$．

⑩ $10.1\,mg/dL = 10.1 \times 10^{-6}\,kg/10^{-1} \times 10^{-3}\,m^3 = 1.01 \times 10^{-1}\,kg/m^3$．

　単位の換算は，化学の計算において最も基本的事項である．単位にはSI単位と慣用単位があるが，健康診断など臨床検査値の単位は，必ずしもSI単位ではないことを確かめてほしい．特に医療では，血圧の単位としてmmHgが認められており，これをPaに変換すると現場では使いものにならないことが実感できる．

　臨床化学を学ぶうえでも基礎となるため，しっかりと単位の意味・換算方法を理解しておこう．

🔴 実践 国試問題

1. 正しい組合せはどれか．

① d（deci）―10^{-2}

② n（nano）―10^{-6}

③ p（pico）―10^{-9}

④　a（atto）—10^{-12}

⑤　f（femto）—10^{-15}

解答　⑤

p.6，**表1-5**を参照のこと．

---

2. SI単位で正しい組合せはどれか．2つ選べ．

① 温度—K

② 熱量—J

③ 圧力—mmHg

④ 物質量—g

⑤ 放射能—Ci

解答　①と②

SI単位はそれぞれ，③：圧力はパスカル（Pa），④：物質量はモル（mol），⑤：放射能はベクレル（Bq）で表す．放射能の単位として従来使用されてきたキュリー（Ci）は特別単位として一部で使用されている．

---

3. SI単位系基本単位について**誤っている**組合せはどれか．

① 長さ—メートル（m）

② 質量—グラム（g）

③ 時間—秒（s）

④ 電流—アンペア（A）

⑤ 物質量—モル（mol）

解答　②

SI基本単位としては，m（長さ），kg（質量），s（秒，時間），A（電流），K（熱力学温度），mol（物質量），cd〔光度（明るさ）〕が用いられる．重さだけgではなく，SI接頭語のキロがついたkgであるのが特徴的である．

第2章 物質の状態

I 気体

気体は，次のような共通の性質をもつ．

① 固有の体積をもたず，与えられた容器全体に広がる．

② 均一な性質をもつ．

③ 2種以上の異なる気体は均一に混じる．

④ 容器の壁に対して一様の圧力を示す．

⑤ 圧縮されやすく，膨張しやすい．

⑥ 温度変化に基づく体積変化が，液体や固体に比して非常に大きい．

⑦ 液体や固体に比し，密度が非常に小さい．

①～④の性質は，気体を構成する分子が不規則な方向にたえず運動していると仮定して説明される．

1 ボイル-シャルルの法則

気体の体積（volume）を V，圧力（pressure）を P，温度（temperature）を T とすると，これらの量の間には，

$$\frac{PV}{T} = k \qquad\qquad 2\text{-}1$$

の関係が成り立つ．ここで圧力 P の単位は atm（気圧）または mmHg（水銀柱の高さ），体積 V の単位は L または cc，温度 T は摂氏温度 t℃に 273 を加えた温度で，絶対温度といい，単位は K（ケルビン）で表す．k は同一気体においても質量が変われば変化するが，質量が一定なら一定の値をとる．このような関係を**ボイル-シャルル（Boyle-Charle）の法則**または**ボイル-ゲイリュサック（Boyle-Gay Lussac）の法則**という．

式 2-1 において $T =$ 一定なら

$$PV = 定数（ボイルの法則） \qquad\qquad 2\text{-}2$$

となり，$P =$ 一定なら

$$\frac{V}{T} = 定数（シャルルの法則） \qquad\qquad 2\text{-}3$$

となる．

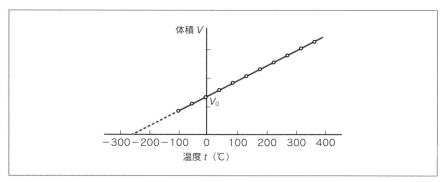

図2-1　圧力を0に外挿したときの体積と温度の関係

2　理想気体の状態方程式

式2-1の定数kは気体の質量と種類によるが，気体の量を1 molとすると，アボガドロの法則により，1 molの気体は同温同圧ではすべて同じ体積を占めるから，PV_m/Tは気体の種類に関係せず，普遍の定数となる（ここでV_mはモル体積を表し，1 molの気体が占める体積のことである）．この定数を**気体定数**（gas constant）といい，記号にRを用いる．

$$PV_m = RT \qquad\qquad\qquad 2\text{-}4$$

式2-4は1 molの気体の状態を表し，気体が希薄な場合（圧力が小さい，温度が高いなどの場合も）には実在気体について近似的に成立する．式2-4が完全に成立するような気体を仮定してこれを**理想気体**といい，式2-4を**理想気体の状態方程式**という．

気体の温度を1℃上げるときに増加する気体の体積の割合を気体の**膨張係数**という．すなわち，$\dfrac{1}{V_0}\left(\dfrac{\partial V}{\partial t}\right)_P$である．ここで，$V_0$は0℃における体積で，$\left(\dfrac{\partial V}{\partial t}\right)_P$は一定圧力のもとで温度を上げたときの体積の増加を示す．

気体の膨張係数を種々の圧力のもとで測定して，圧力と膨張係数の関係をグラフで表し，圧力を0に外挿したとき得られるVとtの関係は**図2-1**のようになる．圧力0では理想気体の状態方程式が成立するから，図のVとtの関係から得られる勾配は理想気体の膨張係数，すなわち$1/T_0$を与える．ただし，T_0は0℃を絶対温度で表した値である．この結果，$T_0 = 273.15$ Kが得られる．

一方，0℃，1気圧（atm）における理想気体の体積はPV_mの値をPに対してプロットし，$P{\to}0$でのPVの値に$P = 1$ atmを入れることにより実測される．結果は，

$$V_m = 22.414 \text{ L/mol}$$

である．これらの値を入れると，

外挿

ある既知の数値データを基に，そのデータの範囲の外側で予想される数値を求めること．

理想気体の膨張係数

0℃における体積および温度をV_0, T_0とするとシャルルの法則から$\dfrac{V_0}{T_0} = \dfrac{V}{T}$であるから，$\dfrac{1}{V_0}\left(\dfrac{\partial V}{\partial t}\right)_P$

$\left[\begin{array}{l}\text{膨張率の定義，}\left(\dfrac{\partial V}{\partial t}\right)_P \\ \text{は圧力一定で温度増加させ} \\ \text{たとき増加する体積を示す} \\ \text{微分である}\end{array}\right]$は$1/T_0$となる．ただし，$T_0 = 273.15$ Kで，tは摂氏温度，Tは絶対温度である．

$$R = \frac{PV_m}{T} = \frac{1\,\text{atm} \times 22.414\,\text{L/mol}}{273.15\,\text{K}} = 0.08206\,\text{L·atm/(K·mol)}$$

が得られる．$1\,\text{atm} = 1.01325 \times 10^5\,\text{Pa} = 1.01325 \times 10^5\,\text{N/m}^2 = 1.01325 \times 10^5\,\text{J/m}^3 = 1.01325 \times 10^2\,\text{J/L}$ の単位変換を行うと，

$$R = 8.314\,\text{J·K}^{-1}\text{·mol}^{-1} = 8.314 \times 10^3\,\text{L·Pa·K}^{-1}\text{·mol}^{-1}$$

単位変換：p.6，**表 1-4** を参照のこと．

となる．

$n\,[\text{mol}]$ の気体については，その体積を V とすると $V = nV_m$ であるから，

$$PV = nRT \qquad\qquad 2\text{-}5$$

となり，気体の質量を w，分子量を M とすると，$n = \dfrac{w}{M}$ であるから，

$$PV = \frac{w}{M}RT \qquad\qquad 2\text{-}6$$

となる．両辺に $\dfrac{M}{V}$ をかけ，密度 $d = \dfrac{w}{V}$ で表すと

$$PM = \frac{w}{V}RT = dRT$$

となる．

3 ドルトンの分圧の法則

　ドルトンは，同温同圧で気体を混合すると，混合前の体積の和と混合後の体積が等しいことを見出した．すなわち，各気体の混合前の体積を V_1, V_2, V_3…，混合後の気体の体積を V とすると，

$$V = V_1 + V_2 + V_3 + \cdots \qquad\qquad 2\text{-}7$$

　混合気体において，各気体成分が単独で示す圧力をそれぞれの気体成分の**分圧** (partial pressure) といい，混合後，混合気体全体として及ぼす圧力を**全圧** (total pressure) という．各気体成分の分圧を P_1, P_2, P_3…，全圧を P とする．同温同圧で混合するならば，各気体成分については混合前の圧力はそれぞれ P であり，ボイルの法則が成立するから，

$$(P \times V_1)_{\text{混合前}} = (P_1 \times V)_{\text{混合後}} \qquad\qquad 2\text{-}8$$

したがって，

$$P_1 = \frac{V_1}{V}P, \quad P_2 = \frac{V_2}{V}P, \quad P_3 = \frac{V_3}{V}P, \quad \cdots$$

$$P_1 + P_2 + P_3 + \cdots = \frac{V_1 + V_2 + V_3 + \cdots}{V}P = P \qquad\qquad 2\text{-}9$$

　混合気体全体のもつ圧力，すなわち全圧 P は各気体成分の分圧，P_1, P_2, P_3…の和に等しくなる．これを**ドルトンの分圧の法則**という．

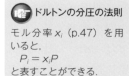

ドルトンの分圧の法則

モル分率 x_i (p.47) を用いると，
$$P_i = x_i P$$
と表すことができる．

4 気体分子運動論

　気体分子自身の全体積（気体分子の粒子としての大きさ）は気体が占める体積（容器の体積）のごく一部でしかない．しかし，容器の体積内にある気体分子の数は非常に多いので，平均してみると，容器全体に均一に分散している．気体分子はたえず運動し，気体分子同士で互いに衝突し合ったり，器壁と衝突するまでは直進運動をしていると考えられる．気体分子の運動方向は，気体分子の数が十分多いか，あるいは時間を十分長くとれば，あらゆる方向に均一と考えられる．

　気体の圧力は，単位面積の壁に気体分子が衝突するときの運動の変化で説明できる．すなわち，衝突により分子の運動速度の器壁に垂直な成分だけが符号を変えるので，このときの運動量の変化を単位時間で割った力が圧力である．したがって，体積あたりの分子数が多く，分子の運動速度が大きいほど気体の圧力は増す．体積あたりの分子数が多いほど圧力を増すことは，式2-5を$P = nRT/V$と変換すると，Pがn/Vに比例することから明らかである．また，Tに比例することもわかる．すなわち，気体の圧力にはn/Vや分子の運動速度，Tが関係することを意味する．

　このように，気体分子について力学の法則を用い，さらに統計力学的に気体の性質を説明しようとする理論のことを**気体分子運動論**という．

　分子運動論において次のことを仮定すると，簡単な結論が得られる．

　① 気体分子間に引力，斥力は存在しない．すなわち，分子間力は衝突による効果のみを考える．

　② 分子自身の体積を気体全体の体積に対して無視できるものとする．

　③ 分子間の衝突または分子と器壁との衝突においては，運動エネルギーおよび運動量が保存（完全弾性衝突）される．

　1つの分子（質量m）が壁に直角にv_1の速度で衝突すると，分子の運動量の衝突前後の変化は$2mv_1$である．単位時間あたりに衝突する位置にある分子数は速度vの大きさに比例する（vが大きければそれだけ遠くにいる分子もその間に衝突する）から，結局1つの分子が壁に及ぼす力は，単位時間あたりでは$2mv_1{}^2$に比例する．v_1の向きが逆であったり（壁に垂直だが遠ざかる），壁に対して平行な面内であれば衝突はしないから，v_1の方向がランダムであると仮定すると，壁（単位面積とする）に対する圧力は$\frac{1}{6} \times 2mv_1{}^2 = \frac{1}{3}mv_1{}^2$となる．

　容器の体積Vの中にN個の分子があるとし，各分子の速度をv_iとすると

$$P = \frac{1}{3}m(v_1{}^2 + v_2{}^2 + \cdots + v_N{}^2)/V \qquad 2\text{-}10$$

となる．

$$\overline{v^2} = \frac{1}{N}(v_1{}^2 + v_2{}^2 + \cdots + v_N{}^2) \qquad 2\text{-}11$$

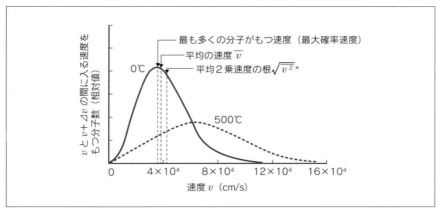

図 2-2　気体分子速度の分布
縦軸は速度が v と $v+\varDelta v$ の間に入っている分子数（相対値）である．横軸の速度 v は絶対値でベクトルではない（すなわち方向については考えない）．実線は 0℃，点線は 500℃での酸素分子の速度分布を示す．
＊：H_2 の値は 1,690 m/s，O_2 の値は 461 m/s，N_2 の値は 483 m/s．

とすると，

$$P = \frac{1}{3} \cdot \frac{Nm\overline{v^2}}{V} \qquad\qquad 2\text{-}12$$

となる．$\overline{v^2}$ のことを平均 2 乗速度といい，式 2-12 は**ベルヌーイの式**とよばれる．$\overline{v^2}$ は $(\overline{v})^2$（平均速度の 2 乗）とは異なることに注意する（**図 2-2**）．それぞれの気体分子の運動エネルギー（ε_i）は $\frac{1}{2}mv_1^2$，$\frac{1}{2}mv_2^2\cdots$，$\frac{1}{2}mv_N^2$ であるから，

$$\overline{\varepsilon} = \frac{1}{N}(\varepsilon_1 + \varepsilon_2 + \cdots \varepsilon_N) = \frac{1}{N} \times \frac{1}{2}m(v_1^2 + v_2^2 + \cdots v_N^2) = \frac{1}{2}m\overline{v^2} \qquad 2\text{-}13$$

式 2-12 は式 2-13 を用いると，

$$P = \frac{2}{3} \cdot \frac{N\overline{\varepsilon}}{V} \qquad\qquad 2\text{-}14$$

すなわち，

$$PV = \frac{2}{3}N\overline{\varepsilon} \qquad\qquad 2\text{-}15$$

$PV = \dfrac{N}{N_A}RT$ を用いると，

$$RT = \frac{2}{3}N_A\overline{\varepsilon} \qquad\qquad 2\text{-}16$$

N_A はアボガドロ定数である．$N_A\overline{\varepsilon}$ は 1 mol の気体分子の運動エネルギーであるから，1 個の分子の平均エネルギーは，

$$\overline{\varepsilon} = \frac{3}{2}\frac{R}{N_A}T = \frac{3}{2}kT \qquad\qquad 2\text{-}17$$

$k = \dfrac{R}{N_A}$ は分子 1 個についての気体定数で，**ボルツマン**（Boltzmann）**定数**とよばれる．

$$k = \frac{8.314}{6.022 \times 10^{23}} = 1.38 \times 10^{-23}\,\text{J K}^{-1}$$

式 2-17 は，分子 1 個の平均の運動エネルギーは分子の質量などには関係せず，温度が一定ならば同じ値で，絶対温度の値に比例することを示している．$\bar{\varepsilon} = \dfrac{1}{2}m\overline{v^2}$ であり，$\overline{v^2} = \overline{v_x^2} + \overline{v_y^2} + \overline{v_z^2}$，気体運動の等方性から，$\overline{v_x^2} = \overline{v_y^2} = \overline{v_z^2}$，したがって $\dfrac{1}{2}m\overline{v^2} = \dfrac{3}{2}kT$ となり，空間の 1 つの座標軸についての速度成分に関する運動エネルギーが $\dfrac{1}{2}kT$ に等しいことがわかる．同じ温度ならば，質量 m の大きい分子は $\overline{v^2}$ が反比例して小さいことがわかる（**図 2-2** の注を参照）．

5 実在気体の状態方程式（ファンデルワールスの状態方程式）

実在気体は，理想気体の状態方程式からはずれた挙動を示す．これは以下の理由による．

① 理想気体では気体分子自身の体積を無視したが，実際は気体分子はその種類に応じて一定の大きさの体積を有しているので，気体の入っている容器の体積のうち一部を気体自身の体積が占めてしまう．したがって，気体が自由に動ける空間は容器の大きさから，分子自身の体積を差し引いたものになる．

② 理想気体では分子間に働く力は直接衝突するときだけに限ったが，実際にはどんな分子間にも引力が働いている．この分子間力のため，分子が壁に衝突するときの運動量の変化がその分だけ小さくなる．壁に衝突する 1 個の分子に及ぼす引力は，単位体積中の分子数 $\dfrac{n}{v}$ に比例し，器壁に衝突する分子数も $\dfrac{n}{v}$ に比例するから，引力の効果は全体で $\left(\dfrac{n}{v}\right)^2$ に比例する．

これらの 2 点を補正すると，理想気体の状態方程式における体積 V および圧力 P は，実在気体では次のように v および p とおくべきである．

$$V = v - nb \tag{2-18}$$

$$P = p + \frac{n^2 a}{v^2} \tag{2-19}$$

ここで，b は分子自身の占める体積に比例する量で，p.18 で述べたファンデルワールス半径から計算した体積の 4 倍にあたる．一方，a は物質分子間の引力（ファンデルワールス力）の大きさを示唆する比例定数で，分子を構成す

表 2-1　ファンデルワールス定数

気体	$a(\text{L}^2 \text{ atm/mol}^2)$	$b(\text{L/mol})$	気体	$a(\text{L}^2 \text{ atm/mol}^2)$	$b(\text{L/mol})$
He	0.034	0.0237	CO_2	3.59	0.0427
H_2	0.244	0.0266	NH_3	4.17	0.0371
O_2	1.36	0.0318	H_2O	5.46	0.0305
N_2	1.39	0.0391	Cl_2	6.49	0.0562
CH_4	2.25	0.0428	SO_2	6.7	0.056

る原子種の電気陰性度の差が小さく，分子の大きさ自身も小さいものほど小さい値を示す．**表 2-1** にいくつかの分子の a, b の値を示す．

$PV = nRT$ に式 2-18，19 を入れると

$$\left(p + \frac{n^2a}{v^2}\right)(v - nb) = nRT \qquad\qquad 2\text{-}20$$

が成り立つ．式 2-20 を**ファンデルワールスの状態方程式**という．$n = 1$ のとき（1 mol の気体では），

$$\left(p + \frac{a}{v^2}\right)(v - b) = RT$$

であるから，これを変形すると，

$$\frac{pv}{RT} = 1 + \frac{1}{RT}\left(pb - \frac{a}{v} + \frac{ab}{v^2}\right) \qquad\qquad 2\text{-}21$$

$p \to 0$ では $v \to \infty$ となるため，右辺の第 2 項以下は 0 に近づくので，pv/RT は 1 に近くなる．

pv/RT と p の関係の例について**図 2-3** に示す．

図 2-3 から明らかなように，H_2 では $\frac{pv}{RT}$ の値は p がどの値のときも 1 より大であり，a, b はともに正であるから式 2-21 の第 2 項の引力の項が効いておらず，もっぱら分子の体積が効いていることがわかる．N_2 分子では 0℃，120 気圧以下では $\frac{pv}{RT}$ は 1 より小さい値をとり，この範囲では，分子間力の効果が分子自身の体積による効果より効いている．一般に，液化しにくい気体（H_2，He，O_2，N_2 など分子量が小さく，分子間力も小さいもの）では，理想気体からのずれは少ない．一方，液化しやすい気体（CO_2，NH_3，SO_2 など分子間力の大きいもの）ではかなりのずれがある．しかし，この場合でも，低圧あるいは高温では理想気体からのずれの程度が少なくなる（0℃と 60℃における CO_2 を比較してみよ）．

アンドリュース（Andrews，1869 年）は CO_2 の温度，圧力，体積の関係について詳しい研究を行い，**図 2-4** に示すような結果を得た（点線はファンデルワールスの状態方程式から得られる曲線で，点線のみえないところは実験

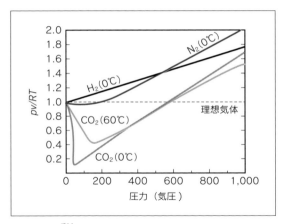

図2-3 $\dfrac{pv}{RT}$ の圧力による変化

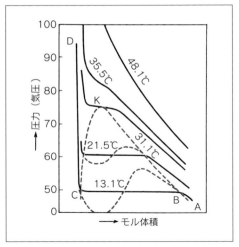

図2-4 CO_2 の等温線

結果と一致している). この図は圧力－体積の関係を種々の温度で表した等温線を示している. 13.1℃における等温線をみると, A点では CO_2 は気体である. 圧力の増加につれて AB 線に沿って体積は減少し, 体積が減少してゆくと式2-21 の $\dfrac{a}{v}$ の項が効いてきて(分子間力の効果), B 点に達すると分子はついにくっつき合って液化し始め, 圧力は一定値を保ちながら体積はますます減少し, 等温線上で水平部をたどり C 点に至る. ここで全部液体となる. この点からは圧力を増加しても体積変化はほとんどみられない (CD 部分).

これは液体内では分子同士がきわめて密に接しているからである. AB では気相のみ, BC 間では気相, 液相が共存し, CD では液相のみとなる. 気相, 液相の共存下では互いの量の割合に関係なく一定の圧力を示す. すなわち, この圧力はその温度における液体の蒸気圧である. 温度が31.1℃になると図2-4から明らかなように B, C 点は一致する (K 点). すなわち, 31.1℃では圧力の増加によって K 点に達すると一気に全体が液化してしまう. 31.1℃以上の温度ではいかに圧力を加えても液化せず連続的に性質が変化する.

このように, 気体を液化しうる最高温度を**臨界温度**といい, 臨界温度で気体を液化するために必要な最小圧力を**臨界圧**という. K 点を**臨界点** (critical point) という.

 臨界温度の例

臨界温度の例をあげると, He は $-267.9\ ℃$, H_2 は $-239.9℃$, N_2 は $-147.1℃$, O_2 は $-118.8℃$, H_2O は $374.1℃$である. 水が1気圧のもとで, 100℃以下では容易に液体となることはよく知られている.

Ⅱ 液体

液体は, 次のような共通の性質をもっている.
① 一定の形をもたず, 容器の形に従って形状を変える.
② 一定の体積をもつ.

③ 圧力，温度の変化に基づく体積変化（圧縮率，膨張係数）がきわめて小さい．

④ 気体に比して，密度が大きい．

これらの性質のうち，①は気体の性質に似ているが，②〜④は固体のそれに近い．しかし，液体は固体にみられるような整然とした一定の分子配列をしておらず，各分子はたえず運動して，ランダムにその位置を変えている．

1 蒸気圧

一般に，分子のもっている運動エネルギーは各分子ごとに異なり，ある平均値を中心に分布している．気体の分子の運動エネルギーの平均値が絶対温度に正比例することは前述したが，液体の場合でもこの点においてはまったく差がない．ただ，液体の場合はまわりの分子からの平均の引力の方が平均の運動エネルギーより大きい．したがって，他の分子からの引力の弱い分子で，たまたま大きな運動エネルギーをもった分子は液体から飛び出し，蒸気となる．

液体の表面に存在する分子はこのような確率が高く，特に温度が高くなれば，運動エネルギーも高くなり，表面から飛び出す分子の数は多くなる．これを**蒸発**という．一方，蒸気中の分子の一部は液体面近くでは引力が働き，運動エネルギーの大きくないものは液体分子に仲間入りする．これを**凝縮**（condensation）という．

蒸発の程度は，単位時間内に液体から飛び出す分子数（蒸発速度）と蒸気から液体へ飛び込む分子数（凝縮速度）の差に依存する．蒸発速度と凝縮速度が等しくなると，**平衡**（equilibrium）に達し，見かけ上変化しなくなる（**図2-5**）．

液体と平衡にある蒸気を**飽和蒸気**といい，蒸気の示す圧力をその液体の**蒸気圧**という．蒸気圧は液体中の分子間力，分子の大きさなどによる（一般に分子間力が小さく，分子も小さいほど蒸気圧は大きくなる）ので，液体の種類によって異なる．温度が一定ならば，蒸気圧は常に一定値を示し，温度が高いほど分子の運動エネルギーが高くなるので，分子間力から脱して蒸発する分子の割合が増加し，蒸気圧は高くなる（**図2-6**）．

2 蒸発熱

液体中の分子が他分子による引力にうちかって蒸発するには，それだけエネルギーを必要とする．すなわち，蒸発は吸熱反応で，蒸発により液体はそれだけ熱エネルギーを失って温度が下がる．

一定温度で1molまたは1gの液体が蒸発するとき，吸収する熱を**蒸発熱**（heat of evaporation）という．逆に蒸気が液化するときは，蒸発熱に相当する熱を放出する．蒸留のとき，冷却管を用いて蒸気を冷やすのはこの熱を取り除くためである．**表2-2**に数種の液体の蒸発熱を示す．

この表でみられるように，水やエタノールなどの蒸発熱は他の液体に比べて

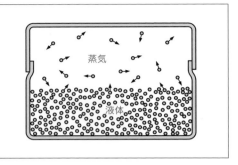

図2-5　液体-蒸気平衡
単位時間あたりの蒸気になっていく分子数と液体に戻る分子数が等しくなったとき，平衡状態にあるという．

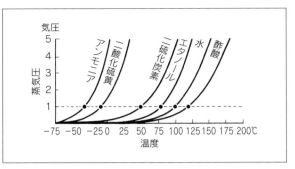

図2-6　蒸気圧曲線
点線との交点がそれぞれの液体の沸点．水についてみれば，水蒸気圧は0℃では4.58 mmHg，10℃では9.21 mmHg，30℃では31.82 mmHg，50℃では92.51 mmHg，90℃では525.8 mmHg，100℃では760.0 mmHg（1気圧）となる．

表2-2　液体（1g）の蒸発熱

液体	温度（℃）	蒸発熱（J）
水	0	2,494
	100（沸点）	2,255
エタノール	78.3（沸点）	854
ベンゼン	80.1（沸点）	393
酢酸	117.8（沸点）	406

大きい．これは液体中の分子が水素結合をしていて，分子間力が大きいためである．これらの液体が蒸発するには水素結合を切るためのエネルギーも必要である．

3　沸点

　液体を熱していくと液体温度の上昇とともに蒸発は盛んになり，液体の蒸気圧が外圧に等しい温度に達すると液体の表面からの蒸発ばかりでなく，内部でも気泡ができて蒸発が起こる．この現象を**沸騰**（boiling）といい，その温度を**沸点**（boiling point）という．

　沸点は外圧によって変化し，外圧が大きいほど高い．**図2-6**はいいかえれば沸点の圧力による変化を示す図ともいえる．

　ときおり液体を加熱していて，沸点以上になっても沸騰が起こらないで沸点よりも数度高くなったときに突然激しく沸騰することがある．この現象を**突沸**（bumping）という．突沸を防ぐためには多孔性の素焼きの小片を入れておくなどして，液体と気体の境界面を多くして，液体表面分子の蒸発をしやすくすればよい．

Ⅲ 固体

　固体は液体と異なり，一定の形をもつ．固体を，分子，イオンなどの配列の規則がきちんとしている**結晶**（crystal）と，液体状態が無限に粘稠となったと考えられる**無定形固体**に分類して考えよう．

　食塩，ダイヤモンド，ナフタレンおよび多くの金属などは結晶であり，石英，ガラスなどは無定形固体の例である．通常，固体は液体を冷却して得られるが，気体の冷却によって直接固体となるものもある．ヨウ素，ショウノウ，ナフタレンなどはその例である．

　一般に，固体の表面からも蒸発が起きている．このように固体が直接気体に変化する，あるいはその逆の現象を**昇華**（sublimation）とよぶ．固体から気体になるときの蒸発量は，固体表面分子が分子間力より大きな運動エネルギーをもつ確率に比例している．したがって，固体も液体と同様，一定温度でそれぞれの物質について一定の蒸気圧を示す．これを**昇華圧**という．昇華圧も，当然，温度の上昇とともに大きくなる．ヨウ素，ショウノウ，ナフタレンおよび水などは昇華圧が比較的大きく昇華しやすい．

　雪が地上で溶けることなく消えてしまうのも昇華であり，霜は水蒸気が直接固体（氷）となった例である．固体炭酸（ドライアイス）の昇華圧は−78.5℃で1気圧になる．1気圧では固体炭酸は液体の状態を経ないで炭酸ガスとなる．固体が昇華するときも液体の蒸発と同様，熱を吸収する．これを**昇華熱**という．

1　結晶

　結晶中では，原子，分子，イオンなどが三次元的に規則正しく配列している．したがって，結晶は一定の大きさ，形をもつ結晶単位格子の規則的な集まりからなると考えることができる．単位格子の種類は，幾何学的に（対称性から）32種類しかありえないことがわかっている（これを**結晶群**という）．そこで，各結晶の形を表すには，この単位格子の種類を示せばよいことになる．結晶内でもその構成分子（または原子，イオン）は平均の位置としてたえず振動している．温度を上昇させると，格子点を占める分子（または原子，イオン）の平均位置のまわりの振動は激しくなる．すなわち，結晶は膨張する．

　しかし，ある温度に達すると，結晶格子は壊れ，各分子は自由行動をとり始める．これが固体の液化，すなわち**融解**（melting）である．一定の圧力下で固体と液体とが平衡状態を保つ温度はそれぞれの物質について一定で，この温度を固体の**融点**（melting point）または液体の**凝固点**（freezing point）という．融点は物質の特性の一つであり，物質の同定または純度検定の手段として融点測定がしばしば用いられる．

　次に結晶構造を保っている分子間力の種類をあげて説明しよう．これらをまとめたものを**表2-3**に示す．

 凍結乾燥

熱に不安定な物質または沈殿による分離がしにくい物質，特に生体物質を含む水溶液からこれらの物質を取り出すとき，凍結乾燥法がしばしば用いられる．この方法も凍結水を昇華させながら乾燥する例である．

表2-3 いろいろな種類の固体の性質

固体の種類	構成単位	結合力	性質	例	構成要素を切り離すのに要するエネルギー (kJ/mol)
分子結晶	分子	ファンデルワールス力 双極子-双極子の引力 水素結合	・低い融点 ・揮発性 ・絶縁性	Ar CH_4 CO_2 H_2O	6.3 8.20 25.23 50.00
イオン結晶	イオン	静電気引力	・高い融点と 　沸点 ・絶縁性	LiF NaCl ZnO	1,032 779.1 4,033
共有結合性結晶	原子	共有結合	・非常に高い 　融点と沸点 ・絶縁性	ダイヤモンド Si SiO_2	711 439 1,812
金属結晶	電子ガス中の陽イオン	静電気引力 共鳴	・比較的高い 　融点と沸点 ・伝導性	Li Al Fe W	159 322 414 837

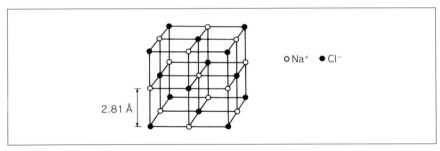

○ Na⁺ ● Cl⁻

2.81Å

図2-7 塩化ナトリウムの結晶格子

1）イオン結晶

　食塩 NaCl の結晶は代表的な例である．**図2-7** のように Na⁺と Cl⁻が規則正しく配列している．

　異符号のイオン間ではクーロンの引力が働き，同符号のイオン間ではクーロンの斥力が働くが，各イオンは同符号イオンよりも近い距離の異符号イオン6個によって囲まれているから，引力の方がより強くなり結晶を保っている．このようにイオン結合によってできている結晶を**イオン結晶**（ionic crystal）という〔$Ca^{2+}CO_3^{2-}$，$(NH_4^+)_2SO_4^{2-}$ などのように，分子イオンが結晶の格子点を占めるイオンである場合も多い〕．イオン結合は強いため，イオン結晶は一般的に硬く，融点が高い．

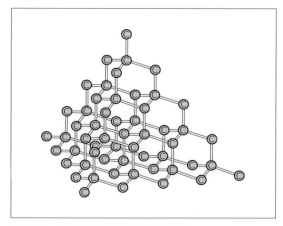

図2-8　ダイヤモンドの中の原子配列

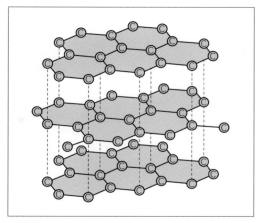

図2-9　黒鉛の中の原子配列

2）共有結合性結晶

ダイヤモンド，黒鉛がその例である（**図2-8，9**）．各炭素原子は共有結合によって結合しているため，1個のダイヤモンドの結晶は巨大分子（giant molecule）とみなされる．ダイヤモンド結晶（**図2-8**）では炭素原子は正四面体の中心にあり，4個の頂点にある炭素原子と共有結合をつくっているという構造の三次元的な繰り返し構造である．すべて共有結合であるから結合が強く，結晶は硬く融点も高い．

黒鉛の結晶構造（**図2-9**）はダイヤモンドと同じく，炭素原子間の共有結合によってできているが，六角形網目状の面が層状に配列している．1つの炭素原子に共有結合している炭素原子の数はダイヤモンドでは4個であるが，黒鉛では3個である．残りの1つの原子価電子はπ電子となって面の上下に対称的に分布している．層間の力はファンデルワールス力のみであるので，弱く，ずれたり，はがれたりする．

水晶の結晶（SiO_2）は，ケイ素原子 Si と酸素原子 O が交互に共有結合によって結合している巨大分子である．

3）分子結晶

分子単位で空間に規則正しく配列し，ファンデルワールス力（分散力，双極子-双極子の引力），水素結合などによってできている結晶を**分子結晶**（molecular crystal）という．固体炭酸，ヨウ素およびナフタレン，ショウノウなど多くの有機物はファンデルワールス力による例である．これらの結晶は弱いので，一般に分子結晶は軟らかく融点が低い．双極子-双極子の引力でできている結晶の形を**図2-10**に示す．

水素原子が N，O，F など電気陰性度の大きい原子と共有結合をつくっているとき，たとえば O-H では結合にあずかる電子の電子雲は酸素 O の方へ寄っている．H は1個の電子しかもたないため，このとき H は外方に向かってほ

電子雲：p.13を参照のこと．

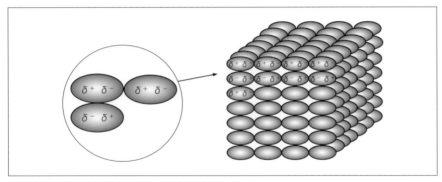

図2-10　電気的に中性の分子でも極性ならばくっつきやすいことを示す図
同符号の電荷の斥力を最小にし，異符号の電荷の引力を最大にするには秩序立った分子の会合が最も
よい．正味の引力が十分強ければ液体となり，ほとんど 0 に等しければ気体となる．引力の大きさは
極性分子の形にかなり依存しており，不規則な分子で，互いにちょうどうまくかみあうようにできな
いと引力は小さくなる．有機物ではそういうことが多い．

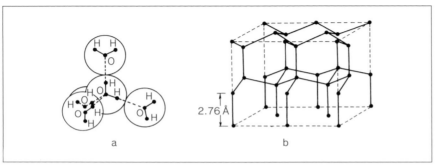

図2-11　氷の結晶構造

とんど裸の陽子と考えられる．したがって，容易に外方から別の水分子の O
原子が H に近接することができ，その結果として安定な結合をつくる．なぜ
なら，O 原子は非共有電子対をもつからである．

　このように，H 原子が電気陰性度の大きい 2 個の原子に挟まれてできる結
合を**水素結合**（hydrogen bond）という．H_2O は各分子が 2 個の結合した H
原子と 2 組の非共有電子対をもつから，特に水素結合をつくりやすい．この
結果，4 個の水素結合をつくりうるから（**図2-11a**），非共有電子対と共有電
子対は四面体配列をして，4 個の結合が空間的に四面体の方向に伸びるため，
図2-11b に示すような，氷に特有な結晶構造ができる．氷は各分子が 4 個の
近接分子で囲まれるにすぎないため，すきまの多い構造をとり，したがって密
度が小さい物質となるのである．氷が融解すると四面体構造が崩れ，H_2O 分
子はより密になるので，水の密度は氷より大きくなる．

　酢酸では次のような**二量体**（dimer）となって 2 個の水素結合をつくってい
る．

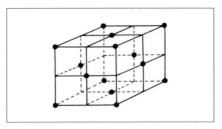

図 2-12　銀の結晶

$$CH_3-C\underset{O-H\bullet\bullet O}{\overset{O\bullet\bullet H-O}{<}}>C-CH_3 \qquad \bullet\bullet\bullet 水素結合$$

　タンパク質，核酸など生体高分子では，分子内および分子間に多数の水素結合をつくってその立体構造が安定している．

4）金属結晶

　一般に，金属は小さな結晶の集合体であって，各小結晶は結晶格子点に金属の陽イオンが配列し，金属原子から離れた電子（原子価電子の一部で**自由電子**という）が，陽イオンの間を動きまわって結合にあずかっている（**図 2-12**）．このような結合を**金属結合**（metallic bond）という．金属結合は強いので，一般に硬く融点が高い．金属はよく電気を導くが，これは自由電子の作用による．

　金属の電気伝導度は，温度が高いほど悪くなる．これは，温度が高いほど自由電子の運動速度は大きくなるが，結晶格子点上の金属イオンの振動も大きくなり，自由電子の移動を邪魔するためであると考えられる．延性，展性が大きいのは，外力によって結晶内部の格子点を占める陽イオンの配列層がずれても，自由電子の存在で金属結合が切れないためである．

　金属光沢も自由電子の存在によって説明される．非金属でも光沢をもち電気を導くもの（黒鉛など，**図 2-9**）があるが，これは黒鉛などにも動きうる電子が存在するためである．

　金属は，一般に低温になるほど電子の電導性（導電率）が大きくなるが，高温になるほど導電率の増す結晶がある．このような性質をもつ固体物質を**半導体**（semiconductor）という．セレン，シリコン，ゲルマニウムなどの単体の結晶（共有結合による）はこの例である．そのほか，イオン結晶である酸化亜鉛 ZnO，酸化ニッケル NiO，酸化バナジウム V_2O_5 など多くの金属酸化物も半導体である．

　金属の性質
延性：引き延ばされる性質．
展性：薄く広げられる性質．

溶液

　溶液とは，**溶質**（solute）が**溶媒**（solvent）に均一に溶けている混合物の

液体状のものをいう．溶液には 2 種以上の溶質を含むものもある．溶液中に存在する溶質の溶媒に対する存在比を表すのが，溶液の濃度である．

1 溶液の濃度

溶液の濃度は，溶質の量と溶媒の量の割合を表すわけであるから，これらの量として何を基準にとるかによって，いくつかの便宜的な表し方がある．

1）容量濃度（volume concentration）

モル濃度（molarity）：溶液 1 L 中に含まれる溶質の物質量で表す濃度（M，mol/dm^3 または mol/L）．

規定度（normality）：溶液 1 L 中に含まれる溶質のグラム当量（N，Eq/L）．

中和滴定の計算を規定度で行う場合は，N（規定）＝ モル濃度×イオンの価数という関係があることを用いる．

容量百分率〔volume-volume percent（v/v）または weight-volume percent（w/v）〕：液体と液体から溶液をつくるときは各成分を液体の体積の百分率で表すことが多い（v/v）．また，溶液 100 mL 中に含まれる溶質の g 数で表す方法も広く用いられている（w/v）．

希釈度（dilution）：モル濃度または規定度の逆数で，1 mol または 1 グラム当量の溶質を含む液体の体積（L）である．

ミリグラム百分率〔milligram percent（w/v）〕：溶液 100 mL 中に含まれる溶質の mg 数であり，この表し方を用いるときは 100%以上になることもある．たとえば，100 mL 中に 150 mg の溶質を含むときは 150 mg%など．

浸透モル濃度（osmolar）：溶液中で溶質がいくつかのイオンに解離する場合，そのイオン数をモル濃度に掛けた値を浸透モル濃度という．単位は Osm/L で表す．非解離性の溶質では浸透モル濃度はモル濃度に等しい．たとえば，1 M グルコース溶液は 1 Osm/L に等しく，1 M NaCl 溶液は 2 Osm/L となる．血清と生理食塩水のように，同じ浸透圧を示す（浸透モル濃度が等しい）溶液を互いに等張であるという．血清の浸透モル濃度は，0.308 M（0.308 Osm/L）のグルコース溶液または 0.154 M (0.308 Osm/L) の NaCl 溶液と同じであり，この溶液が血中に入っても，浸透圧に関するかぎり赤血球に害を与えることはない．

2）質量濃度（weight concentration）

溶液は温度によって密度が変わるため，容量濃度を用いると温度によって濃度が変わることになる．この点，質量濃度を用いると温度の影響を受けないので優れている．しかし，化学の実験室では容量の方が簡単に調整できるので，容量濃度が好まれる場合がある．質量濃度から容量濃度に換算（またはその逆）するためには，溶液の密度の値が必要である．

質量百分率〔percent weight（w/w）〕：溶液 100 g 中に含まれる溶質の g 数．

体積の SI 単位

L は dm^3 と表すことがある．

グラム当量

原子量を原子価で除した値のグラム数をグラム当量という．たとえば，硫酸は分子量 98.08 の 2 価の酸であるため，硫酸の 1 グラム当量は 98.08／2 ＝ 49.04 g となる．

1%（w/w）溶液は 1 g の溶質と 99 g の溶媒を含む.

　　質量モル濃度（molality）：溶媒 1 kg 中に含まれる溶質の物質量で表す濃度（mol/kg）. 1 mol/kg 溶液は 1 mol の溶質と 1 kg の溶媒を含む.

3）モル分率（molar fraction）

　溶液を構成しているのも，つまるところ分子であるから，溶媒分子と溶質分子の数の比を直接表すことで濃度を示す．理論的取扱いではしばしば用いられる．溶媒の物質量を n_1，溶質の物質量を n_2 とすると溶質のモル分率 x_2 は，

$$x_2 = \frac{n_2}{n_1 + n_2} \qquad\qquad 2\text{-}22$$

また，溶媒のモル分率 x_1 は，

$$x_1 = \frac{n_1}{n_1 + n_2} = 1 - x_2 \qquad\qquad 2\text{-}23$$

となる.

例題　3.030%（w/w）H_2SO_4 溶液の濃度を，モル濃度，規定度，質量モル濃度およびモル分率で表せ．ただし，密度は 1.020 g cm^{-3} である.

解答　3.030% H_2SO_4 溶液は 3.030 g の H_2SO_4 と 96.97 g の H_2O を含む.

　①モル濃度：溶液 1 L 中の溶質のモル濃度を求める．この溶液 1 L の重量は 1,020 g である．したがって，溶液 1 L 中の H_2SO_4 を x g とすると，

$$\frac{3.030\ \text{g}}{100.0\ \text{g}} = \frac{x\ \text{g L}^{-1}}{1,020\ \text{g L}^{-1}} \qquad x = \frac{1,020}{100.0} \times 3.030 = 30.91\ \text{g L}^{-1}$$

H_2SO_4 の分子量は 98.08 であるから，

$$\text{モル濃度} = \frac{30.91\ \text{g L}^{-1}}{98.08\ \text{g mol}^{-1}} = \frac{0.3152\ \text{mol}}{\text{L}} = 0.3152\ \text{M}$$

　②規定度：1 L 中のグラム当量を求める．硫酸の 1 グラム当量は 49.04 g であるから（p.46, 側注「グラム当量」参照），

$$\text{規定度} = \frac{30.91\ \text{g L}^{-1}}{49.04\ \text{g (当量)}^{-1}} = \frac{0.6303\ \text{当量}}{\text{L}} = 0.6303\ \text{N}$$

　③質量モル濃度：溶媒 1,000 g 中の溶質を x g とすると，

$$\frac{3.030\ \text{g}}{96.97\ \text{g（溶媒）}} = \frac{x}{1,000\ \text{g（溶媒）}} \qquad x = 31.25\ \text{g}$$

$$\text{質量モル濃度} = \frac{31.25\ \text{g}(1,000\ \text{g 溶媒})^{-1}}{98.08\ \text{g mol}^{-1}} = \frac{0.3186\ \text{mol}}{1,000\ \text{g 溶媒}} = 0.3186\ \text{mol/kg}$$

　④モル分率：H_2SO_4 および H_2O の物質量を求め，全物質量に対するそれぞれの物質量の比を計算する．H_2O の分子量は 18.02 であるから，

$$\frac{3.030\ \text{g}}{98.08\ \text{g mol}^{-1}} = 0.03089\ \text{mol} = n_{H_2SO_4} \qquad \frac{96.97\ \text{g}}{18.02\ \text{g mol}^{-1}} = 5.381\ \text{mol} = n_{H_2O}$$

$$x_{H_2SO_4} = \frac{n_{H_2SO_4}}{n_{H_2O} + n_{H_2SO_4}} = \frac{0.03089}{5.381 + 0.03089} = \frac{0.03089}{5.412} = 0.005708$$

$$x_{H_2O} = \frac{n_{H_2O}}{n_{H_2O} + n_{H_2SO_4}} = \frac{5.381}{5.381 + 0.03089} = \frac{5.381}{5.412} = 0.9943$$

4) 濃度, 活量 (または活動度)

実在溶液では理想希薄溶液と異なり, 溶質分子同士, または溶質分子と溶媒分子との間に生ずる相互作用の影響が大きい. このような相互作用がないとして, 熱力学の理論から導かれる溶液の性質を表す式において用いられる濃度の代わりに, **活量** (または**活動度**) を用いると, 実在溶液でもそれらの理論式が成立する. ここで活量 a は,

$$a \equiv \gamma m/m^o \qquad\qquad 2\text{-}24$$

と定義され, 一般に濃度 m (この場合は質量モル濃度) に**活量係数** γ (activity coefficient) を乗じたものである. ここで $m^o = 1\,kg\,mol^{-1}$ である. 活量は次元をもたない量である. 一般に $\gamma \leqq 1$ である. 活量係数は溶質, 溶媒の種類, 濃度および温度などによって変化する. 溶液の濃度が希薄になればなるほど γ は 1 に近づき, 理想希薄溶液では活量は濃度と等しくなる. 活量はいわば "有効" に働く濃度といえる. すなわち, ある溶質分子の挙動が他の分子にまったく影響されないとしたとき, $\gamma = 1$ となる.

2 固体の溶解度

溶質が溶媒に溶解する限度を**溶解度** (solubility) という. 固体の溶解度は, 一定温度で一定量の溶媒 (たとえば 100 g, 1 mL など) に飽和するまで溶ける溶質のグラム数で表すことが多い. 固体の溶解度は通常温度の上昇とともに大きくなる. しかし, 逆に減少する例もある. 溶解度と温度との関係を示す曲

> **理想希薄溶液**
>
> 一定の温度・圧力で混合溶液をつくるとき, 溶質分子・溶媒分子の相互作用がなく, また, 熱の出入りや容積変化がない仮想的な溶液を**理想溶液**という (p.50 参照). 理想希薄溶液は, 溶質の濃度が低く, 理想溶液の性質に近いとみなすことができる溶液である.

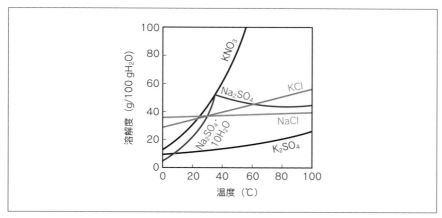

図 2-13 固体の溶解度曲線

線を**溶解度曲線**という（**図2-13**）．図では硫酸ナトリウムの場合，32.38℃で折れ曲がるが，この温度は，

$$Na_2SO_4 \cdot 10 H_2O \rightleftharpoons Na_2SO_4 + 10 H_2O$$

という固体の転移（transition）の起こる温度に相当する．

　溶解度の温度による差を利用して固体物質の精製が行われる．これを**再結晶**（recrystallization）という．数多い物質の精製法のなかでも再結晶は重要な方法の一つである．

3　液体の溶解度

　液体物質の他の液体への溶け方は，その程度によって3種に分けられる．

　① 無制限に溶解するもの：たとえばエタノールと水，アセトンと水などはいかなる割合でも混じり合って均一な相となる．

　② まったく溶解しないもの：たとえば水銀と水．

　③ 溶解度に限界があるもの：たとえばエチルエーテルと水．よく振って混ぜたときは水はエーテルを，同時にエーテルは水を飽和している．2つの液体の相互溶解度は一定の温度では共存する2つの液相の組成で表すことができる．温度の上昇（または下降）とともに2液相相互の溶解度が増し，ある温度以上（または以下）では無制限に溶け合うようになることがある．この温度を**臨界共溶温度**（critical solution temperature）という．フェノールと水にはこの性質がある．

4　気体の溶解度

　気体の液体への溶解度は温度の上昇とともに小さくなる．温度一定なら，気体の溶解度は圧力が増すほど大きくなる．したがって，気体を濃く溶かすには低温，高圧の条件が必要である．一般に，気体の液体に対する溶解度を表すには，気体の分圧が1気圧のとき，1Lの液体に溶けている気体の体積を標準状態（0℃，1気圧）に換算したものを用いる．

　1気圧で水1Lに対し，O_2 は0℃で0.0489L，80℃で0.0176L溶け，アンモニアは0℃で1,176L，20℃で702L溶ける．二酸化炭素は0℃，1気圧で1Lの水に1.713L溶けるが，10気圧でその約10倍溶ける．

　溶解度が小さい気体の場合には，一定温度で一定量の液体に溶解する気体の質量は溶液と平衡にある気体の圧力（混合気体ではその気体の分圧）に比例する．これを**ヘンリーの法則**（Henry's law）という．いいかえれば，理想希薄溶液では，溶質の蒸気圧は溶液中のその溶質の濃度に比例する．

5　溶液の性質

　溶液は純粋な液体と比べると，いくつかの点で違いがある．たとえば，アルコールは水といかなる割合にでも混ぜることができ，アルコールの存在は水分子間の引力を引き離したり，混合により新たに水とアルコール分子間の引力を

生ずる．これらの結果，溶液になると熱の出入りがあり，また分子間の距離に変化を生ずるため，混合による体積の増減が認められる．

溶媒と溶質分子が区別なく完全にランダムに存在し，溶媒分子だけが集まる傾向やあるいは溶媒と溶質分子が溶媒分子間よりも集まろうとする傾向がなく，混合に際しても熱の出入り，容積の変化がないような溶液を**理想溶液**という．次に述べるラウールの法則が成立するのは，厳密には理想溶液についてのみである．溶質の濃度が十分低い理想希薄溶液では溶質分子間の相互作用によるずれは無視できるため，理想溶液で成立する法則が近似的に成立する．

理想希薄溶液：p.48，側注「理想希薄溶液」を参照のこと．

1）溶液の蒸気圧

液体に不揮発性の固体を溶かすと，溶液の蒸気圧 p は溶媒のみのときの蒸気圧 p_0 よりもわずかに減少する．この減少量 $p_0 - p$ は溶液の濃度が大きいほど大きい．ラウール（Raoult，1887年）は"希薄溶液の蒸気圧の相対的下降は溶質のモル分率に等しい"ことを見出した．すなわち，温度が一定のときは，

$$\frac{p_0 - p}{p_0} = x_2 = \frac{n_2}{n_1 + n_2} \qquad 2\text{-}25$$

の関係が成り立つ．これを**ラウールの法則**という．ここで x_2 は溶質のモル分率，n_1，n_2 はそれぞれ溶媒，溶質の物質量である．

式 2-25 を変形すると（ただし式 2-23 より，$1 - x_2 = x_1$），

$$p = p_0 x_1 \qquad 2\text{-}26$$

となる．ここで x_1 は溶媒のモル分率である．

これは溶液の表面から飛び出す溶媒分子の量が，純溶媒の表面から飛び出す溶媒分子の量の x_1 倍（$x_1 < 1$）しかないことを意味する（**図 2-14**）．式 2-25，26 は溶質が電解質でない場合に適用できる．電解質では，解離によって生じた正負のイオンがそれぞれ独立に 1 個の粒子として蒸気圧に影響を及ぼすので，1 mol の塩はそれから解離したイオンの物質量だけ蒸気圧を減少させ

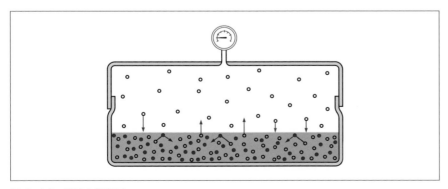

図 2-14　溶液の蒸気圧
不揮発性の溶質（赤丸）によって気体の溶媒分子（白丸）が減少する．

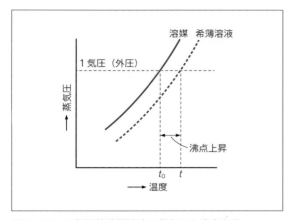

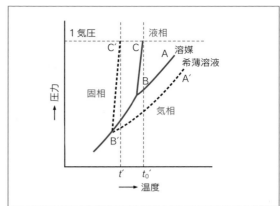

図2-15　不揮発性溶質溶液の蒸気圧と沸点上昇　　　図2-16　溶液の凝固点降下

る効果がある．たとえば，NaClはほとんど完全に解離しているとみてよいから，NaClの濃度の2倍の蒸気圧降下が期待されるが，実際はイオンの相互作用によって1.8倍となる．

　希薄溶液の蒸気圧が溶媒の蒸気圧より下がると，溶液の沸点は純溶媒の沸点より高くなる（**図2-15**）．また，溶液の凝固点は溶媒の凝固点（融点）より低くなる（**図2-16**）．いま溶質wgと溶媒Wgよりなる希薄溶液の沸点がt℃，純溶媒の沸点がt_0℃とすると沸点上昇$t-t_0$は溶液の質量モル濃度に比例する．すなわち，

$$t - t_0 = K_b m = K_b \frac{1,000\,w}{MW} \qquad\qquad 2\text{-}27$$

で表される（ただしMは溶質の分子量）．ここでK_bは溶液の質量モル濃度が1 mol/kgのときにみられる沸点上昇で，溶媒固有の定数である．溶媒1 kgに溶質1 molを含む溶液の沸点上昇を**モル沸点上昇**といい，K_bを**モル沸点上昇定数**という．式2-27でw，W，$t-t_0$がわかれば溶質の分子量Mも求めることができる．

　希薄溶液の凝固点をt'℃，溶媒の凝固点をt_0'℃とすると，希薄溶液の凝固点下降$t_0'-t'$も質量モル濃度mに比例する．すなわち，

$$t_0' - t' = K_f m = K_f \frac{1,000\,w}{MW} \qquad\qquad 2\text{-}28$$

である（ただし，w：溶質の質量，W：溶媒の質量，M：溶質の分子量）．ここでK_fは溶液の質量モル濃度が1 mol/kgのときにみられる凝固点降下で，溶媒固有の定数である．溶媒1 kgに溶質1 molを含む溶液の凝固点降下を**モル凝固点降下**といい，K_fを**モル凝固点降下定数**という．式2-28でw，W，$t_0'-t'$がわかれば溶質の分子量を求めることができる．**表2-4**におもな溶媒のモル沸点上昇定数を，また**表2-5**にモル凝固点降下定数を示す．

　ベンゼンとトルエンの混合物があり，それぞれの成分がともに蒸発するとき

表 2-4　モル沸点上昇定数

溶媒	沸点（℃）	K_b	蒸発熱（J/g）
エチルエーテル	34.6	2.16	351
アセトン	56.5	1.725	521
メタノール	65	0.88	1,104
エタノール	87.3	1.20	854
ベンゼン	80.1	2.57	394
水	100	0.52	2,255

表 2-5　モル凝固点降下定数

溶媒	凝固点（℃）	K_f	融解熱（J/g）
水	0	1.86	333
ベンゼン	5.5	5.12	127
酢酸	16.7	3.9	181
ナフタレン	80.2	6.9	151
ショウノウ	178	40.0	44.9

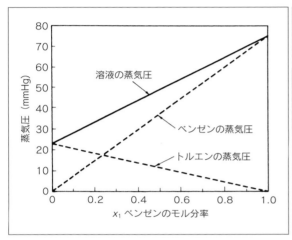

図 2-17　ベンゼンとトルエンの混合物における蒸気圧をモル分率の関数として表す図
挙動は理想的である.

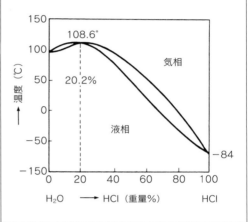

図 2-18　塩化水素―水の沸点

の両成分の組成と溶液の蒸気圧または沸点の関係例を**図 2-17** に示す．すなわち，**図 2-17** のように非常に似た化学構造および性質を示す 2 種類の物質の溶液ではほぼ理想溶液の挙動を示す．

　両成分の比と沸点の関係を示した状態図を用いると，何度も蒸留することにより，一方の成分を他方から分離することができるが，**図 2-18** に示した塩化水素と水の混合液（塩酸）のような場合は蒸留では互いに完全に分離することはできない．すなわち，両成分の組成比によって沸点が複雑に変化する．どの組成比から始めても，長く蒸留していけば，塩酸濃度が 20.2％になるまで，溶液中の両成分の組成比は変化していき，この組成比になってからは変化がなく，最後まで一定温度（108.6℃）で沸騰をしつづける．

　このような混合液体を**共沸混合物**（azeotropic mixture）という．塩酸の共沸沸点は，両成分の沸点（HCl：－84℃, 水：100℃）より高い極大沸点（108.6℃）を与えるが（**図 2-18**），エタノール―水の共沸混合物（96％エタノール）は極小沸点（78.17℃）を与える（100％エタノールの沸点は 78.3℃である）．

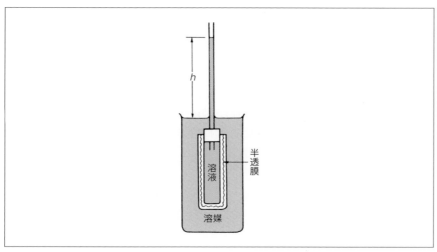

図2-19 浸透圧

2) 浸透圧

　溶媒分子だけを通し，溶質分子を通さないような膜，すなわち**半透膜**（semi-permeable membrane）を境として溶液と溶媒をおくと，溶媒は半透膜を通って溶液中へ入っていく．この現象を**浸透**（osmosis）という．

　溶媒が半透膜を通って溶液側へ浸透しようとするのを妨げるには，たとえば溶液側に圧力（静水圧）を加える必要がある．この静水圧に等しい圧力で，溶媒が溶液側へ浸透する作用をもつと考え，この圧力を**浸透圧**（osmotic pressure）という．いま半透膜で仕切った溶液と溶媒を**図2-19**に示すような状態におくと，溶媒は溶液中へ浸透して溶液の液面は上昇し，ある高さで停止する．このときの液柱の高さをh，溶液の密度をρ，重力の加速度をgとすると，液柱の圧力ρghが浸透圧と等しくなる．

　希薄溶液では浸透圧は，温度が一定なら溶液の濃度に比例し，濃度が一定なら絶対温度に比例する．すなわち，

$$\varPi = RCT \tag{2-29}$$

である．ここで$\varPi$は溶液の浸透圧，Cはモル濃度，Tは絶対温度である．Rは溶質，溶媒などには関係しない定数で，気体定数と等しい．式2-29は**ファントホフ**（van't Hoff）**の法則**とよばれる．

　溶質n［mol］がV［L］の溶液中に存在するとすれば，$C = \dfrac{n}{V}$であるから，

$$\varPi V = nRT \tag{2-30}$$

となって，理想気体の状態方程式と同じであることがわかる．

　溶質の重量wg，分子量をMとすると，$n = \dfrac{w}{M}$となるから，

$$\varPi V = \frac{w}{M}RT \tag{2-31}$$

 半透膜

半透膜としてはセロハン膜，硫酸紙，ヘキサシアノ鉄（Ⅱ）酸銅膜，コロジオン膜，ブタ，ウシなどの腸壁，膀胱膜などがある．生体の細胞膜も半透性を示す．また，半透膜は生体高分子物質の塩溶液を脱塩する際，透析膜として非常によく用いられる（p.55参照）．

となる．したがって，浸透圧 Π を測定すると溶質の分子量を求めることができる．この方法を用いると気体とならない物質の分子量を求めることができ，特に高分子の分子量を求める手段としてしばしば用いられる．

ラウールの法則，沸点上昇および凝固点降下，浸透圧の法則はこのうちどれか一つ成立すると仮定すれば，他は熱力学の法則から誘導できる．すなわち，溶液について，同じ性質を違う角度からみた法則である．これらの法則は，溶質の種類によらず，溶質分子の数と溶媒分子の数の比のみに依存する溶液の性質で，**束一的性質**（colligative property）とよばれる．

3）分配の法則

互いに混じり合わない液相からなる2つの溶媒それぞれに1つの溶質を溶かすと，温度が一定なら2液相における溶質の濃度の比は一定となる．これを**分配の法則**（partition law）といい〔ネルンスト（Nernst），1891年〕，この比を**分配係数**（partition coefficient）という（2種の溶媒，溶質，温度が決まっていれば，分配係数は溶質の濃度いかんにかかわらず一定である）．いま2相における溶質の濃度をそれぞれ c_1, c_2 とすると，分配係数 K は

$$\frac{c_1}{c_2} = K \qquad\qquad 2\text{-}32$$

となる．

分配係数の値は物質によって異なるが，この性質を利用すると非常によく似た物質の混合物から目的の物質を分離することができる．

現在最もよく使用される方法の一つは，分配クロマトグラフィである．濾紙，シリカゲルの薄層などを用いて固定相とし，その端のほうに試料水溶液をスポットする．そのあとに水を含んだ適当な有機溶媒組成をもつ溶媒を固定相に浸透させていくと，試料は溶媒への分配係数が大きいものほど，高い割合で溶媒の方へ分配され，流れに沿って動いていく．固定相の物質は水との親和性が有機溶媒よりも大きいため，水のほうへ溶けやすい物質は移動に伴って，固定相に再び戻る確率がより高くなる．その結果，水と有機溶媒との分配係数の差によって，溶質の移動する距離が決まってくる．分配係数の違いを利用して混合物を分離する方法を**分配クロマトグラフィ**という．

分配クロマトグラフィ：最新臨床検査学講座「臨床化学検査学」も参照のこと．

Ⅴ コロイド

コロイド（colloid）は，1 nm（10^{-7} cm）〜0.1 μm（10^{-5} cm）程度の大きさの微粒子（**コロイド粒子**）が気体，液体あるいは固体などの媒質の中に分散している系（**分散系**：dispersed system）である．ここで媒質を**分散媒**（dispersion medium），分散している粒子を**分散相**（dispersed phase）という．分散系には**表2-6**に示すようなものがある．コロイド分散系の具体例を**表2-7**に示す．

表2-6 分散系の種類（溶液，コロイド分散系，懸濁液）

性質	溶液	コロイド分散系	懸濁液
分散粒子の平均直径	0.5〜2.5Å	10〜1,000Å	1,000Åより大
重力に対する挙動	分離しない（分子運動のため）	分離しない（ブラウン運動のため）	分離する（重力に従って動いていく）
光に対する挙動	透明	濃いと半透明または乳濁（チンダル現象）	半透明または乳濁
濾過	濾紙を通る	濾紙を通る	濾紙を通らない
均一性	均一	均一と不均一の境界	不均一
相の数	1	2	2
例	砂糖水，食塩水	表2-7参照	泥水

表2-7 コロイド分散系の例

分散媒	分散相	例	分類
気体（空気）	液体（水）	霧，雲	煙霧質
気体（空気）	固体（炭素）	煙	エアロゾル
液体	気体（空気）	石けん水の泡	泡（泡沫）（foam）
液体（水）	液体（脂肪）	牛乳	
液体（水）	液体（植物油）	マヨネーズ	乳濁液（emulsion）*1
液体（水）	固体（炭素）	墨汁	
液体（水）	固体（粘土）	泥水	懸濁液（suspension）*1
固体	気体（空気）	カステラ，フォームラバー	固体の泡*1
固体	液体	ゼリー	網状コロイド*2
固体（ガラス）	固体（金）	ルビーガラス	固体コロイド

＊1：これらの分散系では分散相粒子の大きさがコロイド粒子より大きい．このような系を**粗大分散系**という．
＊2：粒状コロイドが互いにつらなり合い，または糸状コロイドが互いにからまり合って三次元的な網状構造をつくったものをいう（p.59参照）．

　コロイド粒子は簡単な分子よりは大きいが，顕微鏡ではみえない程度の大きさであり，濾紙を通るが，セロハン膜，魚のうきぶくろや動物の膀胱膜は通らない．この性質を利用してコロイドに混じっている電解質や低分子物質を除くことができる．これを**透析**（dialysis）といい，コロイドの精製にしばしば用いられる（**図2-20**）．
　タンパク質溶液などの溶媒交換は，透析することにより，外側の溶媒を交換して行うことができるが，時間がかかるうえ，溶媒を何度も取り換えねばならない．この欠点を改良した方法に**ゲル濾過クロマトグラフィ**がある．この方法を以下に述べる．
　適度な架橋の入った鎖状高分子からなる三次元の網目構造をもったゲル粒子を用い，これを交換しようとする溶媒に懸濁してカラムに詰める．ゲル粒子を

ゲル濾過クロマトグラフィ：最新臨床検査学講座「臨床化学検査学」も参照のこと．

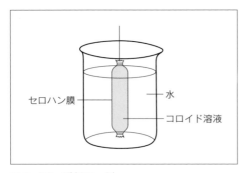

図2-20　透析の一例

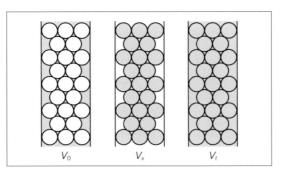

図2-21　クロマトカラム中のゲル粒子と粒子間隙の関係
■部分がそれぞれの体積 V_0, V_x, V_t. ただし, $V_x = V_t - V_0$.

定着させ, 過剰の溶媒を流出させた後, 試料溶液を静かにゲル粒子担体の上に層状に重ね, 交換しようとする溶媒を流してタンパク質を溶出させる.

　ゲル粒子を構成する網目構造中の網目の大きさには分布があるが, 一般に溶質分子が大きいほど, 網目内部に浸入する確率が少なくなる. ゲル粒子内に浸入できないような巨大分子はゲル粒子間隙容量に等しい**溶出容量**（**排除容量**ともいう）で溶出される.

　一方, 網目の大きさよりずっと小さい低分子物質, イオンなどでは水分子とともにゲル粒子の内と外での分布に差がないので, 用いたカラムの容量に等しい溶出容量を示す.

　中程度の分子サイズのものの溶出容量は, ゲル粒子の内と外の分配係数に比例し, ゲル粒子内に入れる確率の高いもの（小さい分子）ほど溶出容量が大きくなる. このように分子のサイズの差を利用して分離する方法を**分子篩**（molecular sieve）**法**という. ここで, 分配係数を K_{av} とすると次式が成立する.

$$V_e = V_0 + K_{av}(V_t - V_0) \hspace{2cm} 2\text{-}33$$

　ただし, 分配係数 $K_{av} =$ （ゲル粒子内に存在する確率）／（ゲル粒子外に存在する確率）で, 通常 $0 \leqq K_{av} \leqq 1$ の値をとる. V_e はその物質の溶出容量で, V_0 はゲル粒子間の間隙容量, V_t はカラムの全容量である. V_0 と V_t, （$V_t - V_0$）の関係を**図2-21**に示す. V_0, V_t は, 用いるゲル粒子の大きさと形およびカラムの容量によって決まる量で, 試料物質の性質によらない. すなわち, ある物質の溶出容量 V_e はゲル粒子内外の分配係数 K_{av} の関数である.

　K_{av} は分子の大きさだけによる関数（網目の大きさと分子の大きさの比）であるから, K_{av} の値から分子の大きさがわかることになる. ゲル粒子は, 固体の網目状をなすマトリックス成分と溶媒とからなる.

　マトリックス成分には, グルコースの直鎖重合体であるデキストラン（α-1,6結合が主体）をエピクロロヒドリンで架橋させたもの（商品名セファデックス）, 合成ポリアクリルアミドに適度の架橋が入っているもの（商品名バイオゲル）, アガロース（寒天より分離精製される）などが用いられている. 適当

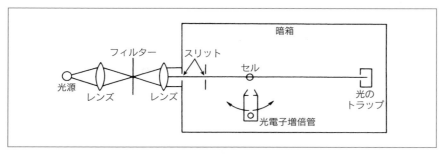

図2-22　溶液による光散乱を測定するための装置

な網目の大きさをもつゲル粒子を選べば，分子量数十から数千万のものまで分離できる．

1　コロイド溶液の特徴

　コロイド溶液は**チンダル現象**（Tyndall phenomenon）を示す．すなわち，コロイド溶液の側方から強い光束を送り，正面から観察すると，コロイド粒子が光を散乱するため，光束の当たっている部分だけ明るく見える．顕微鏡でこれを観察すると，コロイド粒子が輝く点として見える．暗視野顕微鏡はこの原理を応用したものである．

　この現象は，チンダル（イギリスの物理学者，1820～1893年）が発見した．

　溶液による光の散乱の測定は，原理的には**図2-22**のような装置で行われる．散乱光の強さは散乱角によって異なるので，散乱光の検出器は位置を変えて測定できるようになっており，散乱光強度を散乱角の関数として表す．

　光散乱の理論は，光の波長，粒子の大きさ，形，数によってどのようになるか詳しく研究され，現在では，粒子の分子量，形，大きさなどについて情報を得る重要な手段となっている．特に，レーザー光源を用いることにより，分子の立体構造の変化などの動的性質まで解明されうるようになってきた．

　図2-23は粘度と光散乱の実験から推定されたいろいろなタンパク質分子の形状とその大きさの相対的な関係を示している．ただし，分子の形は楕円体と仮定している．

　コロイド粒子は，**ブラウン運動**（Brownian movement）をしている．ブラウン運動は粒子のまわりに存在する溶媒分子が運動していることによる．すなわち，粒子に対する溶媒分子の衝突が瞬間的には均等ではないため，粒子は不規則な運動をする．

　コロイド溶液は，コロイドを構成する分子の構造から**分子コロイド**と**分散コロイド**に分類できる．分子量およそ1万以上の高分子はコロイド粒子の大きさの範囲に入るので，高分子溶液は分子コロイド溶液といえる．卵アルブミン，ゼラチン，デンプンなど生体を構成する高分子成分の水溶液はその例で，また，合成高分子，たとえばポリスチレンのベンゼン溶液もその例である．これらの高分子が溶液中で2分子以上会合している例も多い．

> **ブラウン運動**
>
> ブラウン（イギリスの植物学者，1773～1858年）が水中の花粉がたえず不規則な運動をしていることを発見し，このような運動はすべての微粒子についても観察されたので，発見者の名にちなんでブラウン運動と名づけられた．

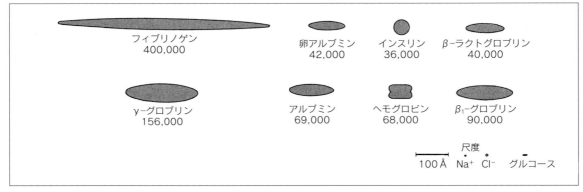

図2-23　粘度と光散乱の実験から推定されたいろいろなタンパク質分子の形状
これらの実験結果の解析において分子は楕円体と仮定されている.

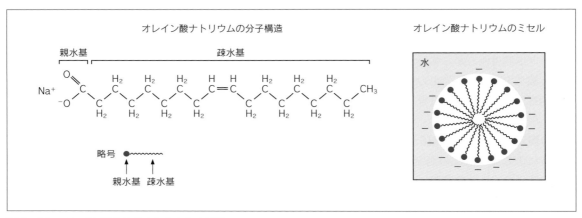

図2-24　オレイン酸ナトリウムのミセル構造

　一方，分散コロイドには，たとえば金のコロイド，水酸化鉄（Ⅲ）のコロイドなどがある．石けん（高級脂肪酸のアルカリ塩）の水溶液は，濃度が非常に低いときは単独のイオンに分散しているが，ある濃度以上になると電離した高級脂肪酸が多数会合してコロイド粒子をつくる．この粒子を**ミセル**（micelle）という．ミセルでは，疎水性の炭化水素鎖が内側に向いてファンデルワールス力により互いに引き合い，親水性のカルボキシ基は外側の水の方へ向いてミセルの表面上に並ぶ（**図2-24**）.

　水を分散媒とするコロイド溶液は，その性状から**疎水コロイド**と**親水コロイド**に分類できる．疎水コロイドの例には，金のコロイド，硫黄のコロイド，水酸化鉄（Ⅲ）のコロイドなどがある．コロイド粒子と分散媒の間の界面は面積が大きく，コロイドの性質の大半は界面によって決まるともいえる.

　コロイド粒子は表面に電荷を帯び，相互に反発するため，粒子自体は凝集しづらく，しばらくコロイドの状態を保つ．しかし，時間の経過とともに粒子は大きくなって，ついには沈殿する．この現象を**凝析**（凝結，coagulation）という.

 界面化学
界面についての化学（界面化学）はそれだけで一つの学問分野になっている.

親水コロイドの例としては各種タンパク質，寒天やデンプンなどの多糖類，石けん，染料のコロイドなどがあげられる．前2者は分子コロイドであり，後2者はミセルコロイドである．

　ゼラチンや寒天，デンプンなどの濃い溶液は冷やすと全体が固まって弾力性のある一種の固体となる．この状態を**ゲル**（gel）という．ゲルは温度を高くすると液体の状態〔ゲルに対して**ゾル**（sol）という〕になることが多い．ゲルはコロイド粒子が糸状の細長い場合に生じ，コロイド粒子が網目状に結合していて，その網目のすき間に分散媒（水）があるものと考えられる．卵白は熱するとゲルになるが，冷やしても元のゾルには戻らない．これは，加熱により卵白の主成分である種々のタンパク質分子の立体構造が壊れて変性するためである．このような状態で変性したタンパク質は，一般にふたたび冷却しただけでは元の立体構造をとるということはない．

　ゲルが水分を失うと乾燥した固体になる（これを**キセロゲル**という）．市販のゼラチン，寒天などはこの状態にある．これらの固体は水に浸すと水分を吸収して膨張する．

2　コロイド溶液の電気的性質

　コロイドは荷電しているため，電場におくとコロイド粒子は陰極または陽極の方向へ移動する．この現象を**電気泳動**（electrophoresis）という．電気泳動における粒子の移動の向きからコロイド粒子のもつ電荷の符号がわかる．水酸化鉄（Ⅲ）のコロイド溶液では粒子は正の電荷をもつ．他方，金属，イオン，硫化物のコロイド溶液では粒子は負の電荷をもつ．これは粒子が媒質中から特定のイオンを選択的に吸着して電荷を帯び，安定化するためである．

3　拡散（diffusion）

　ある物質の溶液の上に静かにその溶媒を乗せて放置すると，溶質分子は溶媒中に拡散して，境界面は時間とともにぼやけていき，ついには全体の濃度が一様になって平衡に達する．**図2-25**に示すように，拡散の進行に伴って溶質分子はx軸方向に拡散する．単位時間にx軸に垂直な単位面積を通って拡散する溶出量Jは，次式のようにその場所における濃度勾配$\dfrac{dC}{dx}$に比例する．

$$J = -D\frac{dC}{dx} \qquad\qquad 2\text{-}34$$

この式をフィックの第一法則といい，ここで負号は濃度Cが減少する方向に拡散が起こることを示す．比例定数Dを**拡散係数**（diffusion coefficient）といい，与えられた溶媒中では溶質に特有のものである．

4　沈降（sedimentation）

　溶液中の高分子は静置した状態ではブラウン運動によって，溶液中に一様に

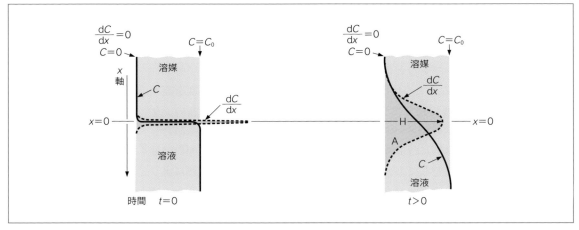

図 2-25　拡散
最初はっきりしていた境界面が自由拡散とともにぼんやりしてくる．太い実線が容器の高さに沿った溶質の濃度を，点線が濃度勾配を表す．

分布しているが，これに強い遠心力が加わると，溶質分子の密度が溶液全体（平均）の密度より大きい（小さい）とき，沈降（上昇）してくる．

　遠心力の下でも，溶質分子のブラウン運動はもちろん起きているが，分子が沈降していくのは分子にかかる遠心力がそれよりも十分大きいからである．溶質分子が沈降していくと底の方では当然溶質分子の濃度はしだいに高くなり，濃度勾配ができるので，拡散による流れ（沈降とは逆向き）が大きくなる．遠心沈降による流れと拡散による流れが等しくなった状態を**沈降平衡**という．

5　粘度 (viscosity)

　鎖状高分子溶液の**粘度**は溶媒の粘度に比べるとずっと大きく，溶液の濃度が高いほど大きくなる．溶液の粘度を η，溶媒の粘度を η_0 とするとき，両者の比 η/η_0 を**相対粘度** (relative viscosity) とよび，η_{rel} で表す．粘度の測定には種々のタイプの毛細管粘度計，回転粘度計が用いられる（**図 2-26**）．溶質の存在による粘度の相対的増加を表すには比粘度 η_{sp} を用いる．

$$\eta_{sp} = \frac{\eta - \eta_0}{\eta_0} = \eta_{rel} - 1 \qquad 2\text{-}35$$

　溶質の濃度を c とすると，η_{sp}/c は**還元粘度** (reduced viscosity) とよばれ，この量は溶質分子の単位濃度あたりの増加を示す．濃度が高いと溶質分子間の相互作用があるため，η_{sp}/c の値は大きくなる．濃度を無限希釈したときの還元粘度の極限値を用いると，溶質分子相互間の影響がなく，1 個の溶質分子の性質を反映する量として表すことができる．この値を**極限粘度** (limiting viscosity) または**固有粘度** (intrinsic viscosity)〔η〕とよび，

$$[\eta] = \lim_{c \to 0} \frac{\eta_{sp}}{c} \qquad 2\text{-}36$$

で表される．〔η〕は与えられた溶質に特有の定数で，溶質分子の形による．

η
η はイータと読む．

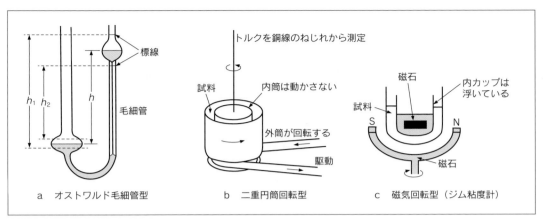

図2-26　粘度計

特に溶質分子を半径 a, b よりなる回転楕円体とすると，$[\eta]$ は a/b 関数として表される．すなわち，固有粘度の値から，分子がどのくらい細長いか，あるいは平べったいかなどがわかる．濃度は一般に g/mL または g/100 mL が用いられるため，$[\eta]$ の単位は mL/g または 100 mL/g である．基本構造の同じ一連の同族列鎖状高分子では $[\eta]$ と分子量 M との間には，

$$[\eta] = KM^a \qquad\qquad\qquad 2\text{-}37$$

の関係がある（Staudinger, 1930年）．ここで K と a は与えられた同族列鎖状高分子と溶媒に特有の定数で実験的に求められる．

6　コロイド溶液，電解質

疎水コロイドにある量以上の電解質を加えると，コロイド粒子は互いに集合して凝析し，沈殿する．これは，コロイド粒子の電荷がこれと反対の符号をもつイオンを吸着して中和され，粒子間の電気的な反発がなくなるためである．

親水コロイドは一般に電解質によって凝析しにくい．これはコロイド粒子が表面に水分子を強く結合しているためである．しかし，ある量以上の電解質を加えると，コロイド粒子の表面に結合している水分子が除かれるため凝析を起こす．この現象を**塩析**（salting out）という．

タンパク質の水溶液に硫酸アンモニウムを段階的に加え，各段階で塩析するタンパク質を順次分け取るという手段は，タンパク質の精製に際してしばしば用いられる（**硫安分画**）．

疎水コロイドに適量の親水コロイド（主として水溶性高分子化合物）を加えると，電解質による凝析が起こりにくくなる．この現象を**保護作用**（protective action）という．疎水コロイド粒子が親水コロイドに包まれるためである．この親水コロイドを**保護コロイド**という．牛乳に含まれるカゼイン，写真の感光乳剤臭化銀 AgBr の疎水コロイドに対するゼラチンなどはこの例である．

 塩溶

タンパク質の溶解性は塩類の共存によって左右される．低濃度の電解質の存在では溶解度は上昇する（**塩溶**：salting in）．これは電解質がタンパク質イオンの活量係数を減少させるためで，陽イオンが主役を演ずる．タンパク質の抽出液を透析してグロブリンだけを沈殿させる方法は salting in 領域でのタンパク質の分離法である．

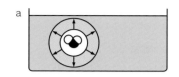

図 2-27　水の表面張力
a：液体の内部では水分子は隣の分子からあらゆる方向にほぼ均等に引きつけられている.
b：液体の表面にある水分子は上側には近接分子がないため, 正味で下向きの引力を受けることになる.

7　表面張力 (surface tension), 界面活性剤 (surface active agent)

　液体の表面に存在する分子は, 他の液体分子と接触している部分が少ないので (図 2-27), 液体の内部に向かって引っ張られ, より多くの分子と接して安定化しようとする. すなわち, 液体の表面積を最小にしようとする方向へ縮まる傾向がある. このような力を**表面張力**という. 水に各種有機溶媒, 石けんなどを溶かすと表面張力が減少する. その効果はカルボン酸について調べると, 炭素鎖が長くなるほど大きい. 表面張力を減少させるような物質を**界面活性剤**という.

8　吸着 (adsorption)

　コロイド粒子はきわめて微小なため, 分散相の単位質量あたりの表面積が非常に大きくなる. たとえば, 1 つの立方体 (1 mm³) の各辺を $1/n$ ずつ (たとえば $1/10^6$ ずつ, すなわち 1 nm³ の立方体) に細分化すると, 全表面積は n 倍 (10^6 倍) となる. このため, コロイド粒子の分散媒分子との相互作用の効果が顕著となる. たとえば, 気体中に分散した固体粉末があると, 多くの場合, 固体表面に気体分子が濃縮されている.

　この現象を**吸着**という. 固体による気体の吸着にはファンデルワールス力によって気体分子が固体表面に集まる**物理吸着** (physical adsorption) と, 化学結合様の力によって気体分子が固体表面に結合される**化学吸着** (chemical adsorption) の 2 つの型がある. 化学吸着は**活性化吸着** (activated adsorption) ともいわれ, 吸着された分子は活性化された状態にあるので化学反応性に富んでいる〔白金, ニッケル, 鉄, 五酸化バナジウムなどが触媒として用いられるのはこの例である (p.101 参照)〕. 化学吸着では吸着層は単分子層 (monomolecular layer) と考えられている.

　吸着は, 液体と気体の界面 (例：石けん水と空気の界面), 液体と固体の界面 (例：ガラス容器と石けん水の界面) でも起こる.

　ラングミュアー (Langmuir, 1881〜1957 年) は一定温度で, 一定量の固体に吸着される気体の量 x と, 気体の圧力 p の間には次のような関係式が成り立つことを理論的に導いた.

$$x = \frac{abp}{1 + ap}$$

ここで a, b は固体，気体の種類，温度によって定まる数である．

　吸着の性質を利用すると，多くの物質を分離精製することができる．たとえば，アルミナ（γ-Al$_2$O$_3$），リン酸カルシウムなどの粉末を用いた**吸着クロマトグラフィ**（adsorption chromatography），気体または蒸気の分離に用いられる**ガスクロマトグラフィ**（gas chromatography）はこの例である．また，活性炭による気体の捕集（脱臭剤，ガスマスクなど）や，物質の精製のときの着色不純物の脱色および脱湿剤としてのシリカゲルなども吸着の性質を利用したものである．

　タンパク質の分画を例に吸着クロマトグラフィを説明しよう．pH，塩濃度を適当に選んだ緩衝液にタンパク質を溶解し，リン酸カルシウムなど吸着剤を投入すると目的物を吸着させることができる．濾過後，緩衝液の塩濃度をあげるか別の溶媒で溶出すると目的物を分離できる（**バッチ法**）．しかし，この方法では吸着，溶出の効率が悪い．というのは，吸着される量は吸着されないで溶液に残っているその成分の濃度の関数（吸着平衡）となっているからで，吸着量に比例して，吸着されない量も増加するからである．この点，バッチ法よりクロマトグラフィの方が優れている．

　吸着剤をクロマトカラムに詰め，試料液を加えたのち，適当な溶媒を流す．試料液は吸着剤に接すると溶質の一部分が吸着され，残りの溶質はすぐ下の吸着剤に触れてまた吸着される．この過程の繰り返しで試料は吸着剤のカラム上端にバンド状に吸着し，溶媒だけが吸着剤カラムから溶出される．

　次に，適当な溶媒に切り換えて流すと，吸着したバンド状の溶質は吸着の強さに応じて，弱いものから順次溶出されてくる．そのなかで吸着の強いものは新しい吸着剤に接すると，ふたたび吸着することもあろう．溶出用の溶媒をうまく選ぶことにより，吸着性のかなりよく似た成分までも相互に分離できる．

　いま，各成分を吸着カラムから溶出するのに必要な溶媒容量を V とすると，

$$V = V_0 + K(V_t - V_0)$$
2-39

　ここで，V_0 は吸着剤粒子間の間隙容量，V_t は全カラム容量，K は吸着平衡の強さを表す量で，溶質分子の種類，濃度，吸着剤の種類および溶媒の種類，温度などによる関数である．吸着しない溶質 $(K = 0)$ は V_0 の容量で溶出され，吸着の程度に応じて V は大きくなり，遅れて溶出される．K を分配係数とすると，ゲル濾過クロマトグラフィなど，分配クロマトグラフィと同じ式になる．

　吸着クロマトグラフィを利用する場合は一般的に，吸着させるときは $K>1$ で，溶出させるときは $0<K<1$ にする．

クロマトグラフィの種類

物質の分離には吸着クロマトグラフィ，ガスクロマトグラフィのほか，イオン交換クロマトグラフィ（ion exchange chromatography），分配クロマトグラフィ（partition chromatography）や濾紙クロマトグラフィ（paper chromatography）などが用いられる．

演習問題

1. NaCl 溶液 11.7 g/L をモル濃度（mol/L）で表してみよう．
ただし，Na の原子量は 23，Cl は 35.5 とする．

> **解答** 質量 w（g），物質量 n（mol），分子量 M には次の関係がある．
>
> $$\frac{質量 w（g）}{分子量 M} = 物質量 n（mol）$$
>
> NaCl の分子量は 23 + 35.5 = 58.5 である．11.7 g/L は 1 L 中に 11.7 g の NaCl が含まれているから，物質量に換算すると，11.7/58.5 = 0.2 mol となる．すわなち，11.7 g/L = 0.2 mol/L となる．

2. カルシウム（Ca）1 mEq/L をモル濃度（mmol/L）で表してみよう．

> **解答** mEq〔ミリ当量，ミリ・イクイバレントあるいはメックともよぶ〕は電解質の量を表す単位で，電解質を含む溶液の濃度を表す場合，溶液 1 L 中に溶けている溶質のミリ当量として mEq/L という単位を使用することがある．
>
> mEq = 物質量（mmol）×イオンの価数
>
> で計算され，1 価のイオンである Na^+ 1 mmol は 1 mmol×1 価 = 1 mEq となり，2 価のイオンである Ca^{2+} 1 mmol は 1 mmol×2 価 = 2 mEq となる．
>
> したがって，Ca 1 mEq = 0.5 mmol であるから，1 mEq/L = 0.5 mmol/L となる．

実践 国試問題

1. グルコース 90 mg/dL は何 mmol/L か．
① 0.2
② 0.5
③ 2.0
④ 5.0
⑤ 20.0

> **解答** ④
>
> まずは，グルコースの分子量を覚えておく必要がある．グルコースの分子式は $C_6H_{12}O_6$ で，分子量は 180 である．質量と物質量の関係から，90 mg/dL = (90/180)mmol/dL = 0.5 mmol/10^{-1} L = 5.0 mmol/L．

2. 塩化ナトリウムの mg/dL からナトリウムの mEq/L に換算するには次のどの式を用いればよいか．
ただし，Na の原子量は 23，Cl は 35.5 とする．
① mEq/L = mg/dL×(10/35.5)
② mEq/L = mg/dL×(10/58.5)
③ mEq/L = mg/dL×(10/23)
④ mEq/L = mg/dL×(10×23/58.5)

⑤　mEq/L ＝ mg/dL×(10×35.5/58.5)

> **解答**　②
>
> 塩化ナトリウムの濃度を x mg/dL とすると,
>
> $$x\,\text{mg/dL} = (x/58.5)\,\text{mmol/dL} = (x/58.5)×10\,\text{mmol/L}$$
>
> となる.
>
> NaCl は完全に電離するため, Na も $(x/58.5)×10$ mmol/L 存在する. また, Na は 1 価の陽イオンとなるため, mmol/L ＝ mEq/L であるから,
>
> $$x\,\text{mg/dL} = (x/58.5)×10\,\text{mEq/L} = x×(10/58.5)\text{mEq/L}$$
>
> となる.
>
> したがって, mg/dL の値に 10/58.5 をかけた②の式を用いればよいことがわかる.

3. 血清にウレアーゼを反応させたところ 17 mg/dL のアンモニアが生じた. この血清中の尿素窒素濃度［mg/dL］はどれか.

ただし, アンモニア NH_3 の分子量を 17, 尿素 $(NH_2)_2CO$ の分子量を 60 とする.

> **ヒント**　血清にウレアーゼを反応させると, 血清中の尿素が次の反応で分解される.
>
> $$(NH_2)_2CO \quad + \quad H_2O \quad \xrightarrow{\text{ウレアーゼ}} \quad 2NH_3 + CO_2$$

①　7

②　14

③　21

④　28

⑤　35

> **解答**　②
>
> ウレアーゼにより, 尿素 1 mol からアンモニア 2 mol が生成する. 設問より, アンモニアは, 17 mg/dL ＝ (17/17)×10 mmol/L ＝ 10 mmol/L 生じたこととなるから, 尿素はその半分の 5 mmol/L ＝ 5×60 mg/L ＝ 300 mg/L ＝ 30 mg/dL あったことがわかる. 尿素中(分子量60)の窒素(28)量に換算すると, 尿素窒素濃度は 30 mg/dL×(28/60) ＝ 14 mg/dL となる.

第3章　物質の変化

Ⅰ 化学反応（化学変化）

　ある物質が性質の異なる他の物質に変化するプロセスを，**化学反応**（chemical reaction）または**化学変化**（chemical change）という．化学反応は気体でも，液体でも，固体でも起こる．

　化学反応でどのような物質がどんな割合で変化するかを，分子式，構造式などの化学式で書き表したものを，**化学反応式**または**化学方程式**（chemical equation）という．たとえば，2 mol の水素ガスと 1 mol の酸素ガスが反応して 2 mol の水が生じることを，化学反応式または化学方程式で次のように表す．

$$2\,H_2 + O_2 \longrightarrow 2\,H_2O$$
$$2\,H_2 + O_2 = 2\,H_2O$$

Ⅱ 化学反応の種類

　化学反応はその反応様式に従って，以下のように分類できる．

1　反応形式による分類
1）化合（combination）
　〈例〉$2\,H_2 + O_2 \longrightarrow 2\,H_2O$

　　　　$2\,Na + Cl_2 \longrightarrow 2\,NaCl$

2）分解（decomposition）
　〈例〉$2\,KClO_3 \longrightarrow 2\,KCl + 3\,O_2$

　　　　$NH_4Cl \longrightarrow NH_3 + HCl$（高温で）

3）解離（dissociation）
　化合・分解が可逆的に起こるとき，分解のことを特に解離とよぶ．前記の例では，塩化アンモニウムがアンモニアと塩化水素に解離するという．さらに次のような例もある．

　〈例〉$N_2O_4 \underset{低温}{\overset{高温}{\rightleftharpoons}} 2\,NO_2$（$N_2O_4$ は高温で解離する）

4）置換（substitution）

〈例〉 $Zn + H_2SO_4 \longrightarrow H_2 + ZnSO_4$（亜鉛は硫酸の水素を置換する）

$CH_4 + Cl_2 \longrightarrow CH_3Cl + HCl$（塩素はメタンの水素を置換する）

5）複分解（double decomposition）

一般に $AB+CD \longrightarrow AC+BD$ の形式で表される反応をいう．

〈例〉 $NaCl + AgNO_3 \longrightarrow NaNO_3 + AgCl$

6）転移反応（transfer reaction）

有機化学や生化学の反応で，化合物の一つの基に注目し，これが他の化合物に移される反応を転移反応とよぶことがある．

〈例〉 グリシンアミジノトランスフェラーゼという酵素の反応

L-アルギニン　　　グリシン　　　L-オルニチン　　　グアニジノ酢酸

7）転位反応（rearrangement reaction）

1 つの分子内で，原子や基が入れ替わって，異性体を生じる反応．

〈例〉 ベンジジン転位

8）重合（polymerization）

1 種または数種の分子が化合して高分子化合物（high polymer）を生成する反応．化合の一種である．

〈例 1〉 エチレンがポリエチレンになる反応

〈例 2〉 アクリルアミドがポリアクリルアミドになる反応

スチレンが重合したものをポリスチレン，塩化ビニル（$CH_2=CHCl$）が重合したものをポリ塩化ビニル（PVC，塩ビ）とよぶ．天然ゴムはイソプレンの重合体である．合成ゴムは，ブタジエンの重合体やクロロプレンの重合体のように用途に応じて各種合成される．

9）縮合（condensation）

2個またはそれ以上の分子から水などの簡単な分子が取れて結合することをいう．

〈例1〉硫酸水素カリウムを加熱すれば脱水縮合する．

$$2\ KHSO_4 \longrightarrow K_2S_2O_7 + H_2O$$
硫酸水素カリウム　　　ピロ硫酸カリウム

〈例2〉2個の分子から小さい分子が取り除かれず結合する場合（ex. アルドール縮合）．

$$\underset{\text{アセトアルデヒド}}{CH_3\overset{H}{C}=O} + \underset{\text{アセトアルデヒド}}{H-\overset{\alpha}{C}H_2CHO} \xrightarrow{OH^-} \underset{\substack{\text{3-ヒドロキシブタナール}\\ \text{（アルドール）}}}{CH_3\underset{OH}{C}HCH_2CHO}$$

ある種のタンパク質ポリペプチド鎖間の架橋形成に，縮合反応が起こることが知られている．

> **脱水縮合**
>
> 縮合のうち，水分子が取れて結合することを脱水縮合という．

10）加水分解（hydrolysis）

水解ともいい，水が作用して起こる分解反応で複分解の一種である．

〈例1〉$CH_3CO-OC_2H_5 + H-OH \longrightarrow CH_3CO-OH + C_2H_5OH$
　　　　酢酸エチル　　　　水　　　　　　酢酸　　　エタノール

〈例2〉デンプンの加水分解

グルコース

加水分解と似た反応で，水の代わりにアンモニアが反応すれば**加アンモニア分解**（ammonolysis），ヒドラジン NH_2-NH_2 ならば**ヒドラジン分解**（hydrazinolysis），アルコールならば**加アルコール分解**（alcoholysis），リン酸（H_3PO_4）またはその塩が反応すれば**加リン酸分解**（phosphorolysis）という．

〈**例**〉グリコーゲンの加リン酸分解（グリコーゲンホスホリラーゼで触媒される）

α-グルコース-1-リン酸エステル

2 均一反応（homogeneous reaction），不均一反応（heterogeneous reaction）

気相・液相・固相のどれか 1 つの相のなかで起こる反応を均一反応といい，反応が 2 相以上にまたがって進行するものを不均一反応という．

〈**例 1**〉均一反応

均一気相反応　　2 H₂（気）＋ O₂（気）⟶ 2 H₂O（水蒸気）

均一気相反応　　H₂（気）＋ I₂（気）⟶ 2 HI（気）

均一液相反応　　NaOH（液）＋ HCl（液）⟶NaCl（液）＋ H₂O

〈**例 2**〉不均一反応

Zn（固）＋ H₂SO₄（液）⟶ ZnSO₄（液）＋ H₂（気）

N₂＋3 H₂ ⟶ 2 NH₃ の反応は均一気相反応であるが，固体の触媒を用いれば不均一反応である．

3 発熱反応（exothermic reaction），吸熱反応（endothermic reaction）

1）熱化学方程式

化学反応式に反応熱の量(ジュール：J)を示したものを熱化学方程式という．熱化学方程式の表し方には方程式のなかに直接反応熱を記す方法（**A 法**）と，エンタルピー変化 ΔH を用いて分けて表す方法（**B 法**）の 2 通りがある．2023 年以前の高校の教科書では前者の表記が用いられてきたが，専門書や 2024 年以降の教科書では後者の表記が用いられるので後者の表記法をマスターしよう．

(1) 方程式に直接反応熱を記す方法（A 法）

生成物質 1 mol に対して，発熱反応ではプラス，吸熱反応ではマイナスとして付記する．

〈**例**〉H₂（気）＋ 1/2 O₂（気）＝ H₂O（液）＋ 285.9 kJ　　　　　　　3-1

H₂（気）＋ 1/2 O₂（気）＝ H₂O（気）＋ 241.8 kJ　　　　　　　3-2

C（固）＋ O₂（気）＝ CO₂（気）＋ 393.5 kJ　　　　　　　　　3-3

(2) エンタルピー変化 ΔH を用いて表す方法（B法）

エンタルピーとは何かを理解しようとすると，熱力学を勉強しなければいけないが，ここでは理論的な考察は一切触れず，熱化学方程式の反応熱は反応前後のエンタルピー変化と等しいということを覚えておこう．つまり，反応熱（Q）＝エンタルピー変化（ΔH）と考えて，A法の方程式を次のように書き換える．

〈例〉 H_2（気）＋ $1/2\,O_2$（気）$\longrightarrow H_2O$（液） $\Delta H = -285.9\,kJ$ 3-4

H_2（気）＋ $1/2\,O_2$（気）$\longrightarrow H_2O$（気） $\Delta H = -241.8\,kJ$ 3-5

C（固）＋ O_2（気）$\longrightarrow CO_2$（気） $\Delta H = -393.5\,kJ$ 3-6

ここで，発熱反応のエンタルピー変化はマイナス，吸熱反応のエンタルピー変化はプラスと，A法の表記法と逆になっていることに注意しよう．A法は実験者（観測者）の視点で反応に伴う熱のやり取りを扱うので，発熱反応のように熱が発生して反応容器が熱くなるときにプラスとなり，吸熱反応のように反応容器が冷たくなるときにマイナスとなる．一方，B法の表記法は反応容器の中（反応系）から見た熱のやり取りを考えるので，発熱反応は容器から熱が逃げることを意味しマイナスになり，吸熱反応は反応容器内に熱が蓄えられるのでプラスになる．

熱化学方程式の反応熱の単位として歴史的にはカロリー（cal）が用いられてきた．教科書のなかにはカロリー表示のものも多いので，Jとcalの両方の単位が使えるようにしよう．

$1\,cal = 4.184\,J$ という関係があるので，B法の炭素の燃焼式3-6はカロリー単位を用いると，

C（固）＋ O_2（気）$\longrightarrow CO_2$（気） $\Delta H = -94.0\,kcal$ 3-7

と表される．

最初の状態と最後の状態が定まっていれば，その間に発生または吸収する熱量は，変化の経路とは無関係で一定である．ある反応が段階的に起こるとき，全反応過程に対する反応熱は，個々の段階に対する反応熱の和に等しい．これを**ヘスの法則**（Hess's law）という．

炭素を不完全燃焼させて一酸化炭素を生じる反応の反応熱を正確に測定することはむずかしい．これは厳密にCOの段階で燃焼をとめることができないからである．炭素を完全燃焼させて二酸化炭素にする反応と，一酸化炭素が燃焼して二酸化炭素になる反応の反応熱は正確に測定されている．

C（固）＋ O_2（気）$\longrightarrow CO_2$（気） $\Delta H = -393.5\,kJ$

CO（気）＋ $1/2\,O_2$（気）$\longrightarrow CO_2$（気） $\Delta H = -283.0\,kJ$

Cが燃焼してCOになるときの反応熱は，ヘスの法則を用いて算術的に求めることができる．すなわち，2つの熱化学方程式から数学の方程式のように左辺，右辺をそれぞれ足したり引いたり，あるいは移項してもよい．上の式から下の式を引き，$-CO$（気）を右辺に移項することにより，

C（固）＋ $1/2\,O_2$（気）$\longrightarrow CO$（気） $\Delta H = -110.5\,kJ$

となる．エンタルピーの変化の項は，$-393.5 - (-283.0) = -110.5$ として

エンタルピー H

熱力学でしばしば登場する状態量で，エネルギーの次元をもつ．対象とする系の内部エネルギーを U とすると，系の圧力 P，系の体積 V を用いて，$H = U + PV$ で定義される．体積一定の条件では，系と外界のエネルギーのやりとりを内部エネルギー変化（ΔU）で表すが，圧力一定の条件では，系と外界のエネルギーのやりとりをエンタルピー変化（ΔH）で表す．熱化学方程式は定圧条件での反応熱を考えるので，熱力学では ΔH に相当する．

求められる．

このようにヘスの法則を用いれば，まだ測定されていない反応熱を計算で求めることができる．

例題 酸化鉄(III)Fe_2O_3を一酸化炭素 CO で還元して鉄を得る反応を熱化学方程式で示せ．ただし，次の2つの反応の発熱量が実測されている．

$$CO（気）+ 1/2\ O_2（気）\longrightarrow CO_2（気）\qquad \Delta H = -283.0\ kJ \qquad 3\text{-}8$$

$$2\ Fe（固）+ 3/2\ O_2（気）\longrightarrow Fe_2O_3（固）\qquad \Delta H = -822.2\ kJ \qquad 3\text{-}9$$

解答 求める熱量は Fe_2O_3（固）$+ 3\ CO$（気）$\longrightarrow 2\ Fe$（固）$+ 3\ CO_2$ の反応における発熱量（または吸熱量）である．

式 3-8 の両辺を 3 倍して，

$$3\ CO（気）+ 3/2\ O_2（気）\longrightarrow 3\ CO_2（気）\qquad \Delta H = -849.0\ kJ$$

式 3-9 を変形して，

$$Fe_2O_3（固）\longrightarrow 2\ Fe（固）+ 3/2\ O_2（気）\qquad \Delta H = +822.2\ kJ$$

2つの式を足すと，

$$Fe_2O_3（固）+ 3\ CO（気）\longrightarrow 2\ Fe（固）+ 3\ CO_2（気）\qquad \Delta H = -26.8\ kJ$$

反応生成物 1 mol あたりに換算して次のようにする．

$$1/2\ Fe_2O_3（固）+ 3/2\ CO（気）\longrightarrow Fe（固）+ 3/2\ CO_2（気）$$

$$\Delta H = -13.4\ kJ \qquad 3\text{-}10$$

---

4 熱化学反応（thermal reaction），光化学反応（photochemical reaction）

熱化学反応とは，今までの例にあるような一般的な化学反応である．光化学反応とは，光を当てることによってのみ進行する反応，および暗所でも反応するが光を当てることによりさらに速く進行する反応である．

$H_2 + Cl_2 \longrightarrow 2\ HCl$ の反応は，光を当てることにより爆発的に進行する光化学反応の例である．

写真：臭化銀 AgBr は，光に当たると光化学反応を起こして分解される．写真はこれを利用したものである．写真フィルム上には AgBr が塗付してある．感光して分解した部分を現像液により完全に Ag 粒子に還元し，さらにチオ硫酸ナトリウム $Na_2S_2O_3$（俗にハイポという）を主成分とする定着液で未反応の AgBr を可溶性の錯イオンに換えて洗い流す．

$$AgBr + 2\ S_2O_3{}^{2-} \longrightarrow [Ag(S_2O_3)_2]^{3-} + Br^-$$

この操作で光の当たらない暗い部分は，洗い流されて白く，光の当たった明るい部分は逆に Ag 粒子が残って黒くなる．このように実際の像と黒白逆の像ができる．これが**ネガ**（negative）である．写真の印画紙にネガを通して光を当て，現像，定着すれば，元の像と明暗の同じ**ポジ**（positive）が得られる．

5　酸化還元反応 （oxidation–reduction reaction, redox reaction）

電子の授受を伴う化学反応を**酸化還元反応**という．電子を失うことを**酸化される** （be oxidized）といい，電子を受けることを**還元**される （be reduced）という．

　酸化剤 （oxidizing agent）は他の物質を酸化しやすい物質，すなわち他の物質の電子を奪いやすい物質で，したがって自分自身は還元されやすい．**還元剤** （reducing agent）は他の物質を還元しやすい物質，すなわち他の物質に電子を与えやすい物質で，したがって自分自身は酸化されやすい．

　酸化と還元はかならず相伴って起こる．いま，酸化を例にとると，

①　酸素との化学反応　　$C + O_2 \longrightarrow CO_2$

②　脱水素反応　　　　　$C_2H_5OH \xrightarrow{\ -2H\ } CH_3CHO$

③　電子の転移　　　　　$Fe^{2+} \xrightarrow{\ -e^-\ } Fe^{3+}$

に示すような3種の反応形式に大別される．

　〈例〉 $2\,Na + Cl_2 \longrightarrow 2\,Na^+Cl^-$ で，Na原子は核外電子を1個失って+1価の陽イオンに酸化される．同時にCl原子は電子を1個獲得して−1価の陰イオンに還元される．

[例題]　$2\,KI + Cl_2 \longrightarrow 2\,KCl + I_2$ の反応で，何が酸化され，何が還元されたのか，電子の動きで説明せよ．

[解答]　ヨウ素 （I）が−1価から0価に酸化され，塩素 （Cl）が0価から−1価に還元された．

1）酸化数 （oxidation number）

　ある原子の酸化状態を表現するのに酸化数という数値が用いられる．単体分子中の原子の酸化数を0とする．これより酸化されている場合は＋，還元されている場合は−とし，次の規則によって計算する．

①　化合物中の水素原子の酸化数は+1，酸素原子の酸化数は−2とする．ただし，例外として，金属元素の水素化合物 （たとえば，NaH）の水素原子は−1とする．

②　過酸化水素 （H_2O_2）のような過酸化物の酸素の酸化数は−1とする．

③　電荷をもたない化合物では，構成する原子の酸化数の総和は0とする．

④　単原子イオンの酸化数は，そのイオンの電荷に等しい．

⑤　多原子イオンでは，構成する原子の酸化数の総和は，そのイオンの電荷に等しい．

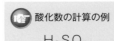

酸化数の計算の例

$$\underset{+1\ \ ?\ -2}{H_2SO_4}$$

H_2SO_4 の場合，ルールに当てはめると，Hは（+1）×2＝+2，Oは（−2）×4＝−8となり，分子全体の酸化数の和が0になることから，Sの酸化数は+6と導くことができる．

[例題]　次の化合物中，太字 （下線）の原子の酸化数を計算せよ．

(i) $H_2\underline{S}O_4$　(ii) $H\underline{N}O_3$　(iii) $\underline{N}H_3$　(iv) $H_2\underline{O}_2$　(v) $H_2\underline{O}$　(vi) $Na\underline{Cl}$

(vii) $Na\underline{Cl}O$　(viii) $Na\underline{Cl}O_3$　(ix) $K\underline{Mn}O_4$　(x) $\underline{Mn}SO_4$　(xi) $\underline{Mn}O_2$

(xii) $K_2\underline{Cr}_2O_7$　(xiii) $Na_2\underline{S}O_3$　(xiv) $K_4\underline{Fe}(CN)_6$　(xv) $K_3\underline{Fe}(CN)_6$

(xvi) LiH

解答 (i) +6 (ii) +5 (iii) −3 (iv) −1 (v) −2 (vi) −1 (vii) +1
(viii) +5 (ix) +7 (x) +2 (xi) +4 (xii) +6 (xiii) +4 (xiv) CN⁻
基を−1とするから+2 (xv) +3 (xvi) Li⁺H⁻なので−1

酸化数を用いると，酸化還元反応の化学量論的取り扱いが簡単である．たとえば，硫酸鉄（II）$FeSO_4$を酸性溶液中で過マンガン酸カリウム$KMnO_4$により酸化する反応を考えよう．Fe^{2+}はFe^{3+}に酸化されるのでFeの酸化数は1増加し，$KMnO_4$は$MnSO_4$に還元されるのでMnの酸化数は5減少する．したがって，$FeSO_4$ 5分子：$KMnO_4$ 1分子の割合で反応することがわかる．これより次式が導かれる．

$$5\,Fe^{2+} + MnO_4^- + 8\,H^+ \longrightarrow Mn^{2+} + 5\,Fe^{3+} + 4\,H_2O \qquad 3\text{-}11$$

H^+は反応液を酸性に保つため加えられるもので，実際には酸化還元を受けにくい希硫酸を用いる．式3-11を一般的な化学反応式に直せば，次の式3-12が得られる．

$$10\,\underset{+2\ +6-2}{Fe\,SO_4} + 2\,\underset{+1\ +7\ -2}{K\,Mn\,O_4} + 8\,\underset{+1\ +6-2}{H_2\,SO_4}$$

$$\longrightarrow \underset{+1\ +6-2}{K_2\,SO_4} + 2\,\underset{+2\ +6-2}{Mn\,SO_4} + 5\,\underset{+3\ +6-2}{Fe_2(SO_4)_3} + 8\,\underset{+1\ -2}{H_2O} \qquad 3\text{-}12$$

2）不均化（disproportionation）

塩素を冷たい塩基性水溶液に溶かすと，次の反応で次亜塩素酸塩を生じる．

$$Cl_2 + 2\,KOH \longrightarrow \underset{塩化カリウム}{KCl} + \underset{次亜塩素酸カリウム}{KClO} + H_2O$$

塩素分子中の塩素（酸化数0）が酸化数−1のCl^-イオンと酸化数+1のClO^-に変化する．すなわち，Cl_2分子中の1原子が還元され，他方が酸化されたことになる．このような変化を**不均化**という．次亜塩素酸カリウム溶液を加熱すると，さらに次のように不均化される．

$$3\,KClO \longrightarrow 2\,KCl + \underset{塩素酸カリウム}{KClO_3}$$

固体の塩素酸カリウムを静かに加熱すればさらに不均化され，過塩素酸カリウムとなる．

$$4\,KClO_3 \longrightarrow KCl + \underset{過塩素酸カリウム}{3\,KClO_4}$$

不均化反応は，一つの化合物が酸化作用と還元作用とを兼ね備えているときに起こる．非金属酸素酸の酸化還元反応は，このように両方の性質を考慮しなくてはならないが，およそ次のように大別できる．

酸化剤（還元剤とならないもの）：HNO_3, H_2SO_4, $HClO_4$, H_2SeO_4, HIO_4など

> **塩素酸カリウムを用いた酸素の製法**
> $KClO_3$を加熱して酸素ガスを得る（$2\,KClO_3 \rightarrow 2\,KCl + 3\,O_2$）ためには，二酸化マンガン$MnO_2$を触媒として加える必要がある．

通常は酸化剤：HClO, HClO$_2$, HClO$_3$, HBrO$_3$, HIO$_3$ など

酸化剤とも還元剤ともなる：HNO$_2$

通常は還元剤：H$_3$PO$_2$, H$_3$PO$_3$, H$_2$SO$_3$ など

酸化還元反応を受けにくいもの：H$_3$BO$_3$, H$_2$CO$_3$, H$_3$PO$_4$

6 発エルゴン反応，吸エルゴン反応

化学反応におけるエネルギーの収支は，発熱反応，吸熱反応で扱ったエンタルピー変化 ΔH の符号で理解できる．すなわち，生成系の標準生成エンタルピーの総和から，原系の標準生成エンタルピーの総和を引くことで，その反応のエンタルピー変化を求めて，発熱反応か吸熱反応を識別できる．

反応に伴うエンタルピー変化(ΔH) ＝（生成物の生成エンタルピーの総和）
－（反応物の生成エンタルピーの総和）   3-13

これは「ヘスの法則」に他ならないが，熱力学第一法則（エネルギー保存則）を化学反応に応用したバージョンと考えられる．

与えられた反応が進行方向に起こるかどうかは，エンタルピー変化 ΔH だけでは判断ができず，熱力学的な状態量であるエントロピー S とギブスエネルギー G を知る必要がある．熱力学第二法則は自然界で起こる変化を規定する経験則である．孤立系もしくは断熱系（熱の出入りのない系）において，可逆過程ではエントロピー S は変わらないが，不可逆過程（自発的な変化が伴う場合）ではエントロピー S が増大するので，熱力学第二法則はエントロピー増大の原理ともよばれる．エントロピー S をあえて日本語にあてはめると，乱雑さ，無秩序性という言葉で解釈されるが，秩序性が高い状態ではエントロピーが小さくなることを意味する．物質の三態で，秩序性の高い固体が最もエントロピーが低く，その次に秩序性が高く，エントロピーがやや高いのが液体，最も秩序性が低く，エントロピーが高いのが粒子が自由に動き回れる気体である．水を例にとれば，氷，水，水蒸気の順番でエントロピーは高くなる．0℃で氷が融けて水になるのはエントロピーの増加の例である．

化学反応におけるエントロピー変化 ΔS は，エンタルピー変化 ΔH と同じように，生成系の各成分のエントロピーの総和から，原系の各成分のエントロピーの総和を差し引くことにより求められる．

反応に伴うエントロピー変化（ΔS）＝（生成物のエントロピーの総和）
－（反応物のエントロピーの総和）   3-14

ただし，エンタルピーの単位がエネルギー (J) であるのに対して，エントロピーの単位はエネルギーを温度で割った J/K である．

化学反応のギブスエネルギー変化 ΔG もエンタルピー変化 ΔH と同じように，生成系の各成分の生成ギブスエネルギーの総和から，原系の各成分の生成ギブスエネルギーの総和を差し引くことにより求められる．

p.70「3 発熱反応，吸熱反応」を参照のこと．

 原系と生成系
化学反応式の左辺を原系（もしくは反応系），右辺を生成系という．

エントロピー S
熱力学でしばしば登場する状態量で，エネルギー／温度の次元をもつ．

ギブスエネルギー G
熱力学でしばしば登場する状態量で，エネルギーの次元をもつ．ギブスの自由エネルギー，あるいは単に自由エネルギーとよばれることも多い．系のエンタルピー H，温度 T，エントロピー S を用いて，$G = H - TS$ で定義される．

反応に伴うギブスエネルギー変化（ΔG）

　＝（生成物の生成ギブスエネルギーの総和）−（反応物の生成ギブスエネルギーの総和）　　　　　　　　　　　　　　　3-15

　ギブスエネルギー G は $G = H - TS$ で定義されるので，温度 T と圧力が一定の下では，ΔG，ΔH，ΔS の間には

$$\Delta G = \Delta H - T\Delta S \qquad\qquad 3\text{-}16$$

の関係が成り立つ．

　化学反応は標準圧力〔1 bar（バール）＝ 10^5 Pa〕下もしくは標準大気圧（1 atm ＝ 1.01325×10^5 Pa）下で考察されることが多いので，その場合は標準状態を表す上付きの o を用いて，

$$\Delta G^\circ = \Delta H^\circ - T\Delta S^\circ \qquad\qquad 3\text{-}17$$

と表現されることが多い．

　温度・圧力一定の条件で，$\Delta G < 0$（標準状態の場合は $\Delta G^\circ < 0$）ならば，その反応は矢印の向き（→）に自発的に進行し，$\Delta G > 0$ ならば，その反応は矢印の向き（→）には進行せず，逆向き（←）に進行し，$\Delta G = 0$ ならば平衡状態である．$\Delta G < 0$ の反応を**発エルゴン反応**，$\Delta G > 0$ の反応を**吸エルゴン反応**という．

〈例〉光合成反応（25℃）

	$6CO_2$（気）	$+$ $6H_2O$（液）	$\rightarrow$	$C_6H_{12}O_6$（水溶液）	$+$ $6O_2$（気）	
ΔH_f°	-393.5	-285.8		$-1{,}263.0$	0	$(kJ\ mol^{-1})$
S°	213.6	69.9		264	205.0	$(JK^{-1}\ mol^{-1})$
ΔG_f°	-394.4	-237.2		-914.5	0	$(kJ\ mol^{-1})$

　　ΔH_f°：標準生成エンタルピー，S°：標準エントロピー

　　ΔG_f°：標準生成ギブスエネルギー

式 3-13，14，17 を用いて，

　$\Delta H^\circ = (-1{,}263 + 6 \times 0) - 6 \times (-393.5) - 6 \times (-285.8) = 2{,}812.8\ kJ$

　$\Delta S^\circ = 264 + 6 \times 205.0 - 6 \times 213.6 - 6 \times 69.9 = -207\ J\ K^{-1}$

　$\Delta G^\circ = \Delta H^\circ - T\Delta S^\circ = 2{,}812.8\ kJ - 298\ K \times (-207\ J\ K^{-1}) = 2{,}812.8\ kJ + 61.7\ kJ$
　　　$= 2{,}874\ kJ > 0$

したがって，この反応は吸エルゴン反応であり，正方向に自発的に進行しない．あるいは，式 3-15 より，

　$\Delta G^\circ = -914.5 - 6 \times (-394.4) - 6 \times (-237.2) = 2{,}875\ kJ > 0$

したがって，どちらの方法を用いてもこの反応は正方向に自発的に進行しないことがわかる．

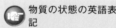
物質の状態の英語表記

熱化学方程式での物質の状態は，
（固）を（s）：solid
（液）を（l）：liquid
（気）を（g）：gas
（水溶液）を（aq）：aqua
と表すこともある．

Ⅲ 化学平衡

1 化学平衡

1）化学平衡の法則

H$_2$とI$_2$を混合して一定温度（たとえば450℃）に保つとヨウ化水素（HI）を生じる.

$$H_2 + I_2 \longrightarrow 2\,HI$$

この反応速度はH$_2$とI$_2$の衝突回数に比例するはずであるから，次式のようにH$_2$の濃度，I$_2$の濃度に比例することになる（ここでは正反応の速度と正反応の速度定数という意味でv_{+1}, k_{+1}とした）.

$$v_{+1} = k_{+1}[H_2][I_2]$$

一方，逆反応，すなわちHIの熱解離反応の速度をv_{-1}，速度定数をk_{-1}とすると，

$$H_2 + I_2 \longleftarrow 2\,HI$$

$$v_{-1} = k_{-1}[HI]^2$$

はじめのうちはH$_2$とI$_2$の濃度に比べHIの濃度は非常に少ないので，

$$v_{+1} \gg v_{-1}$$

であるが，H$_2$, I$_2$が減少しHIが増加すると，v_{+1}は減少しv_{-1}は増加していくので，ついには正反応速度と逆反応速度とが等しくなる.

$$v_{+1} = v_{-1}$$

この状態では正反応で合成されるHIの量と逆反応で分解されるHIの量が等しいため，一見，合成も分解も行われていないようにみえる. この状態を**化学平衡**（chemical equilibrium）にあるという. この場合，$v_{+1} = v_{-1}$であるから次式が成り立つ.

$$k_{+1}[H_2][I_2] = k_{-1}[HI]^2$$

$$\therefore \quad \frac{[HI]^2}{[H_2][I_2]} = \frac{k_{+1}}{k_{-1}} = K \qquad\qquad 3\text{-}18$$

この式は平衡状態におけるH$_2$, I$_2$, HIの濃度の関係を表すもので，温度が一定ならばk_{+1}とk_{-1}が一定なのでKの値も一定である. こうして定義されるKを**平衡定数**（equilibrium constant）という.

一般にある化学反応　aA+bB+……　$\rightleftharpoons$ xX+yY+……

（A, B…, X, Y…は分子式，a, b…, x, y…は係数を表す）

に対して，

$$\frac{[X]^x[Y]^y\cdots\cdots}{[A]^a[B]^b\cdots\cdots} = K \qquad\qquad 3\text{-}19$$

（[A], [B]…, [X], [Y]…は平衡に達したときのモル濃度を表す）

と定義される平衡定数Kは，一定温度で平衡状態に達するかぎり，各物質の割合や圧力に影響されない定数となる. これを**化学平衡の法則**という. 触媒は化学反応速度を速めるだけで反応には直接加わらないから，平衡状態には影響

化学平衡の法則
質量作用の法則ともいう.

正反応・逆反応
正反応：原系（左辺）から生成系（右辺）への反応.
逆反応：生成系（右辺）から原系（左辺）への反応.

化学平衡の法則の熱力学による証明
気体反応の場合，その反応の標準ギブスエネルギー変化($\Delta G°$)と圧平衡定数(K_P)との間に，$\Delta G° = -RT\log_e K_P$の関係があることが熱力学で導かれる. Rは気体定数で，$\Delta G°$は温度のみの関数であるので，K_Pも温度だけの関数になる. 温度が一定であれば，圧平衡定数も一定となる.

しない.

〈**例1**〉 $H_2 + I_2 \rightleftharpoons 2\,HI$

$$\frac{[HI]^2}{[H_2][I_2]} = K \qquad 448℃で,\ K = 40$$

〈**例2**〉 $N_2 + 3\,H_2 \rightleftharpoons 2\,NH_3$

$$\frac{[NH_3]^2}{[N_2][H_2]^3} = K \qquad 500℃で,\ K = 0.0579\ (mol/L)^{-2}$$

〈**例3**〉 $CH_3COOH + C_2H_5OH \rightleftharpoons CH_3COOC_2H_5 + H_2O$

$$\frac{[CH_3COOC_2H_5][H_2O]}{[CH_3COOH][C_2H_5OH]} = K \qquad 20℃で,\ K = 4.0$$

■ 圧平衡定数

平衡定数の計算には［　］で表される濃度（モル濃度）を用いる．しかし，例1，2のような気体反応の場合，分圧を用いるのが便利である．たとえば，例2の反応で各気体成分の分圧を P_{N_2}，P_{H_2}，P_{NH_3} とする.

$PV = nRT$（P を atm，V を L で表せば $R = 0.082$ L atm/mol K）の関係から，

$$P = \frac{n}{V}RT = cRT$$

ここで c はモル濃度［mol/L］である．したがって，次の関係式が得られる.

$$P_{N_2} = [N_2]RT \qquad P_{H_2} = [H_2]RT \qquad P_{NH_3} = [NH_3]RT$$

平衡定数のモル濃度の代わりに上の関係を代入すると次のようになる.

$$K = \frac{[NH_3]^2}{[N_2][H_2]^3} = \frac{(P_{NH_3}/RT)^2}{(P_{N_2}/RT)(P_{H_2}/RT)^3} = \frac{P_{NH_3}{}^2}{P_{N_2}\cdot P_{H_2}{}^3}(RT)^2$$

一定温度では K も RT も定数なので $\dfrac{P_{NH_3}{}^2}{P_{N_2}\cdot P_{H_2}{}^3}$ も定数となる．これは式3-19に似た形式なので，これを K_P とおき**圧平衡定数**と定義する.

$$\frac{P_{NH_3}{}^2}{P_{N_2}\cdot P_{H_2}{}^3} = K_P = K \cdot \left(\frac{1}{RT}\right)^2 \qquad\qquad 3\text{-}20$$

500℃では，

$$K_P = 0.0579 \times \left\{\frac{1}{0.082 \times (500 + 273)}\right\}^2 = 1.44 \times 10^{-5}\ atm^{-2}$$

2）化学平衡と温度・圧力の関係

一つの反応系がある条件のもとで平衡状態になっているとき，その状態を決める因子（濃度，圧力，温度）のいずれかを変えるような操作を加えると，系はその影響を緩和する方向に変化して新しい平衡状態に達する．これを**ル・シャトリエ**（Le Chatelier）**の法則**という．この原理は化学平衡のみではなく，相平衡に対しても適用できる.

アンモニア合成を例として説明しよう．この反応は次式に示す発熱反応である.

相平衡

0℃の水に氷を浮かべて密閉し，溶けたり凍ったりする速度が等しく，氷（固相）と水（液相）の比率が変化しない場合のように，同じ物質がいくつかの相をとりながら，これらの相が平衡状態にあることを相平衡という.

表3-1　各種温度圧力におけるアンモニアの収率（%）

温度℃ ＼ 気圧	10	30	50	100	300	600	1,000
200	50.7	67.6	74.4	81.5	90.0	95.4	98.3
400	3.9	10.2	15.3	25.1	47.0	65.2	79.8
600	0.5	1.9	2.3	4.5	13.8	23.1	31.4

$$N_2 + 3\,H_2 \longrightarrow 2\,NH_3 \qquad \Delta H = -92.4\,kJ$$

　ある温度で化学平衡が成り立っているとき，温度を高くすると吸熱反応（すなわち逆反応）が起こって温度変化を妨げる方向に平衡が移動する．また，この反応では1分子のN_2と3分子のH_2（計4分子の反応物質）から2分子のNH_3ができる．反応系の圧力を高くすれば合成反応が起こって分子数が減少し，圧力の増加を妨げる方向に平衡が移動する．

　実際にN_2とH_2を原料とし，いろいろな温度・圧力の条件で平衡状態にし，生成するNH_3の割合を測定した結果を**表3-1**に示す．

　この結果から考えても，N_2とH_2からNH_3を合成するには，なるべく高圧でしかも温度は低い方がよい．しかし，あまり温度が低いと反応速度が遅すぎて，いつまでたっても化学平衡に達しない．工業的にアンモニアを合成する方法〔ハーバー（Haber）法〕では，N_2とH_2を原料とし，500～600℃，200～300気圧，Al_2O_3を加えた鉄を触媒としてNH_3を合成する．

例題　$CO + 2H_2 \longrightarrow CH_3OH$ は発熱反応である．CH_3OH を収率よく合成するにはどのような反応条件がよいか．

解説　ル・シャトリエの法則から，合成反応（発熱反応）を進めるためには低温であることが望ましい．反応の左辺（原系）は 1+2 ＝ 3 分子，右辺（生成系）は 1 分子，したがって合成反応は体積が減少する反応である．圧力を高くすれば圧力を下げるように体積減少反応（合成反応）が進行する．

解答　低温・高圧

注）工業的には 400℃，200 気圧，酸化亜鉛，酸化クロムなどを触媒として合成する．

Ⅳ　電離平衡

1　水の電離，pH

水は弱い電解質で次のようにわずかに電離する．

$$H_2O \longrightarrow H^+ + OH^-$$

化学平衡の法則をあてはめると，平衡定数 K は一定温度では一定値になる．

$$\frac{[H^+][OH^-]}{[H_2O]} = K$$

純水中でも，電解質の希薄液でも，その中の H_2O の濃度はほとんど一定であるとみなされるから，これを両辺に乗じて次のように表す．

$$[H^+][OH^-] = K[H_2O] = K_w \qquad 3\text{-}21$$

こうして定義される K_w を**水のイオン積**といい，いかなる希薄溶液についても一定温度では一定である．温度と K_w の関係を**表3-2**に示す．

純水では $H_2O \rightleftharpoons H^+ + OH^-$ により H^+ と OH^- は同数生じるから，

$$[H^+] = [OH^-]$$

25℃では $[H^+][OH^-] = 10^{-14} M^2$ であるから，$[H^+] = [OH^-] = 10^{-7} M$ となる．

$[H^+]$ の逆数の対数を pH と定義する．

$$pH = \log\frac{1}{[H^+]} = -\log[H^+] \qquad 3\text{-}22$$

純水では $[H^+] = 10^{-7} M$ であるから，純水の pH は pH $= -\log 10^{-7} = 7$ である．

溶液の pH が 7 から 6 へ 1 単位少なくなると，$[H^+]$ は $10^{-7} M$ から $10^{-6} M$ へ 10 倍も増加したことになる．同時に $[OH^-]$ は $10^{-7} M$ から $10^{-8} M$ へ 1/10 に減少する．

$[OH^-]$ の逆数の対数も同時に pOH と定義する．

式 3-21 を pH と pOH を用いて書きかえてみよう．

$$[H^+][OH^-] = 10^{-14} M^2 \;(25℃) \qquad 3\text{-}21'$$

両辺の対数をとれば

$$\log[H^+] + \log[OH^-] = \log 10^{-14}$$

$$(-pH) + (-pOH) = -14$$

$$\therefore \quad pH + pOH = 14 \qquad 3\text{-}23$$

この式 3-23 は式 3-21 と同様に 25℃ のいかなる希薄溶液についても成立する重要な関係式である．

1）強電解質

水に溶かしたとき，ほとんど完全に電離するものを**強電解質**という．HCl，H_2SO_4，HNO_3 などの強酸，NaOH，KOH，$Ca(OH)_2$ などの強塩基，NaCl，KNO_3 のような塩はいずれも強電解質である．

0.1 M 塩酸水溶液では HCl はほとんど完全に電離するから，$[H^+]$ もほとんど 0.1 M に等しい．したがって，その水溶液の pH は

$$pH = -\log[H^+] = -\log 0.1 = -\log 10^{-1} = 1$$

同様に計算すれば，0.01 M 塩酸水溶液は pH 2 となる．

1 M 水酸化ナトリウム水溶液でも完全に電離すると考えれば，$[OH^-]$ は 1 M に等しいから，pOH $= -\log[OH^-] = -\log 1 = 0$ より，pH $= 14 - pOH = 14$ と算出される．0.01 M NaOH 水溶液では pOH $= 2$，したがって，pH $= 12$

表3-2 水のイオン積

温度（℃）	$K_w \times 10^{14}$
0	0.114
10	0.292
15	0.451
20	0.681
25	1.01
30	1.47
40	2.92
50	5.47

 pH の厳密な定義
厳密には水素イオン濃度（H^+）ではなく，水素イオン活量 a_{H^+} を用いるべきである．

アレニウスの酸・塩基の定義（1884年）
アレニウスは水溶液中で酸や塩基が電離して電気伝導性を示すことから，「酸は水に溶けて水素イオンを生じる物質であり，塩基は水に溶けて水酸化物イオンを生じる物質である」と定義した．この定義は，塩酸，酢酸，水酸化ナトリウムなどに適用できるが，アンモニア（NH_3）単独では適用できない．そこで，水溶液中のアンモニアを水酸化アンモニウムとして，塩基として扱ってきた．

となる．

NaCl，KNO_3 などが水に溶ければ，それぞれ完全に電離して $Na^+ + Cl^-$，$K^+ + NO_3^-$ となるが，H^+ や OH^- の濃度にはほとんど影響を与えない．

2）弱電解質

酢酸のような弱酸は水溶液中でごくわずかしか電離せず，次のような平衡に達する．

$$CH_3COOH \rightleftharpoons CH_3COO^- + H^+$$
酢酸　　　　　酢酸イオン

この電離平衡に化学平衡の法則をあてはめると，

$$\frac{[CH_3COO^-][H^+]}{[CH_3COOH]} = K_a \qquad (25℃では K_a = 1.75 \times 10^{-5}\,M) \qquad 3\text{-}24$$

ここで $[CH_3COOH]$ は電離しない酢酸分子の濃度，$[CH_3COO^-]$ は電離して生じた酢酸イオンの濃度，$[H^+]$ は水素イオン濃度である．K_a は酢酸（一般に，酸：acid）の電離に関する平衡定数なので，特に**電離定数**とよぶ．

これをもとに 1 M 酢酸水溶液の電離度を計算してみよう．はじめ 1 L 中に 1 mol 存在していた酢酸分子のうち x mol が電離したところで電離平衡に達したとすると，残存する酢酸分子は $(1-x)$ mol，電離で生成する酢酸イオンと水素イオンはともに x mol に等しいから，酢酸の電離平衡式 3-24 に代入すれば次の二次方程式が得られる．

$$\frac{[CH_3COO^-][H^+]}{[CH_3COOH]} = \frac{x^2}{1-x} = 1.75 \times 10^{-5}$$

この二次方程式をふつうに解いても $x = 0.0042$ という値が得られるが，x の値が 1 に比べてきわめて小さいことをあらかじめ考慮し $1-x \fallingdotseq 1$ と近似計算すれば，$x^2 = 1.75 \times 10^{-5}$ となり，これからも $x = 0.0042$ が得られる．

電解度（電解質を溶かしたとき電離する割合）を α とすれば，

$$\alpha = 0.0042/1 = 0.0042 \text{（または 0.42\%）}$$

この酢酸水溶液の pH は次のように計算する．

$$pH = -\log [H^+] = -\log 0.0042 = -\log (4.2 \times 10^{-3}) = 2.38$$

例題　0.1 M 酢酸水溶液の電離度と，その pH を計算せよ．

解説　$\dfrac{[CH_3COO^-][H^+]}{[CH_3COOH]} = \dfrac{0.1\alpha \cdot 0.1\alpha}{0.1(1-\alpha)} = \dfrac{0.1\alpha^2}{1-\alpha}$

$1-\alpha \fallingdotseq 1$ と近似計算すれば，$0.1\alpha^2 = 1.75 \times 10^{-5}$ となり，$\alpha = 0.013$ となる．

$$[H^+] = 0.1\alpha = 1.3 \times 10^{-3}\,M$$

$$pH = -\log_{10} [H^+] = 2.9$$

解答　1.3%，pH 2.9

---

2 電解質水溶液の pH

酢酸と酢酸イオンをいろいろな割合で含む水溶液の pH を計算するには，式 3-24 を利用する．

$$\frac{[\text{CH}_3\text{COO}^-][\text{H}^+]}{[\text{CH}_3\text{COOH}]} = K_a \qquad\qquad 3\text{-}24$$

変形して，

$$\frac{1}{K_a} \cdot \frac{[\text{CH}_3\text{COO}^-]}{[\text{CH}_3\text{COOH}]} = \frac{1}{[\text{H}^+]}$$

ここで両辺の対数をとり，また，$-\log K_a = pK_a$ と定義すれば，

$$\text{pH} = pK_a + \log \frac{[\text{CH}_3\text{COO}^-]}{[\text{CH}_3\text{COOH}]} \qquad\qquad 3\text{-}25$$

酢酸分子 CH_3COOH の濃度と酢酸イオン CH_3COO^- の濃度がわかれば，式 3-25 よりその溶液の pH を求めることができる．この場合，$K_a = 1.75 \times 10^{-5}$ M だから $pK_a = -\log(1.75 \times 10^{-5}) = 4.76$ として計算すればよい．

一般に弱酸を HA と表せば，

$$\text{HA} \rightleftharpoons \text{H}^+ + \text{A}^-$$

$$\frac{[\text{H}^+][\text{A}^-]}{[\text{HA}]} = K_a$$

これを上と同様に変形して対数をとり，

$$\text{pH} = pK_a + \log \frac{[\text{A}^-]}{[\text{HA}]} \qquad\qquad 3\text{-}26$$

この式は**ヘンダーソン・ハッセルバルヒの式**とよばれ，この式を利用すれば，弱酸とその塩の混合物（緩衝溶液）の pH を簡単に計算することができる．

例題 1　0.1 mol の酢酸と 0.1 mol の酢酸ナトリウムを 1 L に含む水溶液の pH を計算せよ．ただし，酢酸の $K_a = 1.75 \times 10^{-5}$ M である．

解答　この溶液で酢酸分子はほとんど電離せず，酢酸ナトリウムはほとんど完全に電離していると考えれば，

$$[\text{CH}_3\text{COOH}] = 0.1 \text{ M} \qquad [\text{CH}_3\text{COO}^-] = 0.1 \text{ M}$$

これを式 3-25 に代入して，

$$\text{pH} = pK_a + \log \frac{[\text{CH}_3\text{COO}^-]}{[\text{CH}_3\text{COOH}]} = 4.76 + \log \frac{0.1}{0.1} = 4.76$$

例題 2　ギ酸 HCOOH 0.1 mol とギ酸ナトリウム HCOONa 0.2 mol を 1 L に含む水溶液の pH を計算せよ．ただし，ギ酸の $K_a = 1.77 \times 10^{-4}$ M である．

解答　式 3-25 に [HCOOH] = 0.1 M，$[\text{HCOO}^-](= [\text{HCOONa}]) = 0.2$ M，$pK_a = -\log(1.77 \times 10^{-4}) = 3.75$ を代入して，

$$\text{pH} = 3.75 + \log \frac{0.2}{0.1} = 3.75 + 0.30 = 4.05$$

1）ブレンステッド・ローリーの酸・塩基の定義

デンマークの Brønsted とイギリスの Lowry は酸・塩基を次のように定義した.

酸とはプロトン（H^+）を与えることのできる物質，すなわち**プロトン供与体**（proton donor）で，塩基とはプロトンを受けとることのできる物質，すなわち**プロトン受容体**（proton acceptor）である.

酢酸 CH_3COOH は水溶液中で $H^+ + CH_3COO^-$ に電離するので，酢酸分子はブレンステッド・ローリーの定義に従う酸である．一方，酢酸イオン CH_3COO^- は H^+ を受けとって酢酸分子になるから塩基である．このような関係にある酸と塩基を "**共役な酸と塩基**" という.

H^+ は水溶液中で水和して H_3O^+（ヒドロニウムイオン：hydronium ion）になる．これに従って酢酸の電離を書き直すと，

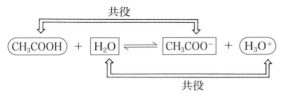

> **ヒドロニウムイオン**
> オキソニウムイオンとよぶこともある.

CH_3COOH は H_2O に H^+ を与えうる ⑳ であり，H_2O は H^+ を受けとって H_3O^+ を生じるので ☐塩基☐ である．一方，H_3O^+ は CH_3COO^- に H^+ を与えるので酸であり，CH_3COO^- は H^+ を受けとって CH_3COOH をつくるから塩基ということになる．そして，CH_3COO^- は CH_3COOH の**共役塩基**（conjugated base）であり，H_3O^+ は H_2O の**共役酸**（conjugated acid）である.

水の電離も次のように記される.

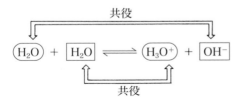

ある水分子（H_2O）は H^+ を他の水分子に与えるので ⑳ であり，H^+ を受けとる側の水分子（H_2O）は ☐塩基☐ といえる．一方，H_3O^+ は OH^- に H^+ を与えて H_2O にするから H_3O^+ が酸で OH^- が塩基である．H_2O と OH^- は一組の共役した酸と塩基，H_3O^+ と H_2O も別な一組の共役した酸・塩基の関係にある．水分子は酸としても塩基としても作用する．以後は簡単にするため H_3O^+ の代わりに H^+ と記す.

HCl，HNO_3 などの強酸は，ブレンステッド・ローリーの定義に従っても問題なく酸である.

$$HCl \longrightarrow H^+ + Cl^-$$

$$HNO_3 \longrightarrow H^+ + NO_3^-$$

$NaOH$，KOH などの強塩基は，電離したとき生成する OH^- が H^+ を受けとっ

て H_2O となりうるので，ブレンステッド・ローリーの定義に従う塩基である．

$$\left.\begin{array}{l} NaOH \longrightarrow Na^+ + OH^- \\ KOH \longrightarrow K^+ + OH^- \end{array}\right\} OH^- + H^+ \rightleftharpoons H_2O$$

アンモニア NH_3 は，次のように H^+ を受けとってアンモニウムイオン NH_4^+ をつくるので，ブレンステッド・ローリーの塩基の定義に合う．

$$NH_3 + H^+ \rightleftharpoons NH_4^+$$

これに対し，NH_4^+ は H^+ を放出して NH_3 になるのでブレンステッド・ローリーの酸であり，NH_4^+ と NH_3 は共役した酸・塩基の関係にある．

従来の塩基の定義に従って NH_3 の電離平衡を論じれば，

$$NH_3 + H_2O \rightleftharpoons NH_4^+ + OH^-$$

$$\frac{[NH_4^+][OH^-]}{[NH_3][H_2O]} = K$$

$[H_2O]$ を一定とみなして両辺に $[H_2O]$ を乗じ，新しい電離定数 $K[H_2O]$ を塩基としての電離定数 K_b とすれば，

$$\frac{[NH_4^+][OH^-]}{[NH_3]} = K_b \qquad (25℃で K_b = 1.76 \times 10^{-5} M) \qquad 3\text{-}27$$

ブレンステッド・ローリーの定義に従い，NH_4^+ を酸と考え，その電離定数を K_a と定義すれば，

$$NH_4^+ \rightleftharpoons NH_3 + H^+$$

$$\frac{[NH_3][H^+]}{[NH_4^+]} = K_a \qquad 3\text{-}27'$$

$$K_a \cdot K_b = \frac{[NH_3][H^+]}{[NH_4^+]} \cdot \frac{[NH_4^+][OH^-]}{[NH_3]} = [H^+][OH^-] = 10^{-14}$$

両辺の負の対数をとれば（$pK = -\log K$），

$$pK_a + pK_b = 14 \qquad 3\text{-}28$$

これが弱塩基としての電離定数 K_b と，その共役のブレンステッド・ローリーの酸の電離定数 K_a の関係である．NH_3–NH_4^+ 系については $K_a = 5.68 \times 10^{-10}$ M，$K_b = 1.76 \times 10^{-5}$ M，または $pK_a = 9.25$，$pK_b = 4.75$ である．

塩基性の強い化合物は K_b が大きく，したがって pK_b は小さい．ゆえに，式 3-28 から pK_a 値は大きい．

例題 NH_3 0.1 mol と NH_4Cl 0.2 mol を 1 L 中に含む水溶液の pH を求めよ．ただし，アンモニアは 25℃で $K_b = 1.76 \times 10^{-5}$ M である．

解答 $K_b = 1.76 \times 10^{-5}$ M から $pK_b = 4.75$，したがって，$pK_a = 14 - pK_b = 9.25$．pH を求める式 3-26 に代入すれば，

$$pH = pK_a + \log\frac{[NH_3]}{[NH_4^+]}$$

$$= 9.25 + \log\frac{0.1}{0.2} = 8.95$$

リン酸 H_3PO_4 の場合は H^+ を3個放出することができるので，次のように3段階に電離する．

$$H_3PO_4 \rightleftharpoons H^+ + H_2PO_4^- \qquad K_{a1} = 7.11 \times 10^{-3} \text{ M}, \quad pK_{a1} = 2.15$$

$$H_2PO_4^- \rightleftharpoons H^+ + HPO_4^{2-} \qquad K_{a2} = 6.34 \times 10^{-8} \text{ M}, \quad pK_{a2} = 7.20$$

$$HPO_4^{2-} \rightleftharpoons H^+ + PO_4^{3-} \qquad K_{a3} = 1.8 \times 10^{-12} \text{ M}, \quad pK_{a3} = 11.75$$

H_3PO_4 は酸として問題ないが，$H_2PO_4^-$ は1段目の反応で H^+ を受けとる塩基であると同時に2段目の反応で H^+ を与える酸でもある．HPO_4^{2-} も同様に酸と塩基両面の性質をもつ．PO_4^{3-} は酸としての性質はなく塩基の性質だけである．pK_{a3} の値からみても相当強い塩基といえる．

2）ルイスの酸・塩基の定義

G. N. Lewis は酸・塩基を次のように定義した．酸とは電子対を受け入れるものであり，電子対を与えるものは塩基である．すなわち，酸は電子対の受容体であり，塩基は電子対の供与体である．

〈例1〉

$$\ddot{:}\underset{酸}{Cl}\!:\!H + \overset{H}{\underset{塩基}{\ddot{O}}}\!:\!H \rightleftharpoons \left[H\!:\!\overset{H}{\ddot{O}}\!:\!H \right]^+ + \ddot{:}\ddot{Cl}\!: \qquad \text{塩基が与える電子対}$$

H_2O に HCl の H^+ が付加して H_3O^+ ができたことは水の酸素原子に H^+ が配位したと考える．

〈例2〉

$$H\!:\!\overset{H}{\underset{塩基}{\ddot{N}}} + H\!:\!\overset{H}{\underset{酸}{\ddot{O}}}\!: \rightleftharpoons \left[H\!:\!\overset{H}{\underset{H}{N}}\!:\!H \right]^+ + \ddot{:}\ddot{O}\!:\!H^-$$

水の H^+ が塩基へ移動したと考えず，窒素の電子対が水の H^+ に与えられたと考える．

〈例3〉

$$Ag^+ + 2\,\overset{H}{\underset{塩基}{N}}\!:\!H \longrightarrow Ag(NH_3)_2^+$$

金属イオンが塩基（NH_3）と電子対を共有して配位共有結合をしている．このように錯イオンの反応も電子対に注目すると酸・塩基反応と考えられる．

ルイスの定義は H^+ の授受も含んでいるからブレンステッド・ローリーの定義も含んでおり，酸・塩基の概念を拡張したものといえよう．

3）中和滴定

0.1 N 塩酸（pH = 1.0）10 mL を 0.1 N 水酸化ナトリウム溶液で滴定する過程を考えてみよう．塩酸，水酸化ナトリウムとも1価の酸，塩基であるから，0.1 N = 0.1 mol/L である．9 mL の NaOH を加えたところで全 HCl の 9/10 は中和され，残っている H^+ はもとの 1/10 である．この操作中に体積は 1.9 倍に増えているのだから，水素イオン濃度は $0.1 \times (1/10) \times (1/1.9) \fallingdotseq 0.005$ mol/L，したがって，$pH = -\log[H^+] = 2.3$ である．さらに滴定を進

規定度 N：p.46 を参照のこと．

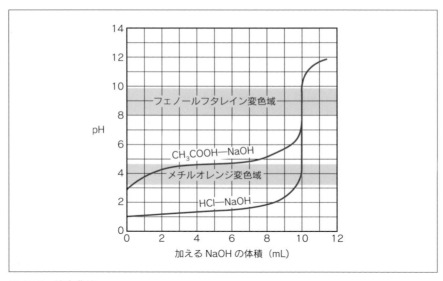

図3-1　滴定曲線

めて，9.9 mL 終われば HCl の 99/100 が中和され，水素イオン濃度は 0.1×(1/100)×(1/1.99) ≒ 0.0005，pH = 3.3 となる．HCl がちょうど NaOH で中和された点ではもちろん pH = 7 である．さらに NaOH がわずか 0.1 mL 過剰になったところで溶液の pH は一挙に pH 10.7 になる．この過程を図示したものを**滴定曲線**といい，**図3-1** に示す．

　HCl と NaOH の中和では，中和点近くで pH が約 4 から 10 に急激に変化するから，この範囲で変色する指示薬ならば何を用いても正確な滴定を行うことができる．

4）**緩衝溶液**（buffer solution）

　酸や塩基を加えたとき pH が変化しにくい溶液を緩衝溶液という．

　いま 1 L 中に酢酸と酢酸ナトリウムを各 0.50 mol 含む水溶液を考えると，その pH は pK_a に等しく 4.76 である（p.82）．ここで HCl をほんの少し，たとえば 0.01 mol 加えてみよう．外部から加えられた H^+ とすでに存在する CH_3COO^- が反応して CH_3COOH をつくれば，CH_3COO^- の濃度は 0.50−0.01 = 0.49，CH_3COOH の濃度は 0.50+0.01 = 0.51 となるはずである．このとき pH は式 3-25 から，$pH = pK_a + \log \dfrac{[CH_3COO^-]}{[CH_3COOH]} = 4.76 + \log \dfrac{0.49}{0.51} =$ 4.76−0.02 = 4.74 と，わずか 0.02 変化するだけである．

　もし純水（pH 7.0）1 L に HCl を 0.01 mol 添加したのであれば，HCl が完全に電離して生じる H^+ の濃度も 0.01 となるので，pH = −log 0.01 = 2 となり，7 から 2 に激変する．

　酢酸と酢酸ナトリウムの混合水溶液のように少量の強酸（または強塩基）を

表3-3 酸・塩基の電離定数（25℃）

酸	K_{a1}/M	K_{a2}/M	K_{a3}/M	pK_{a1}	pK_{a2}	pK_{a3}
ギ酸	1.77×10^{-4}			3.75		
酢酸	1.75×10^{-5}			4.76		
乳酸	1.4×10^{-4}			3.86		
グリセリン酸	3.0×10^{-4}			3.52		
ピルビン酸	3.2×10^{-3}			2.49		
コハク酸	6.21×10^{-5}	2.30×10^{-6}		4.21	5.64	
リンゴ酸	3.5×10^{-4}	9.0×10^{-6}		3.46	5.05	
フマル酸	9.55×10^{-4}	4.13×10^{-5}		3.02	4.38	
クエン酸	7.44×10^{-4}	1.73×10^{-5}	4.02×10^{-6}	3.13	4.76	6.40
リン酸	7.11×10^{-3}	6.34×10^{-8}	1.8×10^{-12}	2.15	7.20	11.75
塩基	K_a/M	K_b/M		pK_a	pK_b	
アンモニア	5.68×10^{-10}	1.76×10^{-5}		9.25	4.75	
エチルアミン	2.34×10^{-11}	4.28×10^{-4}		10.63	3.37	
トリス（ヒドロキシメチル）アミノメタン	1×10^{-8}	1×10^{-6}		8.0	6.0	
アニリン	2.54×10^{-5}	3.94×10^{-10}		4.60	9.0	
ピリジン	6.6×10^{-6}	1.5×10^{-9}		5.18	8.82	

添加しても pH があまり変動しない溶液を**緩衝溶液**という．またこのような能力を**緩衝能**という．純水のように，少量の酸や塩基を添加して pH が激変するものにはまったく緩衝能がないという．

　目的の pH の緩衝溶液をつくるには，求める pH に近い pK_a をもった弱酸を選び，

$$\mathrm{pH} = \mathrm{p}K_a + \log\frac{[\text{共役塩基}]}{[\text{酸}]} \qquad\qquad 3\text{-}26$$

の関係（ヘンダーソン・ハッセルバルヒの式）を利用して酸と共役塩基の割合を算出すればよい．よく用いられる酸および塩基の電離定数（25℃）を**表3-3**にまとめた．

例題1　KH_2PO_4 6.96 g と Na_2HPO_4 5.44 g を純水に溶解し 1,000 mL とすれば，この溶液の pH はいくつか．

解答　KH_2PO_4 6.96 g $= \dfrac{6.96}{136}$ mol $= 0.051$ mol

　　　Na_2HPO_4 5.44 g $= \dfrac{5.44}{142}$ mol $= 0.038$ mol

　各々 1 L 中に存在し，しかも $KH_2PO_4 \longrightarrow K^+ + H_2PO_4{}^-$，$Na_2HPO_4 \longrightarrow 2\,Na^+ + HPO_4{}^{2-}$ と解離していると考えれば，

　　　$[H_2PO_4{}^-] = 0.051$ M……酸の濃度

$[HPO_4^{2-}] = 0.038\ M$ ……共役塩基の濃度

表3-3より $H_2PO_4^- \rightleftharpoons H^+ + HPO_4^{2-}$ で $pK_a = 7.20$

したがって，式3-26より，この水溶液のpHは，

$$pH = 7.20 + \log\frac{0.038}{0.051} = 7.20 - 0.13 = 7.07$$

 リン酸の電離

p.85のようにリン酸は3段階に電離する．$H_2PO_4^-$ の電離は表3-3の pK_{a2} を用いる．

例題2 酢酸と酢酸ナトリウムをどんな割合で混ぜればpH 5.00の緩衝液をつくることができるか．酢酸の pK_a は4.76である．

解答 与えられた条件を式3-25に代入して

$$5.00 = 4.76 + \log\frac{[CH_3COO^-]}{[CH_3COOH]}$$

$$\therefore\ \log\frac{[CH_3COO^-]}{[CH_3COOH]} = 5.00 - 4.76 = 0.24$$

$$\therefore\ \frac{[CH_3COO^-]}{[CH_3COOH]} = 10^{0.24} = 1.74$$

 常用対数の変換

$\log A = B$ のとき，$B = \log 10^B$ と表せるため，$A = 10^B$ と変換できる．

酢酸ナトリウムと酢酸の割合がモル比で1.74：1ならばpH 5.00の緩衝液が得られる．もし0.1 M酢酸緩衝液をつくるならば，酢酸ナトリウム（$CH_3COONa\cdot 3H_2O$）$0.1 \times \dfrac{1.74}{1 + 1.74}$ mol，すなわち8.64 gと，酢酸（CH_3COOH）$0.1 \times \dfrac{1}{1 + 1.74}$ mol，すなわち2.19 gを水に溶かして1 Lとすればよい．

3　塩の加水分解

酢酸（弱酸）と水酸化ナトリウム（強塩基）の中和で生成される塩，酢酸ナトリウムは，水溶液中でわずかに塩基性を示す．この理由は，酢酸イオンがブレンステッド・ローリーの塩基として H^+ を受けとり酢酸分子をつくるので，これを補うため H_2O はさらに電離し OH^- が過剰になるためである．すなわち，中和反応の逆反応 $CH_3COO^- + H_2O \rightleftharpoons CH_3COOH + OH^-$ が少し起こるためである．この変化を塩の**加水分解**という．

$$CH_3COONa \longrightarrow \boxed{\begin{array}{c} CH_3COO^- \\ \\ H^+ \end{array}} \begin{array}{l} +\ Na^+ \\ \\ +\ OH^- \end{array}$$

$$H_2O \rightleftharpoons$$

$$\downarrow$$

$$CH_3COOH$$

酢酸ナトリウムの1 M溶液1 L中で x mol だけが加水分解により酢酸分子になったとすれば，同量の OH^- が生成するはずである．

$$[OH^-] = x,\quad \therefore [H^+] = \frac{10^{-14}}{x}$$

酢酸の電離平衡式3-24に代入すれば，

$$\frac{[CH_3COO^-][H^+]}{[CH_3COOH]} = \frac{(1-x)\dfrac{10^{-14}}{x}}{x} = K_a$$

ここで $1-x \fallingdotseq 1$ と近似計算すれば，$\dfrac{1}{x^2} = \dfrac{K_a}{10^{-14}}$ となり，酢酸の $K_a = 1.75 \times 10^{-5}$ であるから，$x = 2.4 \times 10^{-5}$，加水分解度は $x/1 = 2.4 \times 10^{-5}$ となる．この水溶液の pH は $-\log(10^{-14}/x) = 9.4$ である．

NH$_4$Cl（弱塩基 NH$_3$ と強酸 HCl の塩）の水溶液がわずかに酸性を示すのは，NH$_4{}^+$ がブレンステッド・ローリーの酸として NH$_4{}^+ \rightleftharpoons$ NH$_3$＋H$^+$ と電離するためであるが，また，塩の加水分解という形で理解してもよい．

1）溶解度積（solubility product）

水に難溶の塩を水に飽和させればきわめて薄い塩溶液ができる．たとえば，塩化銀の固体を水に入れておけば，20℃で 1,000 g の水に 1.9 mg（1.3×10^{-5} mol）溶けて次のように電離平衡に達する．

AgCl（固体）$\rightleftharpoons$ Ag$^+$ ＋ Cl$^-$

この平衡を化学平衡の法則にあてはめる（ただし，純粋な固体については ［AgCl（固体）］ $= 1$ とする）．固体の密度は一定とみなせるから定数に組み入れて，

$$\frac{[\text{Ag}^+][\text{Cl}^-]}{[\text{AgCl（固体）}]} = [\text{Ag}^+][\text{Cl}^-] = K_{sp}$$

Ag$^+$ 濃度と Cl$^-$ 濃度の積は一定温度では一定値となる．20℃では，純水に AgCl を溶かした場合，$[\text{Ag}^+] = [\text{Cl}^-] = 1.3 \times 10^{-5}$ M であるから，$[\text{Ag}^+][\text{Cl}^-] = 1.7 \times 10^{-10}$ M^2.

この飽和溶液に 0.01 M の NaCl を加えると，$[\text{Cl}^-]$ は 0.01 M であり，溶解した 1.3×10^{-5} M よりはるかに大きいため，$[\text{Cl}^-] = 0.01$ M とみなせるので，共存しうる Ag$^+$ の濃度は，

$$[\text{Ag}^+] = \frac{1.7 \times 10^{-10}}{[\text{Cl}^-]} = \frac{1.7 \times 10^{-10}}{0.01} = 1.7 \times 10^{-8} \text{ M}$$

すでに溶解している Ag$^+$ の濃度は 1.3×10^{-5} M であるから，大部分はさらに AgCl として沈殿し，1.7×10^{-8} M となったところで新しい沈殿平衡に達する．

種々の難溶塩の溶解度積を**表 3-4** に示す．

例題 Hg^{2+}，Cu^{2+}，Pb^{2+}，Zn^{2+}，Mn^{2+} 各 0.01 M の水溶液を塩酸（約 0.3 N）で酸性とし，これに H$_2$S ガスを通して飽和させると何が沈殿するか．H$_2$S は常温常圧で飽和濃度は約 0.1 M，また次のように電離する．

H$_2$S $\rightleftharpoons$ H$^+$ ＋ HS$^-$ $\qquad K_{a1} = 1.2 \times 10^{-7}$ M

HS$^-$ $\rightleftharpoons$ H$^+$ ＋ S^{2-} $\qquad K_{a2} = 1 \times 10^{-15}$ M

解答 $K_{a1} \times K_{a2} = \dfrac{[\text{H}^+][\text{HS}^-]}{[\text{H}_2\text{S}]} \times \dfrac{[\text{H}^+][\text{S}^{2-}]}{[\text{HS}^-]} = \dfrac{[\text{H}^+]^2[\text{S}^{2-}]}{[\text{H}_2\text{S}]}$

$\qquad\qquad = 1.2 \times 10^{-22}$ M^2

ここで $[\text{H}^+] = 0.3$ M，$[\text{H}_2\text{S}] = 0.1$ M を代入すると $[\text{S}^{2-}] = 1.3 \times 10^{-22}$ M.

表 3-4 溶解度積

化合物	溶解度積（室温）			化合物	溶解度積（室温）	
HgS	$[Hg^{2+}][S^{2-}]$	3	$\times 10^{-53}$	$Co(OH)_2$	$[Co^{2+}][OH^-]^2$	2×10^{-16}
Ag_2S	$[Ag^+]^2[S^{2-}]$	1	$\times 10^{-51}$	$Ni(OH)_2$	$[Ni^{2+}][OH^-]^2$	2×10^{-14}
CuS	$[Cu^{2+}][S^{2-}]$	4	$\times 10^{-38}$	$Mg(OH)_2$	$[Mg^{2+}][OH^-]^2$	5.5×10^{-12}
PbS	$[Pb^{2+}][S^{2-}]$	1	$\times 10^{-29}$	$CaSO_4$	$[Ca^{2+}][SO_4^{2-}]$	2.4×10^{-5}
ZnS	$[Zn^{2+}][S^{2-}]$	1	$\times 10^{-23}$	$SrSO_4$	$[Sr^{2+}][SO_4^{2-}]$	2.8×10^{-7}
FeS	$[Fe^{2+}][S^{2-}]$	1	$\times 10^{-19}$	$BaSO_4$	$[Ba^{2+}][SO_4^{2-}]$	9.9×10^{-11}
MnS	$[Mn^{2+}][S^{2-}]$	6	$\times 10^{-16}$	$CaCO_3$	$[Ca^{2+}][CO_3^{2-}]$	4.8×10^{-9}
$Al(OH)_3$	$[Al^{3+}][OH^-]^3$	2	$\times 10^{-33}$	$PbCl_2$	$[Pb^{2+}][Cl^-]^2$	1.7×10^{-5}
$Fe(OH)_3$	$[Fe^{3+}][OH^-]^3$	4	$\times 10^{-38}$	AgCl	$[Ag^+][Cl^-]$	1.7×10^{-10}
$Co(OH)_3$	$[Co^{3+}][OH^-]^3$	2	$\times 10^{-43}$	AgBr	$[Ag^+][Br^-]$	3.3×10^{-13}
$Mn(OH)_3$	$[Mn^{3+}][OH^-]^3$	7	$\times 10^{-15}$	AgI	$[Ag^+][I^-]$	8.5×10^{-17}
$Fe(OH)_2$	$[Fe^{2+}][OH^-]^2$	2	$\times 10^{-15}$			

存在する金属イオンを M^{2+} で表せば $[M^{2+}] = 0.01\,M$.

$[S^{2-}] = 1.3 \times 10^{-22}\,M$ であるから，

$$[M^{2+}][S^{2-}] = 1.3 \times 10^{-24}\,M^2$$

HgS, CuS, PbS の溶解度積は 1.3×10^{-24} よりはるかに小さいので沈殿するが，ZnS, MnS の溶解度積はこの値より大きいので沈殿しない.

注1） 液を弱塩基性にすれば $[H^+]$ が減少し，したがって $[S^{2-}]$ が増加するので，ZnS, MnS なども沈殿する.

注2） この例題は無機定性分析で，実際に金属イオンを分別するのに用いられる（p.218）.

注3） p.135 の例題も参照せよ.

発展—希薄水溶液中の電離平衡の原理的な取り扱い
ハイレベル

電離平衡において，酸，塩基の平衡，加水分解，緩衝液，難溶性塩とそれぞれ学び，それぞれの項目で公式として理解をしてきた. しかし，直接公式が適用できないケースもみられることから，もう少し原理的な取り扱い方を紹介する.

基本的な指針

1.（平） 電離平衡の式（平衡定数の式）
2.（中） 電気的中性の式（電荷バランスの式）
3.（量） 化学量論の式（物質保存の式）

一通り学習して十分に理解できたら，p.233 の発展問題にもチャレンジしてみよう！

（平）（中）（量）の連立方程式をつくって解くのが，基本的な指針である. 弱電解

質で出てきた電離度 α を用いて導く公式は水の電離を最初から無視した近似式であるので，水の電離が無視できないケースや電離度がかならずしも $1 \gg \alpha$ ではないケースでこの近似式を用いると，誤った答えになってしまう．また，炭酸，リン酸，硫化水素などの2価以上の酸や塩基では，電離度を適用しても近似式を導けないので，基本的な指針に立ち返って解くことは有意義である．

　連立方程式が簡単には解けないとき，状況判断により「近似」（あるいは「省略」）をいれて解く場合がある．しかし，その近似が妥当であるかどうかが確認できない段階では，「近似」というより「仮定」といったほうがよい．したがって，仮定から導いた結果については，それが仮定と矛盾（自己矛盾という）していないことを確認する必要がある．特に，連立方程式が3次以上になって方程式が解きにくくなり「近似」or「省略」が必要になるのは，未知数を $[H^+]$（または $[OH^-]$）としたときである．$[H^+]$ が既知（pHメータによる実測が可能）で，他の物質の濃度や電離平衡を求める場合には，連立方程式は初等的に解けるので近似を考える必要はない．$[H^+]$ が未知の場合でも，コンピュータまたは計算機を用いて，$[H^+]$ にいろいろな数値を代入して他の量を計算し，連立方程式に自己矛盾が生じない $[H^+]$ の値を探せばよい．

　「近似」or「省略」は式の次数を下げるための「仮定」であるから，解いた後でその仮定の正しさをチェックする作業が欠かせない．

1）1価の弱酸（HA）の例

　濃度 c（mol/L）の1価の弱酸（HAと略記）の溶液（電離定数を K_a とする）．

$$HA \rightleftharpoons H^+ + A^- \qquad H_2O \rightleftharpoons H^+ + OH^-$$

（平）$[H^+][A^-]/[HA] = K_a$　…①　　　$[H^+][OH^-] = K_w$　…②

（中）$[H^+] = [A^-] + [OH^-]$　…③

（量）$c = [A^-] + [HA]$（Aの保存）　…④

　必要に応じて電離度 α を用いればよい．　$\alpha = [A^-]/c$　…⑤

　⑤を④に入れると，$[HA] = c(1-\alpha)$　…⑥

近似（1）水の電離が酸の電離よりもはるかに小さい場合

　すなわち，$[OH^-] \ll [A^-]$ のとき

　　$[H^+] \fallingdotseq [A^-] = c\alpha$　…⑦

　⑥と⑦を①に入れると，

　　$K_a \fallingdotseq c^2\alpha^2 / c(1-\alpha) = c\alpha^2 / (1-\alpha)$　（Ostwald の希釈律）

　　K_a と c がわかれば α がわかる．⇒ $[H^+]$ もわかる．

近似（2）酸の電離が小さい場合（$\alpha \ll 1$ のとき）

　⑥より，$[HA] \fallingdotseq c$　…⑧

　⑤と⑧を①に入れると，

　　$K_a \fallingdotseq c\alpha[H^+]/c = \alpha[H^+]$　…⑨

③と⑤から，$[H^+] = [OH^-] + c\alpha$ …⑩

⑩の両辺に $[H^+]$ を掛けて②と⑨を使うと，

$$[H^+]^2 \fallingdotseq K_w + cK_a \qquad \therefore [H^+] \fallingdotseq \sqrt{K_w + cK_a}$$

近似（3）酸の電離が小さく，水の電離はさらに小さい場合（近似（1）＋ 近似（2））

⑦（$[H^+] \fallingdotseq [A^-]$）と⑧を①に入れると，

$$[H^+]^2 \fallingdotseq cK_a \qquad \therefore [H^+] \fallingdotseq \sqrt{cK_a}$$

pH 計算のテクニックとして，$[H^+] \fallingdotseq \sqrt{cK_a}$ がしばしば用いられるが，酸の電離が小さく，水の電離はさらに小さいということが前提であることに注意してほしい．つまり，電離度が比較的大きい酸や，水の電離が無視できない場合に，この近似式をあてはめると，正しい値からずれてしまう．

2）水溶液中の電離平衡の連立方程式の立式の実例

(1) 強酸・強塩基

(a) 濃度 c（mol/L）の 1 価の強酸（HA と略記）の溶液

（平）$[H^+][OH^-] = K_w$

（中）$[H^+] = [A^-] + [OH^-]$

（量）$c = [A^-]$

(b) 濃度 c（mol/L）の 1 価の強塩基（強塩基には Arrhenius 型が多いので BOH と略記）の溶液

（平）$[H^+][OH^-] = K_w$

（中）$[H^+] + [B^+] = [OH^-]$

（量）$c = [B^+]$

(2) 弱酸・弱塩基の電離

(a) 濃度 c（mol/L）の 1 価の弱酸（HA と略記）の溶液（電離定数を K_a とする）

$$HA \rightleftharpoons H^+ + A^- \qquad H_2O \rightleftharpoons H^+ + OH^-$$

（平）$[H^+][A^-]/[HA] = K_a$ …①　　$[H^+][OH^-] = K_w$ …②

（中）$[H^+] = [A^-] + [OH^-]$ …③

（量）$c = [A^-] + [HA]$（A の保存）…④

(b) 濃度 c（mol/L）の 1 価の弱塩基（弱塩基には Brønsted–Lowry 型が多いので B と略記）の溶液（電離定数を K_b とする）

（平）$[BH^+][OH^-] \diagup [B] = K_b$　　$[H^+][OH^-] = K_w$

（中）$[H^+] + [BH^+] = [OH^-]$

（量）$c = [B] + [BH^+]$（B の保存）

(c) 濃度 c（mol/L）の 2 価の弱酸の溶液．ここでは具体的に H_2S を用いて表現する（電離定数を K_{a1}, K_{a2} とする）．

（平）$[H^+][HS^-]/[H_2S] = K_{a1}$　　$[H^+][S^{2-}]/[HS^-] = K_{a2}$

$[H^+][OH^-] = K_w$

(中) $[H^+] = [OH^-] + [HS^-] + 2[S^{2-}]$

(量) $c = [H_2S] + [HS^-] + [S^{2-}]$ (S の保存)

(d) 濃度 c (mol/L) の 3 価の弱酸の溶液.ここでは具体的にリン酸 (H_3PO_4) を用いて表現する(電離定数を K_1, K_2, K_3 とする).

(平) $[H^+][H_2PO_4^-]／[H_3PO_4] = K_1$　　$[H^+][HPO_4^{2-}]／[H_2PO_4^-] = K_2$

　　　$[H^+][PO_4^{3-}]／[HPO_4^{2-}] = K_3$　　$[H^+][OH^-] = K_w$

(中) $[H^+] = [OH^-] + [H_2PO_4^-] + 2[HPO_4^{2-}] + 3[PO_4^{3-}]$

(量) $c = [H_3PO_4] + [H_2PO_4^-] + [HPO_4^{2-}] + [PO_4^{3-}]$ (P の保存)

(3) 加水分解 (hydrolysis)

(a) 強塩基 BOH と弱酸 HA からできた塩 BA(強電解質)の c (mol/L) 水溶液

(平) $[H^+][A^-]／[HA] = K_a$　　$[H^+][OH^-] = K_w$

(中) $[H^+] + [B^+] = [OH^-] + [A^-]$

(量) $c = [B^+] = [HA] + [A^-]$

(量) と(中)より　$[H^+] + c = [OH^-] + c - [HA]$

したがって　$[OH^-] - [H^+] = [HA] > 0$,すなわち,この液が塩基性であることがわかる.

(b) 弱塩基 B と強酸 HA の塩 BHA(強電解質)の c (mol/L) 水溶液

(平) $[BH^+][OH^-]／[B] = K_b$　　$[H^+][OH^-] = K_w$

(中) $[H^+] + [BH^+] = [OH^-] + [A^-]$

(量) $c = [BH^+] + [B] = [A^-]$

$[H^+] - [OH^-] = [B] > 0$ が得られるので,この液が酸性であることがわかる.

(c) 弱酸 HA と弱塩基 B の塩 BHA(強電解質)の c (mol/L) 水溶液

(平) $[H^+][A^-]／[HA] = K_a$　　$[BH^+][OH^-]／[B] = K_b$

　　　$[H^+][OH^-] = K_w$

(中) $[H^+] + [BH^+] = [OH^-] + [A^-]$

(量) $c = [BH^+] + [B] = [HA] + [A^-]$

弱酸と弱塩基の組み合わせが一番むずかしいケースで,液性は中性付近になることが予想される.

(4) 緩衝液 (buffer solution)

(a) 弱酸 HA を c_a (mol/L),その塩 NaA(強電解質)を c_s (mol/L) 含む水溶液

(平) $[H^+][A^-]／[HA] = K_a$　　$[H^+][OH^-] = K_w$

(中) $[H^+] + [Na^+] = [OH^-] + [A^-]$

(量) $c_a + c_s = [HA] + [A^-]$　　$c_s = [Na^+]$

(b) 弱塩基 B を c_b (mol/L),その塩 BHA(強電解質)を c_s (mol/L) 含む水溶液

(平) $[BH^+][OH^-]／[B] = K_b$　　$[H^+][OH^-] = K_w$

(中) $[H^+] + [BH^+] = [OH^-] + [A^-]$

(量) $c_b + c_s = [BH^+] + [B]$　　$c_s = [A^-]$

難溶性電解質の場合は,飽和溶液あるいは沈殿が生じた場合,(平)に溶解度積の式が加わる.また,錯イオンを形成する場合は(平)に錯イオン生成の平衡の式が

加わる.

3）難溶性電解質

一定量の溶媒に溶ける固体の量には限界がある．溶質が限界まで溶解している溶液を飽和溶液といい，その濃度をその溶質の溶解度（solubility）という．溶解度は温度によって変わる．溶解度は溶媒 100 g に溶解できる溶質の質量で表すか，あるいはモル濃度（mol/L）で表す．連立方程式では，溶解度をモル濃度で表す．

（a）溶液に AgCl（s）が析出している場合

〔AgCl（s）が析出していなければ $[Ag^+][Cl^-] < K_{sp} = 1.7 \times 10^{-10}$（mol/L）^{2}〕

（平）$[Ag^+][Cl^-] = K_{sp}$　　　$[H^+][OH^-] = K_w$

（中）$[Ag^+] + [H^+] = [Cl^-] + [OH^-]$

（量）$[Ag^+] = [Cl^-]$　　　$[H^+] = [OH^-]$

（b）溶液に AgCl（s）と濃度 c（mol/L）の NaCl（強電解質）が存在する場合（共通イオン効果）

Ag^+ は加水分解せず，Cl^- と錯イオンをつくらないとする．

（平）$[Ag^+][Cl^-] = K_{sp}$　　　$[H^+][OH^-] = K_w$

（中）$[H^+] + [Na^+] + [Ag^+] = [OH^-] + [Cl^-]$

（量）$[Na^+] = c$　　　$[H^+] = [OH^-]$

（中）と（量）から $c + [Ag^+] = [Cl^-]$．$[Ag^+]$ をかけて整理すると，

$$[Ag^+]^2 + c[Ag^+] - K_{sp} = 0$$

$$[Ag^+] = \frac{-c + \sqrt{c^2 + 4K_{sp}}}{2}$$

解の公式

二次方程式 $ax^2 + bx + c = 0$ において，x は次の式で求められる．

$$x = \frac{-b \pm \sqrt{b^2 - 4ac}}{2a}$$

負の値は意味がないので，正の値だけを用いる．

（c）硫化物が沈殿している場合

濃度 c（mol/L）の弱酸 H_2S 溶液を考える．

（平）$[H^+][HS^-]/[H_2S] = K_{a1}$　　　$[H^+][S^{2-}]/[HS^-] = K_{a2}$

　　　$[H^+][OH^-] = K_w$

（中）$[H^+] = [OH^-] + [HS^-] + 2[S^{2-}]$

（量）$c = [H_2S] + [HS^-] + [S^{2-}]$（S の保存）

これに金属イオンが加わった場合を考える．金属イオンを M^{2+} とし，溶液中に硫化物 MS（s）が存在する状態では，平衡の式に $[M^{2+}][S^{2-}] = K_{sp}$ が付け加わる．中性の式，量論の式は複雑になってそれほど使いものにならない．

（d）濃度 c（mol/L）の水酸化カルシウム水溶液に CO_2 ガスを吹き込んで $CaCO_3$ の沈殿ができる場合

（平）$[H^+][HCO_3^-]/[H_2CO_3] = K_{a1}$　　　$[H^+][CO_3^{2-}]/[HCO_3^-] = K_{a2}$

　　　$[H^+][OH^-] = K_w$　　　$[Ca^{2+}][CO_3^{2-}] = K_{sp}$

（中）$[H^+] + 2[Ca^{2+}] = [OH^-] + [HCO_3^-] + 2[CO_3^{2-}]$

（量）$c = [Ca^{2+}] + p$

　　　〔Ca の保存：p は溶液 1 L あたりの沈殿の量（mol）〕

(e) 錯イオンができる場合

濃度 c (mol/L) の $AgNO_3$ 溶液に $[Na^+] = s$ となるように粉末 NaCl を加えた（液量は増えなかったとする．加水分解は考えない）．

$[AgCl_2]^-$ の不安定度定数（instability constant）　$K = 1.8 \times 10^{-5}$ mol²dm⁻⁶

（平）$[Ag^+][Cl^-] = K_{sp}$　　$[Ag^+][Cl^-]^2/[AgCl_2^-] = K$（不安定度定数）

（中）$[Ag^+] + [Na^+] = [Cl^-] + [AgCl_2^-] + [NO_3^-]$

（量）$c = [NO_3^-]$　　$c = [Ag^+] + [AgCl_2^-] + p$（Ag の保存）

　　　$s = [Na^+]$　　$s = [Cl^-] + 2[AgCl_2^-] + p$（Cl の保存）

　　　〔p は溶液 1 dm³ あたりの AgCl (s) の沈殿の量（mol）〕

　　　$p = c - K_{sp}[Cl^-]^{-1}(1 + [Cl^-]^2/K)$

不安定度定数：p.135，**表 4-15** を参照のこと．

Ⅴ 酸化還元平衡

1 電解質の活量

電解質水溶液では，たとえばイオン対が完全に解離していても，イオン電荷による電場によって，他のイオン（同じ符号のイオン間の距離は異符号間のそれよりずっと大きいと考えられる）や，水分子が影響を受けるため，イオンの活量は濃度に等しくない．すなわち，1 mol/L の電解質水溶液があったとき，その溶液の実効モル濃度は 1 mol/L より小さくなり，その実効モル濃度を活量という．イオンの活量係数 γ も非常に希薄な溶液では 1 に近づく．電解質水溶液中のイオンの活量（ならびに活量係数）は，常に正負両イオンが電気的中性を保つべく存在しているので，正負イオン別々に定めることはできない．イオンの活量と活量係数はそれぞれ正負両イオンの活量（a_+，a_-）と活量係数（γ_+，γ_-）の幾何平均を用いている．これを**平均活量 $a_\pm$** と**平均活量係数 $\gamma_\pm$** という．

1 価のイオンだけを含む強電解質，たとえば，HCl，NaCl などで活量係数は通常 25℃のとき，0.1 M で 0.76〜0.80，0.01 M で 0.90，0.001 M で 0.965 程度である．

一般に，構造の複雑な物質の活量係数を求めることは困難である．しかし，これらの物質では反応にあずかるときの濃度が低い場合が多く，その場合は活量を濃度で置き換えて表現し，濃度依存性を別に求めて，濃度 0 への外挿値でデータを処理することが多い．

活量係数
実効モル濃度と理想のモル濃度の比を活量係数という．

2 電池（battery, electric cell）

亜鉛を硫酸銅水溶液に浸すと銅イオンは還元されて金属銅として析出し，亜鉛は酸化されて亜鉛イオンとなり水溶液に溶け入る．

　　$Zn + CuSO_4 \longrightarrow ZnSO_4 + Cu$

このような酸化還元反応で得られるエネルギーを電気エネルギーに変えるように考案した装置を電池という．

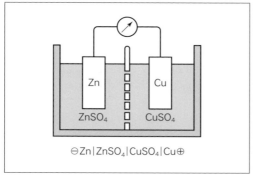

図3-2　ダニエル電池	図3-3　マンガン乾電池

1）ダニエル電池

　ダニエル電池は**図3-2**のように，銅板を入れた硫酸銅水溶液と，亜鉛板を入れた硫酸亜鉛水溶液を素焼の壁で隔て，銅板と亜鉛板を針金で結んだ構造をもつ．この構造を，$\ominus Zn|ZnSO_4|CuSO_4|Cu\oplus$と書き表すこともある（もし素焼板の代わりに，塩橋で2つの水溶液をつなげた場合，電池図は$\ominus Zn|ZnSO_4\|CuSO_4|Cu\oplus$と表す）．ここで素焼の壁はイオンを通過させるが，2種の水溶液が混合しないよう隔てている．亜鉛板とZn^{2+}の接触面では，金属Znは電子を放出してイオン化しようとする傾向がある．一方，銅板とCu^{2+}の接触面では，Cu^{2+}は電子を奪って金属Cuに還元されようとする傾向がある（**表3-5**）．そこで亜鉛板から電子が針金を通って銅板に流れる．電子は負に荷電しているので銅板が**正極**（anode），亜鉛板が**負極**（cathode）になる．電池の両極を針金で結んで電流を流すことを**放電**（discharge）という．

　放電が続くかぎり

$$\begin{cases} \text{正極側} \quad Cu^{2+} + 2\,e^- \longrightarrow Cu\,(Cu^{2+}とCuを組み合わせた半電池の反応) \\ \text{負極側} \quad Zn \longrightarrow Zn^{2+} + 2\,e^-\,(Zn^{2+}とZnを組み合わせた半電池の逆反応) \end{cases}$$

が起こる．

　全体では，

$$\overset{\text{酸化された}}{\underset{\text{還元された}}{Zn + Cu^{2+} \longrightarrow Zn^{2+} + Cu}}$$

の反応が進行する．種々の酸化還元反応を利用して，いろいろな電池を組み立てることができる．

2）鉛蓄電池

　$\ominus Pb|H_2SO_4|PbO_2\oplus$の構造で，放電時両極では次の反応が起こる．

$$\begin{cases} \text{正極側} \quad PbO_2 + 4\,H^+ + SO_4^{2-} + 2\,e^- \longrightarrow PbSO_4 + 2\,H_2O \\ \text{負極側} \quad Pb + SO_4^{2-} \longrightarrow PbSO_4 + 2\,e^- \end{cases}$$

起電力は約2.1ボルトである．ある程度放電して起電力が下がったとき，放

表3-5 標準電極電位（25℃）

還元剤側	酸化剤側	変化する電子数	標準電極電位（ボルト）	還元剤側	酸化剤側	変化する電子数	標準電極電位（ボルト）
Li	Li^+	e^-	-3.045	$2\,I^-$	I_2	$2\,e^-$	$+0.536$
K	K^+	e^-	-2.925	H_2O_2	$2\,H^+ + O_2$	$2\,e^-$	$+0.682$
Ca	Ca^{2+}	$2\,e^-$	-2.866	Fe^{2+}	Fe^{3+}	e^-	$+0.771$
Na	Na^+	e^-	-2.714	$2\,Hg$	Hg_2^{2+}	$2\,e^-$	$+0.789$
Mg	Mg^{2+}	$2\,e^-$	-2.393	Ag	Ag^+	e^-	$+0.799$
Al	Al^{3+}	$3\,e^-$	-1.662	$Cl^- + 2\,OH^-$	$ClO^- + H_2O$	$2\,e^-$	$+0.89$
Zn	Zn^{2+}	$2\,e^-$	-0.763	$2\,Br^-$	Br_2	$2\,e^-$	$+1.065$
Cr	Cr^{3+}	$3\,e^-$	-0.74	$2\,H_2O$	$O_2 + 4\,H^+$	$4\,e^-$	$+1.229$
Fe	Fe^{2+}	$2\,e^-$	-0.440	$Mn^{2+} + 2\,H_2O$	$MnO_2 + 4\,H^+$	$2\,e^-$	$+1.23$
Ni	Ni^{2+}	$2\,e^-$	-0.250	$2\,Cr^{3+} + 7\,H_2O$	$Cr_2O_7^{2-} + 14H^+$	$6\,e^-$	$+1.33$
Sn	Sn^{2+}	$2\,e^-$	-0.136	$2\,Cl^-$	Cl_2	$2\,e^-$	$+1.360$
Pb	Pb^{2+}	$2\,e^-$	-0.126	Au	Au^{3+}	$3\,e^-$	$+1.50$
H_2	$2\,H^+$	$2\,e^-$	0.000	$Mn^{2+} + 4\,H_2O$	$MnO_4^- + 8\,H^+$	$5\,e^-$	$+1.51$
Cu^+	Cu^{2+}	e^-	$+0.153$	$MnO_2 + 2\,H_2O$	$MnO_4^- + 4\,H^+$	$3\,e^-$	$+1.695$
Cu	Cu^{2+}	$2\,e^-$	$+0.337$	$2\,H_2O$	$H_2O_2 + 2\,H^+$	$2\,e^-$	$+1.776$
Cu	Cu^+	e^-	$+0.521$	$2\,F^-$	F_2	$2\,e^-$	$+2.87$

この表の還元剤側をみた場合，標準電極電位の－が大きいほど還元力は強く，＋の方が弱い．逆に酸化剤側をみた場合，＋が大きいほど酸化力は強く，－の方が弱い．したがって，酸化剤側の＋が大きい化合物は，それより＋が小さい還元剤側の化合物を酸化する能力がある（触媒がなければ反応が進行しないこともある）．値の近い組み合わせでは酸化されるかどうかは相対的量の比率で決まる．たとえば $2\,Cl^- \rightarrow Cl_2 + 2\,e^-$（$+1.360\,V$）と $2\,H_2O \rightarrow O_2 + 4\,H^+ + 4\,e^-$（$+1.229\,V$）では，$2\,H_2O + 2\,Cl_2 \rightarrow 4\,HCl + O_2$ の反応で酸素を遊離することができるが，逆に多量の酸素と塩化水素を反応させて塩素を遊離する（$4\,HCl + O_2 \rightarrow 2\,H_2O + 2\,Cl_2$）こともできる．

電とは逆向きに直流電流を通せば両極で放電とは逆の化学反応が起こって元の状態に戻る．この操作を**充電**という．放電，充電を繰り返し使うことができるので，自動車などに利用される．

3）マンガン乾電池（$\ominus Zn\,|\,ZnCl_2$，$NH_4Cl\,|\,MnO(OH)\,|\,MnO_2\,|\,C\oplus$）

図3-3 に示すような構造で，放電時両極では次の反応が起こる．

正極側　$MnO_2 + H_2O + e^- \longrightarrow MnO(OH) + OH^-$，

　　　　$NH_4^+ + OH^- \longrightarrow H_2O + NH_3$

負極側　$Zn \longrightarrow Zn^{2+} + 2\,e^-$，$Zn^{2+} + n\,NH_3 \longrightarrow [Zn(NH_3)_n]^{2+}$（注）

正極側の MnO_2 は $2\,H \longrightarrow H_2$ の変化を防いでいる．もし H_2 が正極側にたまると起電力が減少するからである．このような作用のものを**復極剤**という．C（グラファイト）は，電気の流れをよくするために入れてある．

> （注）
> アンモニアの配位数 n は2か4か確定していない．

3 水素電極（hydrogen electrode）

水素ガスと水素イオンの組み合わせに白金ブラックのような触媒が存在すれば，次のような半電池を形成する．

$$\frac{1}{2}H_2 \rightleftharpoons H^+ + e^- \hspace{3cm} 3\text{-}29$$

標準状態，すなわち，H_2 は 1 気圧，H^+ の活量が 1 であるような水素電極を**標準水素電極**という．

4 標準電極電位

ある半電池と標準水素電極を組み合わせた電池の起電力を，水素尺度に基づき**標準電極電位**（standard electrode potential）という．

標準水素電極の反応（式3-29）に比べ，電子を放出する傾向の強い系，すなわち還元力の強い系を負（－）に，逆に電子を受ける傾向の強い系，すなわち酸化力の強い系を正（＋）にして，標準電極電位の順に並べたのが**表3-5**である．

図3-2に示したダニエル電池（$\ominus$Zn|ZnSO$_4$|CuSO$_4$|Cu$\oplus$）の室温における起電力は，**表3-5**の値から次の式で計算される．

負極（Zn……Zn^{2+}）の標準電極電位　-0.763 V
正極（Cu……Cu^{2+}）の標準電極電位　$+0.337$ V
差　　　　$+0.337-(-0.763) = 1.100$ V

このときの起電力は電解質溶液中の Zn^{2+}，Cu^{2+} の活量が 1 の場合の値であり，電解質の濃度に応じて起電力は変化する．理論的には，**ネルンストの式**を用いて起電力 E を求めることができ，ダニエル電池では次の式で与えられる．

$$E = E^0 - (0.059/n) \log_{10} \frac{[\text{Zn}^{2+}\text{の活量}]}{[\text{Cu}^{2+}\text{の活量}]} \hspace{1cm} (25℃)$$

ここで E^0 は標準起電力で，標準電極電位から求めた 1.100 V となる．また，n はそれぞれの電極で発生する電子 e$^-$ を用いたイオン反応から消去された電子 e$^-$ の係数で，ダニエル電池では $n = 2$ となる．活量は質量モル濃度やモル濃度に近似して用いることがある．

さらに，左右の電極で金属イオンの価数が$M_1{}^{2+}$と$M_2{}^+$のように異なる場合は，

電池反応　$M_1 + 2M_2{}^+ \longrightarrow M_1{}^{2+} + 2M_2$　$(n = 2)$

に対して，ネルンストの式は，

$$E = E^0 - (0.059/n) \log_{10} \frac{[\text{M}_1{}^{2+}]}{[\text{M}_2{}^+]^2} \hspace{1cm} (25℃)$$

で与えられる．ここでは，溶液の濃度をモル濃度で近似している．

5 濃淡電池

正負両極が同じ物質であっても，電極液の濃度が異なると起電力を生じる．これを**濃淡電池**（concentration cell）という．

標準水素電極のH$^+$の濃度
厳密な計算をするのではなく概算値を求める場合は，活量の代わりにモル濃度を用いることができる（p.95）．その場合，$a_{H^+}=1$ の代わりに，[H$^+$]＝1 M が標準水素電極として用いられる．

標準酸化還元電位
標準電極電位のことを標準酸化還元電位ともいう．

> **例題** ⊖Ag|0.001 M AgNO₃‖0.01 M AgNO₃|Ag⊕ の起電力を求めよ.
>
> **解答** 正極では $Ag^+ + e^- \longrightarrow Ag$ の反応で銀イオンが銀となって析出し，負極
> では $Ag \longrightarrow Ag^+ + e^-$ の反応で銀が溶出する．この反応で消去された電子の係
> 数は1であるから $n = 1$ となり，
>
> この例では起電力は $E = \dfrac{0.060}{n} \log \dfrac{[濃い方のAg^+濃度]}{[薄い方のAg^+濃度]}$
>
> $$= \frac{0.060}{1} \log \frac{0.01}{0.001} = 0.060 となる.$$

6 pH メータ

　水素イオン濃度未知の水溶液と水素ガスで水素電極をつくり，これと標準水素電極を組み合わせれば，水素イオンに関する濃淡電池を組み立てることができる.

　⊖ H_2(1 atm，Pt 存在)|H^+(未知濃度)‖H^+($a = 1$)|H_2(1 atm，Pt 存在)⊕

　この電池の起電力を正確に測定すれば，次式から未知溶液の pH を計算できる（pH の定義については p.80 参照）.

　　起電力　$E = 0.060 \cdot \log \dfrac{(標準水素電極のH^+の活量，すなわち1)}{(未知溶液のH^+の活量)}$

　　　　　　$= 0.060 \cdot \log \dfrac{1}{(未知溶液のH^+の活量)}$

　　　　　　$= 0.060 \times (未知溶液の pH)$

7 ガラス電極

　標準水素電極は水素ガスを必要として維持が面倒なため，pH の測定には通常ガラス電極を用いる．ガラス電極は H^+ を通す特殊ガラスでできた薄い壁の球を柔らかいガラス管の端につけた形（**図 3-4**：左の電極）で，内側に濃度が一定になるよう H^+ を入れたものである．pH 未知の試料溶液と接触させると，内外両溶液の pH 差に応じた電位差を生ずるので，これを別の比較電極（**図 3-4**：右の電極）と組み合わせて電池をつくると起電力を測定することができる．pH に換算する目盛りをつけておけば未知試料の pH を手軽に測定できる．ただし，ガラス電極は一定の標準起電力をもたないので，H^+ 濃度の絶対値は測れない（水素電極では測れる）．したがって，定期的に pH が既知の緩衝液を使って補正しなければならない．ガラス電極内には KCl を酢酸または緩衝液に溶かした液と Ag/AgCl 電極のような一種の標準電極が入っており，H^+ 濃度は緩衝液または弱酢酸によって一定に保たれている.

8 電気分解 (electrolysis)

　電解質の水溶液，または電解質を加熱融解した液体に直流電流を通すとき，陽極と陰極で起こる酸化還元反応を**電気分解**または**電解**という.

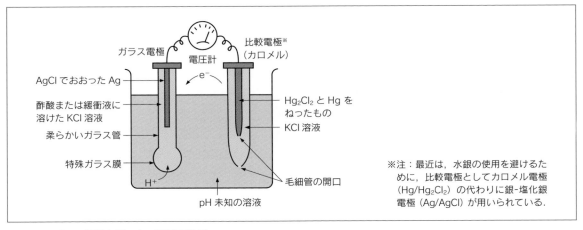

図3-4　ガラス電極を用いたpH測定装置

〈例1〉アルミニウムの製造

ボーキサイト（Al_2O_3）と氷晶石（Na_3AlF_6）を混合溶解し，炭素を電極として電流を流す．複雑な反応経路をたどるが，結局は次の反応が起こる．

$$2\,Al_2O_3 \longrightarrow 4\,Al（陰極にたまる）+ 3\,O_2（陽極で発生する）$$

〈例2〉銅の精練

粗銅を陽極，純銅を陰極として，硫酸銅溶液（$CuSO_4 \longrightarrow Cu^{2+} + SO_4^{2-}$）に電流を通す．

陽極側　$Cu（粗銅） \longrightarrow Cu^{2+} + 2\,e^-$（粗銅中の不純物は溶解せずに沈殿する．これを**陽極泥**という）

陰極側　$Cu^{2+} + 2\,e^- \longrightarrow Cu$（純銅としての析出）

〈例3〉食塩水の電気分解

陽極側　$Cl^- \longrightarrow 1/2\,Cl_2 + e^-$

陰極側　Na^+は負電荷に引かれて陰極近くに集まるが，還元されにくい．わずかに電離している水のH^+が還元される．

$$H_2O \rightleftharpoons H^+ + OH^- \qquad H^+ + e^- \rightleftharpoons 1/2\,H_2$$

したがって，陰極の近くにはNa^+とOH^-がたまり，水酸化ナトリウム溶液となる．

〈例4〉水の電気分解．水に少量の硫酸を加え，白金を電極として電解する．

陽極側　SO_4^{2-}は陽極近くに集まるが，電子を失いにくい．わずかに電離している水のOH^-が酸化される．

$$H_2O \rightleftharpoons H^+ + OH^- \qquad OH^- \longrightarrow 1/2\,H_2O + 1/4\,O_2 + e^-$$

陰極側　$H^+ + e^- \longrightarrow 1/2\,H_2$

全体として，水が酸素と水素に電解され，硫酸の量は減らない．

1）ファラデー（Faraday）の法則

電気分解のとき通る電気量と電極に析出する物質の量は比例する．

物質1グラム当量を析出するのに必要な電気量は，物質の種類に関係なく一定である．この電気量を **1ファラド** といい，1Fと表す．1Fは約96,500クーロン（C）である．

電流の強さをアンペア，時間を秒，電気量をクーロンで表せば，クーロン＝アンペア×秒．

例題 〈例2〉で純銅50gを製造するには少なくとも何C（クーロン）の電気量を必要とするか．Cuの原子量を63.5として計算せよ．

解説 Cuは2価の陽イオンとなるから，Cuの1グラム当量＝63.5／2＝31.75g．1グラム当量を析出するのに必要な電気量が96,500Cであるから，31.75g：96,500C＝50g：xとなり，x＝151,969≒152,000C必要となる．

解答 152,000C

Ⅵ 化学反応速度

1 化学反応速度（reaction rate, reaction velocity）

化学変化の進みぐあいには，いろいろな程度のものがある．火薬の爆発やイオン反応などは，一般的な方法では測定できないほど急激な変化である．一方，過酸化水素水をびんに入れて冷所で静かに眺めていてもほとんど変化するようにみえないが，長い間にはいつのまにか分解して水になっている（$2 H_2O_2 \longrightarrow 2 H_2O + O_2$）．これは変化が非常に遅い例である．酢酸とエタノールを混合しておくと，少しずつ酢酸エチルができる（$CH_3COOH + C_2H_5OH \longrightarrow CH_3COOC_2H_5 + H_2O$）．また，亜鉛と硫酸を混ぜると水素を発生する．これらの例では数秒ないし数時間の観察で化学変化が認められる．

化学反応は，条件によって著しく進みぐあいが違う．炭は，室温で空気中に放置してもまったく変化しないが，点火すれば燃焼して二酸化炭素を生じる（$C + O_2 \longrightarrow CO_2$ $\Delta H = -393.5 kJ$）．いったん燃焼を始めればその反応熱で隣の部分が熱せられ，次々に燃えていく．一般に，化学反応の速度は温度が上がると増大する．温度が10℃上昇するごとに2倍ないし3倍速くなるのが一般的である．仮に2.5倍とすれば，室温20℃に比べ100℃では $2.5^8 ≒ 1,500$ 倍という速さで反応が進むことになる．

2 触媒

ある化学反応に別の物質を加えると反応速度が増大し，しかもその物質が変化しないとき，これを **触媒**（catalyst または catalyzer）という．たとえば，二酸化マンガンは過酸化水素水の分解を促進するが，自分自身は変化しないのでこの反応の触媒である．触媒が化学反応の速度を速くするのは，その反応の活性化エネルギーを下げるためである．**図3-5** でAというエネルギー状態の反応物が，より安定なBというエネルギー状態の生成物に変化するには，途

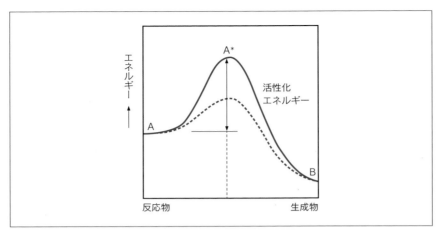

図3-5　反応A→Bのエネルギー変化

中で活性化されたA*という状態を通らなければならない．Aの状態をA*の状態に活性化するために要するエネルギーを**活性化エネルギー**（activation energy）という．触媒が存在すれば活性化エネルギーを下げる（**図3-5**で点線の経過をたどる）ので反応速度は増加することになる．

　生体内で起こる種々の化学反応に対しては**酵素**（enzyme，エンザイム）という触媒が作用する．酵素はタンパク質でできていて，生物体内の反応条件（体温，中性）で生物体に必要な化学反応をスムーズに進行させる．一般に1つの反応または1つの形式の反応に対して特異的（specific）であり，他の反応を触媒しない．たとえば，トリプシンという酵素はタンパク質の加水分解を触媒するが，デンプンを加水分解することはできない．タンパク質もデンプンもHClを加えて加熱すればどちらも加水分解されるが，トリプシンはタンパク質に対して特異的なのである．酵素が特異的であることは，生体を維持するため，生体内の決められた場所で必要な化学反応だけが起こるようにするうえで非常に重要である．

3　化学反応速度論（chemical kinetics）

　化学反応速度を定量的に記載するため"単位時間内に変化する物質の量"を反応速度と定義する．反応に際し，容積が変わらない場合には**"単位時間内に変化する物質の濃度"**と表してもよい．ここでは，簡単にするため化学反応が一定容積で行われる場合を考え，物質の量のかわりに**モル濃度**（molarity）で表すことにする．

　ある時刻tにおいて反応物質の濃度がcであったとする．一定時間経過し，時刻$t'(=t+\Delta t)$になったとき，その物質の濃度は$c'(=c-\Delta c)$に変化したとする．時刻tからt'まで，すなわち$t'-t=\Delta t$間に，その物質の濃度は$c'-c=-\Delta c$だけ変化したことになるから，反応速度は$-\Delta c/\Delta t$と表せる．反応速度vは時間とともに変化するので，ある時刻tにおける瞬間の反応速度は

Δt の値を限りなく小さくした極限値に等しい.

$$v = \lim_{\Delta t \to 0}\left(-\frac{\Delta c}{\Delta t}\right) = -\frac{\mathrm{d}c}{\mathrm{d}t} \qquad\qquad 3\text{-}30$$

　ここで，基質（反応物質）が大過剰のときの酵素反応にみられるように，反応初期の Δc が c に比して無視しうるほど小さいときは，反応速度は一定で（基質濃度が変わらない），基質の変化量（生成物）は反応時間に比例して直線的に増加する．このような反応を **0（零）次反応** という.

1）1 次反応（reaction of the first order）

　酢酸エチル水溶液に HCl を触媒として少量加えておくと加水分解が進行する.

$$\underset{\text{酢酸エチル}}{CH_3COOC_2H_5} + H_2O \longrightarrow \underset{\text{酢酸}}{CH_3COOH} + \underset{\text{エタノール}}{C_2H_5OH}$$

　この反応速度は酢酸エチルの濃度にも水の濃度にも比例するが，希薄溶液で実験すれば水が大過剰にあるので反応が進行してもほとんど水の濃度は減らず一定とみなせる．すなわち，反応速度は見かけ上，酢酸エチルの濃度だけに比例する.

$$v = k\,[CH_3COOC_2H_5]$$

　このように，反応速度が1つの反応物質の濃度だけに比例する反応を **1 次反応** という．比例定数 k を **速度定数**（反応速度定数，velocity constant または rate constant）という．酸を触媒とするショ糖の転化反応（加水分解），カタラーゼという酵素を触媒とする過酸化水素の分解反応などは1次反応の例である.

　1 次反応で変化する反応物質の濃度を c とすれば，反応速度 v は c に比例するから次式が得られる.

$$v = -\frac{\mathrm{d}c}{\mathrm{d}t} = kc \qquad (k \text{ は速度定数}) \qquad 3\text{-}31$$

　この微分方程式を解くと，ある時刻 t とそのときの反応物質の濃度 c の関係を表す式 3-32, 33 が得られる.

$$kt = \ln\frac{c_0}{c} = 2.303\log\frac{c_0}{c} \qquad\qquad 3\text{-}32$$

または

$$c = c_0 e^{-kt} \qquad\qquad 3\text{-}33$$

　ここで ln は自然対数，e は自然対数の底（$e = 2.718281828\cdots\cdots$），2.303 は常用対数を自然対数に換算するための係数である．c_0 は時刻 $t = 0$（タイムゼロ）における濃度，すなわち初濃度である.

　式 3-31 より，

$$-\frac{\mathrm{d}c}{\mathrm{d}t} = kc \quad 変形して \frac{\mathrm{d}c}{c} = -k\,\mathrm{d}t \qquad \therefore \quad \int\frac{\mathrm{d}c}{c} = -k\int \mathrm{d}t$$

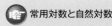

常用対数と自然対数

	正式表記	底	別表記
常用対数	$\log_{10}x$	10	$\log x$
自然対数	$\log_e x$	e	$\ln x$

これまで登場してきた $\log x$ は基本的に常用対数である．常用対数と自然対数は次の式で変換できる.

$$\ln x = 2.303\log x$$

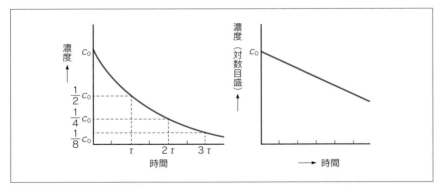

図3-6　1次反応の過程

　これを解いて，$\ln c = -kt + \ln c_0$（ただし $\ln c_0$ は積分定数）．これから式3-32が導かれる．

　反応物質濃度が初濃度の半分に減る時間，すなわち $c = c_0/2$ となるまでの時間を**半減期**（half life）といい，τ で表せば，式3-32から次の関係式が得られる．

$$k\tau = 2.303 \log \frac{c_0}{c_0/2} = 2.303 \log 2 = 0.693$$

$$\tau = \frac{0.693}{k} \qquad\qquad 3\text{-}34$$

　1次反応の特徴は，半減期 τ が初濃度 c_0 とは無関係なことである．速度定数 k は式3-34により半減期から求められる（**図3-6**）．

2）2次反応（reaction of the second order）

　酢酸エチル水溶液を水酸化ナトリウムでけん化する反応，$CH_3COOC_2H_5 + NaOH \longrightarrow CH_3COONa + C_2H_5OH$ の速度は，酢酸エチル濃度にも水酸化ナトリウム濃度にも比例する．

$$v = k\,[CH_3COOC_2H_5][NaOH]$$

この反応は酢酸エチルについて1次，水酸化ナトリウムについて1次，全体では2次反応である．

　もし酢酸エチルの濃度と水酸化ナトリウムの濃度を等しくして（c とする）実験すれば，式3-30から次式が得られる．

$$v = -\frac{dc}{dt} = kc^2 \qquad\text{（k は速度定数）} \qquad 3\text{-}35$$

　シアン酸アンモニウム $NH_4 \cdot OCN$ 水溶液が尿素 $NH_2 \cdot CO \cdot NH_2$ に変化する反応速度は，シアン酸アンモニウム濃度（c）の2乗に比例し，式3-35で表せるから2次反応である．微分方程式3-35を解いて時刻 t と反応物質の濃度 c との関係を求めると，

$$kt = \frac{1}{c} - \frac{1}{c_0} \qquad\text{（c_0 は初濃度）} \qquad 3\text{-}36$$

$c = \dfrac{c_0}{2}$ となる時間，すなわち半減期 τ は次式で与えられる．

$$\tau = \frac{1}{k}\left(\frac{1}{c_0/2} - \frac{1}{c_0}\right) = \frac{1}{kc_0} \qquad\qquad 3\text{-}37$$

　このように，2次反応では半減期が初濃度に反比例するので1次反応と簡単に区別される．

4　反応機構

　化学反応を分類するとき，**複合反応**と**単純反応**がある．また，化学反応のうち反応機構がわかっているものを**素反応**という．単純反応とは1つの素反応からなる反応であり，2つ以上の素反応から成り立つ場合は複合反応という．

　素反応では化学反応式の反応物の分子数がそのまま反応次数に反映される．一方，複合反応の場合は，いくつかの素反応の組み合わせで成り立つために化学反応式から反応次数を決めることはできない．

　複合反応の種類として代表的なものは，**逐次反応**，**並発反応**，**可逆反応**，**連鎖反応**などがある．

 素反応における反応の分子数
化学反応式の反応物の分子数を反応の分子数という．反応の分子数が1のときは1次反応であり，反応の分子数が2のときは2次反応である．

1）逐次反応

　逐次反応は A → B → C → D のような段階を追って，反応物Aから反応物Dができる反応である．その例として，五酸化二窒素（N_2O_5）の分解反応で考えてみよう．

　この反応は全体として $2\,N_2O_5 \longrightarrow 4\,NO_2 + O_2$ であるが，次の3つの段階（素反応）からなる逐次反応である．

$$N_2O_5 \longrightarrow N_2O_3 + O_2 \qquad \text{(i)}$$
$$N_2O_3 \longrightarrow NO_2 + NO \qquad \text{(ii)}$$
$$2\,NO + O_2 \longrightarrow 2\,NO_2 \qquad \text{(iii)}$$

　このような一連の反応では，最も速度の遅い反応が全体の速さを決定する．最も速度が遅い段階を**律速段階**という．これは，流れ作業をしている人たちのうち，一番仕事の遅い人が全体の仕事量を決定することをイメージすれば，容易に理解できるであろう．五酸化二窒素（N_2O_5）の分解反応では，第一段階が律速段階にあたるので，反応速度は，$v = k[N_2O_5]$ で1次反応である．

2）並発反応

　並発反応は反応物質から複数の生成物質ができる反応で，

$$A \overset{\nearrow\,B}{\underset{\searrow\,C}{}}$$

　この場合は，速度定数が大きい，つまり活性化エネルギーが低いほど速く反応が進行する．

3）可逆反応

　可逆反応は A → B と B → A の反応速度が近い場合で，特に見かけ上，A の濃度と B の濃度の変化がないときが平衡状態である．

　　　$H_2 + I_2 \longrightarrow 2\,HI,\quad 2\,HI \longrightarrow H_2 + I_2$

　正方向の反応速度は $v_{+1} = k_1[H_2][I_2]$，逆方向の反応速度は $v_{-1} = k_{-1}[HI]^2$ と表されるので，正方向と逆方向の速度の釣り合いがとれている場合は，$v_{+1} = v_{-1}$ であるから，

　　　$k_1[H_2][I_2] = k_{-1}[HI]^2$

から，温度が一定の場合，$[H_2][I_2]/[HI]^2 = k_{-1}/k_1 =$ 一定となる．平衡状態では $k_{-1}/k_1 = K$ とおいて，K を平衡定数という．

　この式は化学平衡の法則（あるいは質量作用の法則）であり，反応速度に基づいて導き出すと理解しやすい．

p.77「化学平衡の法則」を参照のこと.

4）連鎖反応

　連鎖反応は中間生成物が反応の進行にあずかり，長い系列をなして伝播していく反応である．水素と塩素の光化学反応や，アセトアルデヒドの熱分解反応などがある．そのほかに重合反応や爆発反応も連鎖反応である．

　〈例〉水素と塩素の光化学反応　$H_2 + Cl_2 \longrightarrow 2\,HCl$

　水素と塩素の混合気体に直接日光を当てると，爆発的に次の反応が起きる．

　　　$Cl_2 \xrightarrow{\text{光}} 2\,Cl\cdot$

　これが連鎖開始反応である．これに続いて，次の反応が繰り返される．

　　　$Cl\cdot + H_2 \longrightarrow HCl + H\cdot$
　　　$H\cdot + Cl_2 \longrightarrow HCl + Cl\cdot$

　H・は水素原子，Cl・は塩素原子であるが，反応性に富んでいるのでラジカルともいう．すなわち，塩素原子と水素原子が連鎖伝達体となって，連鎖生成が起こる．この連鎖は無限に続くわけではないが，1 個の光子を吸収することで $10^4 \sim 10^6$ 個の HCl 分子が生じる．

発展—酵素反応

ハイレベル

　生体内では酵素が触媒として働く．酵素は化学的には単純タンパク質または複合タンパク質であるが，一部の RNA も触媒として働くことがわかり，触媒として働く RNA をリボザイムという．ここでは，一般的にタンパク質を対象とする．酵素の作用を受ける物質を基質（substrate）といい，基質は低分子である．それぞれの酵素は，ある限られた少数の基質のみに特異的に作用する．

複合タンパク質

アミノ酸以外の成分も結合しているタンパク質を複合タンパク質という．

　〈例〉尿素の加水分解反応　$(NH_2)_2CO + H_2O \xrightarrow{\text{ウレアーゼ}} CO_2 + 2\,NH_3$

　　　　ウレアーゼは尿素の加水分解反応の触媒として働くのみである．

　ミカエリス（Michaelis）とメンテン（Menten）は，触媒酵素反応の中間で酵素―基質複合体ができると仮定して速度式を導き出した．酵素，基質，酵素―基質複

合体，生成物をそれぞれ E，S，ES，P で表し，次のような反応機構を考える．

$$E + S \xrightleftharpoons[k_{-1}]{k_1} ES, \quad ES \xrightarrow{k_2} E + P$$

ES の濃度増加速度は，

$$d[ES]/dt = k_1[E][S] - k_{-1}[ES] - k_2[ES] \qquad 3\text{-}38$$

反応の最初と最後の段階を除いて，ES の濃度はほとんど一定であると仮定する．このような仮定を**定常状態**（steady state）**近似**という（注1）．定常状態近似によると $d[ES]/dt = 0$ となるので，

$$k_1[E][S] - k_{-1}[ES] - k_2[ES] = 0 \qquad 3\text{-}39$$

となる．したがって，

$$[ES] = [k_1/(k_{-1} + k_2)][E][S] \qquad 3\text{-}40$$

となる．

酵素反応の溶液に入れた酵素の濃度を $[E]_0$ とすれば，酵素は遊離状態か，基質に結合した状態のいずれかになるので（注2），

$$[E]_0 = [E] + [ES] = [(k_{-1} + k_2)/k_1]([ES]/[S]) + [ES]$$

実験中に $[E]$ と $[ES]$ の正確な値はわからないが，$[E]_0$ はあらかじめ入れた酵素の量から求められるので，$[E]_0$ を用いて表す．

$$[ES] = k_1[E]_0[S]/[(k_{-1} + k_2) + k_1[S]] \qquad 3\text{-}41$$

酵素触媒反応の速度は，

$$v = d[P]/dt = k_2[ES] = k_1 k_2[E]_0[S]/[(k_{-1} + k_2) + k_1[S]] \qquad 3\text{-}42$$

ここで $K_m = (k_{-1} + k_2)/k_1$（K_m はミカエリス定数とよばれる）とおくと，次の式が得られる．

$$v = k_2[E]_0[S]/(K_m + [S]) \qquad 3\text{-}43$$

速度は $[S]$ が小さいときには $[S]$ に比例し，$[S]$ が非常に大きいときには一定値に近づく．

E がすべて ES になったとき，v は最大になるので，このときの v を V_{max} とすると，

$$V_{max} = k_2[E]_0 \qquad 3\text{-}44$$

式3-44を式3-43に代入し，

$$v = V_{max}[S]/(K_m + [S]) \qquad 3\text{-}45$$

式3-45 もしくは式3-43 は，**Michaelis-Menten の式**といい，**図3-7** の曲線を表す．

$v = V_{max}/2$ のとき，$[S] = K_m$ となるので，理論上は，基質の濃度を変えて，そのときの反応速度を求めると，図の曲線を示すプロットが得られる．

Michaelis-Menten の式に出てくる K_m，V_{max} ともに反応系に固有の定数で，酵素の動力学を調べる際によく用いられる．K_m は酵素と基質との親和性を表し，K_m 値が小さいほど基質は酵素と結合しやすく，基質が低濃度でも有効に触媒作用を受ける．V_{max} は基質に対する酵素の触媒能力を示す指標となる．酵素1分子によって単位時間（通常は 1 s）に触媒作用を受ける基質の分子の数を**ターンオーバー数**（代謝回転数ともいう）といい，$k_{cat} = V_{max}/[E]_0$ で表される．式3-44 からわかるように，Mi-

（注1）
ミカエリス，メンテンは，酵素と基質と酵素−基質複合体の間に化学平衡が成り立つものとして導いたが，のちにブリッグス，ホールデンが定常状態近似を用いて，Michaelis-Menten の式を導いた．ここでは，ブリッグス・ホールデンの導出方法に基づいて解説する．

（注2）
酵素に関する（量）化学量論の式
$[E]_0 = [E] + [ES]$

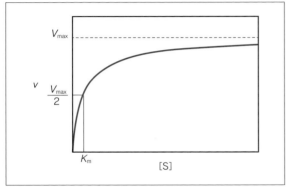

図 3-7　Michaelis–Menten の式

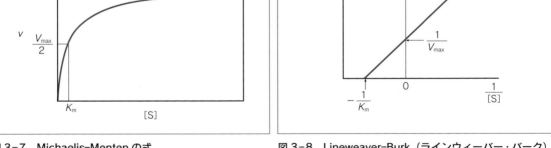

図 3-8　Lineweaver–Burk（ラインウィーバー・バーク）
プロット

chaelis-Menten の反応機構では $k_{cat} = k_2$ であり，ターンオーバー数が大きいほど酵素の能力が大きい．

実験では［S］を大きくしても V_{max} にはなかなか到達しないので，V_{max}，K_m を求める方法として，**Lineweaver–Burk プロット**（二重逆数プロット）が用いられる．

式 3-45 の逆数をとると，

$$1/v = (K_m/V_{max}) \cdot (1/[S]) + 1/V_{max} \qquad\qquad 3\text{-}46$$

式 3-46 は **Lineweaver–Burk（ラインウィーバー・バーク）の式**とよばれる．

いま基質濃度を変えて反応を行い，それぞれの反応速度 v を測定する．基質濃度の逆数 $1/[S]$ を横軸に，そのときの反応速度の逆数 $1/v$ を縦軸に図示すると，**図 3-8** に示すように直線が得られる．式 3-46 からわかるように縦軸の交点は $1/V_{max}$，横軸の交点は $-1/K_m$ を与える．

例題 1　ある反応の速度式が $v = k[A]^2$ で与えられる．もし B も反応物質に含まれていたとすれば，この反応の B に関する次数はどれか．

　　a. 0　　b. 1　　c. 2　　d. この問題文だけでは判断できない

解答　$v = k[A]^2$ であるから，［B］は 1 であったことがわかる．すなわち，$[B]^x = 1$ であるから，$x = 0$ である（解答：a）．

例題 2　表（単位省略）に次の反応速度（初速度）v を測定するための 3 つの実験を示す．

　　$2A + B \rightarrow C$

実験	[A]	[B]	速度（初速度）
1	0.05	0.05	5×10^{-3}
2	0.05	0.1	5×10^{-3}
3	0.1	0.05	1×10^{-2}

この反応の速度式として正しいのはどれか．

a. $v = 0.1[A]$　　b. $v = [A]$　　c. $v = [A][B]$　　d. $v = [A]^2[B]$

解答　実験1と実験2を比較すると，$[B]$ が2倍になっても速度が変わらないことから，v は $[B]$ に依存しないことがわかる．実験1と実験3を比較すると $[A]$ が2倍になると v も2倍になっているので，$v \propto [A]$ である．実験1より，$5 \times 10^{-3} = k \times 0.05$ となるので，

$$k = 0.1$$

したがって，$v = 0.1[A]$ となる（解答：a）．

例題3　次の反応機構のなかで，触媒として働いているものはどれか．

$$Cl_2 \longrightarrow 2\,Cl$$
$$Cl + CO \longrightarrow COCl$$
$$COCl + Cl_2 \longrightarrow COCl_2 + Cl$$

a. Cl_2　　b. Cl　　c. $COCl$　　d. CO　　e. 触媒はない

解答　反応式中の物質はすべて他の物質に変化しているため，この反応機構に触媒はない（解答：e）．Cl_2 と CO は反応物，$COCl_2$ は生成物，$COCl$ は反応中間体，Cl は反応中間体および生成物である．

● 実践 国試問題

1. 血液 pH の算出に必要なのはどれか．2つ選べ．
（$PaCO_2$，PaO_2 は CO_2，O_2 の分圧を表す．）

① ［Cl^-］
② ［HCO_3^-］
③ ［Na^+］
④ $PaCO_2$
⑤ PaO_2

解答　②と④
血液の pH を一定に維持するために，炭酸／炭酸水素イオンの緩衝作用が重要な働きをしている．まず，水と気体の二酸化炭素の反応で炭酸ができ，その次に炭酸の電離が起こる．

$$H_2O + CO_2(g) \rightleftharpoons H_2CO_3$$
$$H_2CO_3 \rightleftharpoons H^+ + HCO_3^- \qquad K_1$$
$$HCO_3^- \rightleftharpoons H^+ + CO_3^{2-} \qquad K_2$$

中性付近では，炭酸の第一段階の電離平衡が重要で，第二段階の電離平衡は無視しても差し支えない．この式にヘンダーソン・ハッセルバルヒの式（p.82）を当てはめると，

$$pH = pK_1 + \log[HCO_3^-]/[H_2CO_3]$$

となる．気相の二酸化炭素の分圧と液中の炭酸濃度はヘンリーの法則で比例するので，［HCO_3^-］と $PaCO_2$ で pH が求まる．

2. Michaelis-Menten の式に従う酵素反応において，基質濃度を K_m 値の 3 倍とした．反応速度を最大反応速度に対する百分率で表したとき，正しいのはどれか．

ヒント Michaelis-Menten の式は p.107 の式 3-45 を参照のこと．

① 15%

② 25%

③ 50%

④ 75%

⑤ 90%

解答 ④

Michaelis-Menten の式は $v = V_{max} \cdot [S] / (K_m + [S])$，ただし，$v$：反応速度，$V_{max}$：最大反応速度，$[S]$：基質濃度，$K_m$：ミカエリス定数とする．設問文より $[S] = 3K_m$ を代入すると，$v = 3/4 \times V_{max}$ となり，75% となる．

3. Michaelis-Menten の式に従う酵素反応において，最大反応速度（V_{max}）の 80% となる基質濃度はミカエリス定数（K_m）の何倍か．

① 2 倍

② 4 倍

③ 6 倍

④ 8 倍

⑤ 10 倍

解答 ②

$v = V_{max} \cdot [S] / (K_m + [S])$ より，v が V_{max} の 80% となればよいから $v = (80/100) V_{max}$，また基質濃度 $[S]$ をミカエリス定数 K_m の x 倍として $[S] = xK_m$ を代入すると，$(80/100) V_{max} = [x / (1 + x)] V_{max}$ となる．すなわち，$80/100 = x / (1 + x)$ となればよいから，x を求めると 4 倍となる．

第4章 無機化合物

I 元素の分類

1 金属元素，非金属元素

元素は，金属元素と非金属元素に大別される．

金属 (metal) には，共通の物理的性質がある．

① 金属は不透明で金属光沢を有し，熱や電気をよく導く（良導体）．

② 展性，延性が大きい．

③ 一般に密度が大きい（アルカリ金属，アルカリ土類金属などは例外）．密度 $4～5 \, \text{g/cm}^3$ 以下の金属を軽金属，$4～5 \, \text{g/cm}^3$ より大きい金属を重金属という．

④ 一般に融点が高い（水銀，アルカリ金属などは例外）．

このような性質は，主として金属結合における自由電子の作用と考えられる．

非金属 (non-metal) の性質は，一般に金属と対照的であるが例外も多い．たとえば，炭素（グラファイト）は融点が 3,650～3,700℃と高く，電気を導く．セレン，アンチモンなどは金属と非金属の中間的な性質を有する．

表 4-1 に示す周期表をみると，右上には非金属元素，左下には第1族の水素を除いて金属元素が位置することがわかる．このことは，周期律が金属と非金属の分類にも関係していることを意味している．

2 典型元素 (typical element)，遷移元素 (transition element)

ある元素と，それより原子番号が1つ大きい元素の核外電子配置を比べてみよう（**表 4-2**）．たとえば Na−Mg，S−Cl，Se−Br の組についてみれば，最外電子殻の s または p 副殻の電子数が異なっている．元素の性質は最外殻の電子数により大きく影響されるから，原子価やその他の性質は，隣同士でもはっきりと規則的に違っている．このような元素は**典型元素**と総称される．

これに対し Fe，Co，Ni を比べると，表 4-3 のようになる．最外殻の電子軌道は共通で，内側の電子軌道に差がみられる．隣同士の元素の性質にはある程度共通性があり，性質は少しずつ変わっていく．このような元素は**遷移元素**と総称される．遷移元素はすべて金属元素である．

表 4-1 の周期表で，第1族，第2族と第13族〜第18族が典型元素，第3族〜第12族までが遷移元素である．以前は第12族が典型元素に含まれたことがあったが，現在は遷移元素に分類される．

 展性と延性

展性：薄く広げられる性質．

延性：引き延ばされる性質．

金属結合：p.45 を参照のこと．

 周期律と周期表

元素を原子番号の順に並べると，一定の周期で化学的性質や物理的性質のよく似た元素が現れる．これを**周期律**という．

元素を原子番号順に並べ，周期律に基づいて性質の似た元素が縦列に並ぶようにした表を**周期表**という．

表 4-1　元素の周期表

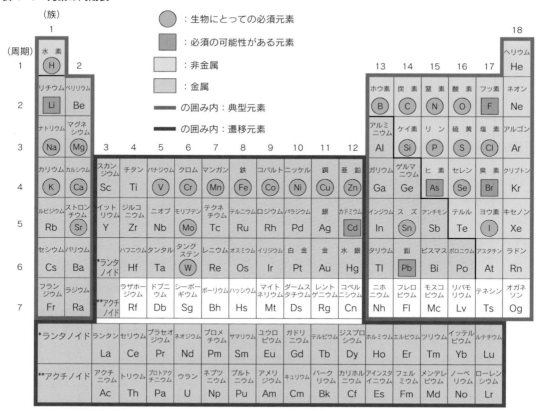

注）□□の元素の性質の詳細は不明（文献により詳細不明の元素は異なる）

表 4-2　典型元素の例

原子番号	元素	電子配置								原子価
		K	L		M			N		
		s	s	p	s	p	d	s	p	
11	Na	2	2	6	1					+1
12	Mg	2	2	6	2					+2
16	S	2	2	6	2	4				−2
17	Cl	2	2	6	2	5				−1
34	Se	2	2	6	2	6	10	2	4	−2
35	Br	2	2	6	2	6	10	2	5	−1

　典型元素のうち非金属元素の酸化物は，一酸化炭素 CO，亜酸化窒素 N_2O など少数の中性酸化物を除けばすべて酸性酸化物である．水に溶けて酸性を示すか，塩基と反応して塩をつくる．

　〈例〉　$SO_2 + H_2O \longrightarrow H_2SO_3$（亜硫酸）

　　　　$CO_2 + 2\,NaOH \longrightarrow Na_2CO_3$（炭酸ナトリウム）$+ H_2O$

表 4-3　遷移元素の例

原子番号	元素	電子配置									原子価
		K	L		M			N			
		s	s	p	s	p	d	s	p	d	
26	Fe	2	2	6	2	6	6	2			+2, +3
27	Co	2	2	6	2	6	7	2			+2, +3
28	Ni	2	2	6	2	6	8	2			+2, +3

典型元素のうち金属元素の酸化物はすべて塩基性酸化物である．水に溶けて塩基性を示すか，酸と反応して塩をつくる．

〈例〉 $Na_2O + H_2O \longrightarrow 2\,NaOH$ （水酸化ナトリウム）

$CaO + H_2O \longrightarrow Ca(OH)_2$ （水酸化カルシウム）

遷移元素に属する金属元素は種々の原子価をもち，したがって各種の酸化物をつくる．一般に低原子価の酸化物は塩基性酸化物，高原子価の酸化物は酸性酸化物である．両性酸化物を生じるものもある．

〈例 1〉 $\begin{cases} CrO & \text{塩基性酸化物} & CrO + 2\,HCl \longrightarrow CrCl_2 + H_2O \\ CrO_3 & \text{酸性酸化物} & CrO_3 + 2\,KOH \longrightarrow K_2CrO_4 + H_2O \end{cases}$

〈例 2〉 $\begin{cases} MnO & \text{塩基性酸化物} & MnCl_2,\ MnSO_4\ \text{などの塩をつくる} \\ Mn_2O_7 & \text{酸性酸化物} & Mn_2O_7 + H_2O \longrightarrow 2\,HMnO_4\ \text{（過マンガン酸）} \end{cases}$

〈例 3〉 Al_2O_3　両性酸化物　$\begin{cases} Al_2O_3 + 6\,HCl \longrightarrow 2\,AlCl_3 + 3\,H_2O \\ Al_2O_3 + 2\,NaOH \end{cases}$

$\longrightarrow 2\,NaAlO_2$（アルミン酸 $HAlO_2$ のナトリウム塩）$+ H_2O$

周期表で同じ族に属する元素の化合物の性質は，互いに類似しているので，族ごとに分類して論じることが多い．

3　生元素 （bioelement, 必須元素：essential element）

地球上の元素分布のうち，生物の生命活動に必要な元素を生元素または必須元素という（表 4-1）．

生体内の元素はその存在量によって，6 種類の多量元素，5 種類の少量元素，24 種類の微量元素に分類される．多量元素（多い順に O, C, N, H, Ca, P）と少量元素（多い順に S, K, Na, Cl, Mg）をあわせた 11 元素を**常量元素**といい，生体の 99.3％を占めている．残りの 0.7％を 24 種類の（必須）**微量元素**が占めているが，ppm オーダーで存在する 10 種類（Fe, F, Si, Zn, Sr, Rb, Br, Pb, Mn, Cu）と ppb オーダーしかない超微量元素 14 種類（Al, Cd, Sn, Ba, Hg, Se, I, Mo, Ni, B, Cr, As, Co, V）をあわせたものである．ただし，微量元素のなかには，動物実験で必須かどうかが確定していな

ppm
ppm は濃度や割合の単位であり，parts per million の略である．million は 100 万（10^6）を表し，1 ppm は 0.0001％の濃度である．

ppb
ppb は ppm 同様，濃度や割合の単位であり，parts per billion の略である．billion は 10 億（10^9）を表し，1 ppb は 0.0000001％の濃度である．

いものも含まれている．また，生物種により微量元素が異なり，Bは植物では必須であるが，動物ではかならずしも必須ではない．特にヒトの（必須）微量元素として，Fe，Zn，Cu，I，Mn，Se，Co，Cr，Moの9種類があげられる．

Ⅱ 非金属の化学

1 第18族元素（貴ガス）

ヘリウム He，ネオン Ne，アルゴン Ar，クリプトン Kr，キセノン Xe，ラドン Rn はきわめて存在量の少ない気体元素なので**希ガス**（rare gas），または化学的にきわめて不活発なので**貴ガス**（noble gas）などと総称される．

空気から酸素と窒素を除去した残りの微量気体成分は過激な反応条件で，どんな元素・化合物ともまったく化学反応を起こさないので，ギリシャ語のナマケ者という言葉をとってアルゴン（argon）と名づけられた．その後，空気中の微量成分から似たような元素，クリプトン，キセノン，ネオンが相次いで発見された．ヘリウムと放射性のラドンは別に発見された．いずれも単原子気体分子として存在する．

貴ガスが化学的にきわめて不活発で，化合物をつくりにくい理由は，核外電子配列が極度に安定なためである（**表4-4**）．

1962年に，はじめてキセノンとフッ素の化合物 XeF_2，XeF_4，XeF_6 が合成された．この化合物は水を分解する．

$$2\,XeF_2 + 2\,H_2O \longrightarrow 2\,Xe + O_2 + 4\,HF$$

$$XeF_6 + 3\,H_2O \longrightarrow XeO_3 + 6\,HF$$

XeO_3（三酸化キセノン）は強力な酸化剤で，乾かすと爆発しやすい．これは酸性酸化物で，水酸化ナトリウムと反応して塩をつくる．

$$4\,XeO_3 + 12\,NaOH \longrightarrow 3\,Na_4XeO_6 + Xe + 6\,H_2O$$
過キセノン酸
ナトリウム

このように貴ガス元素も，いったん化合物となると，他の非金属元素の化合

表4-4 貴ガス元素

原子番号	元素	電子殻						原子量	融点（℃）	沸点（℃）
		K	L	M	N	O	P			
2	He	2						4.003	−268.9 (140気圧)	−268.91
10	Ne	2	8					20.179	−248.67	−245.9
18	Ar	2	8	8				39.948	−189.2	−185.7
36	Kr	2	8	18	8			83.80	−157.2	−152.91
54	Xe	2	8	18	18	8		131.29	−111.8	−108.1
86	Rn	2	8	18	32	18	8	(222)	−71	−62

表4-5　水素と重水素

	水素 H_2	重水素 D_2
分子量	2.016	4.028
融点（℃）	−259.14	−254.6
沸点（℃）	−252.8	−249.7

物と同様にいろいろな反応をする．クリプトンやラドンの化合物も合成されている．

アルゴン，ネオン，ヘリウムの化合物はまだつくられていない．貴ガスの歴史的な定義"いかなる化合物もつくらない"にあてはまるのはこの3元素だけになった．

2　水素

水素原子の電子配列は原子核のほかに電子1個があるだけなので，これを失って＋1価の水素イオン H^+（すなわちプロトン）になるか，または，逆に他の原子と1価の共有結合をつくることによりヘリウムと同じ安定な電子配列を形づくる．

水素原子には質量数1の水素（特に**軽水素**とことわることもある．記号 ^1_1H），質量数2の水素〔**重水素**または**ジューテリウム**（deuterium）という．記号Dまたは ^2_1H〕，質量数3の水素〔**三重水素**または**トリチウム**（tritium）という．記号Tまたは ^3_1H，放射性元素〕の3種の同位水素がある．自然界では ^1_1H 6,000原子：D1原子の割合で混ざっている．地表付近の水素の存在量は0.87％である．

軽水素と重水素は同位元素であるが，原子核の質量が倍も違うため物理的性質も相当な差がある（**表4-5**）．一般に，重水素化合物の方が化学反応性が低い．

3　ハロゲン

フッ素F，塩素Cl，臭素Br，ヨウ素I，アスタチンAtの5元素は周期表第17族に属し，ハロゲン（halogen）と総称される．1価の陰イオンになりやすいので強力な酸化剤である（**表4-4，6**を比較せよ）．金属元素とは激しく化合して塩をつくる．化学反応性はフッ素が最も激しく，塩素，臭素，ヨウ素の順に弱くなる（p.121参照）．

ハロゲン元素は，単体としては自然界に存在しないが，化合物として広く分布する．

フッ素は海水中にはほとんどなく，岩塩に微量成分として含まれる．塩素は食塩として海水中に多量に存在するほか，岩塩としても存在する．1Lの海水は約19gの塩素を含む．地表付近の塩素の存在量は0.19％である．臭素，ヨウ素も海水中に含まれるが，特にヨウ素は海藻に濃縮されている．

 アスタチン At

ハロゲン元素は代表的な非金属元素であるが，アスタチンAtは金属的な性質ももっていて，ビスマスBi，ポロニウムPoに似ている．一方，ハロゲンとしての性質も兼ね備えている．

表 4-6　ハロゲン元素

原子番号	元素	電子殻						原子量	分子	融点（℃）	沸点（℃）	その他
		K	L	M	N	O	P					
9	F	2	7					18.9984	F_2	−217.9	−188	淡黄色（気）
17	Cl	2	8	7				35.453	Cl_2	−100.98	− 34.1	黄緑色（気）
35	Br	2	8	18	7			79.904	Br_2	− 7.3	58.8	赤褐色（液）
53	I	2	8	18	18	7		126.9045	I_2	113.6	184.4	黒紫色（固）
85	At	2	8	18	32	18	7					

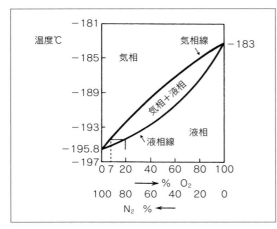

図 4-1　液体窒素・酸素混合液の沸点

表 4-7　窒素と酸素

	N_2	O_2	O_3
融点（℃）	−209.86	−218.92	−193
沸点（℃）	−195.8	−182.96	−112

4　酸素，窒素

　酸素は単体の酸素 O_2 として大気の約 1/5 を占める．水は重量で約 89％の酸素を含み，岩石は重量で 25〜50％の酸素を含む．地表付近に最も多く存在する元素で，地表付近における存在量は約 49.5％である．酸素 O_2 は動植物の呼吸に関与する．化学的にきわめて活発で多くの元素と直接化合する．人体には約 65％の酸素が含まれる．

　窒素は単体の窒素 N_2 として大気の約 4/5 を占めるほか，化合物として動植物，鉱物界に広く分布する．窒素の地表付近における存在量は 0.03％である．窒素 N_2 は燃焼や呼吸に関与しない．化学的に不活発であるが，加熱状態や電気火花の影響で相当多数の元素と化合する．人体には約 3％の窒素が含まれる．

　工業的に，酸素と窒素は液体空気の分留で得られる．図 4-1 はこの蒸留状況を表す状態図である．この図から，純粋な液体窒素は −195.8℃で，純粋な液体酸素は −183℃で気化することがわかる（表 4-7）．さらに酸素 20％と窒素 80％を含む混合液体，すなわち液体空気は −194.5℃で沸騰するが，−194.5℃の気相線（上の凸曲線）をみると，その気体成分中の酸素はわずか 7％で，残り 93％は窒素ガスであることも読みとれる．

このように，液体空気を蒸留すればまず液体窒素が気化するので，液体中の酸素の含量はだんだん増加する．それにつれて沸点も上昇していくが，その状況は下の凹曲線から読みとれる．液体空気をしばらく放置すると窒素がほとんど逃げ去って，化学反応性の強い液体酸素が残るので，取り扱いは十分に注意しなければならない．冷却だけが目的ならば液体窒素を用いる．

　オゾン（ozone）O_3は，酸素の同素体で特有の臭気がある気体である．酸素に無声放電を行うか紫外線をあてて生成する．不安定で常温でも徐々に分解する．300℃に加熱すれば完全に分解する（$2\,O_3 \longrightarrow 3\,O_2$）．酸素より強い酸化作用がある．

5　その他の非金属元素

　ホウ素 B：黒褐色固体，融点 2,300℃，常温で安定．

　硫黄 S：硫黄は単体として火山地方，温泉地方などに産生されるほか，種々の金属の硫化物や硫酸塩の形で存在する．石油中には有機硫黄化合物として存在し，燃焼すると亜硫酸ガス SO_2 となって大気汚染のもととなる．硫黄の地殻表面における存在量は 0.06％である．動植物体内にも硫黄を含んだ有機化合物が存在する．

　リン P：リンは自然界には単体として存在しないが，リン酸カルシウムなどの鉱物として産出される．リンの地殻表面における存在量は 0.08％である．動物体内では骨や歯の必須成分で，そのほか細胞原形質，脳髄，神経系統中に有機リン酸エステルの形で含まれる．遺伝子 DNA も重要なリン酸エステルの一つである．そのほか生物界に広く分布する．

　リンの単体には黄リン（白リンともいう）と赤リンがある．高温度のリン蒸気から凝集する場合，安定度の小さい黄リンが生じる．空気を断って加熱するか光を当てると安定な赤リンに変わる．黄リンは水に不溶であるが，ベンゼンや二硫化炭素などの有機溶媒に溶解する．常温で自然発火し青白いリン光を発する（発火点 30℃）．赤リンは化学的に安定で，水や二硫化炭素に不溶，自然発火もしない（発火点 240℃）．

　炭素 C：炭素は自然界には主として炭酸塩，特に炭酸カルシウムとして存在する．地殻中の存在量は 0.08％である．また，生物体を形成する種々の有機化合物や石油，石炭の主成分でもある．

　炭素の単体には，**グラファイト**（黒鉛：graphite），**ダイヤモンド**（diamond），無定形炭素（木炭やすすなど，結晶構造をもたないアモルファス状態）が古くから知られているが，その他にフラーレン(fullerene)，カーボンナノチューブ（carbon nanotube），グラフェン（graphene）などが発見されている．グラファイトは，黒い金属光沢をもつウロコ片状結晶で電気を導く．グラファイト結晶は，炭素原子が平面上の正六角形配置で幾重にも層状となったものである．グラファイトの一層がグラフェンであり，カーボンナノチューブはグラフェンが筒状に巻かれた構造のものである．ダイヤモンド結晶は，炭素原子 1 個

を中心とする正四面体の頂点に隣の炭素原子が位置し，この構造が立体的につながったものである（p.43）．ダイヤモンドは空気を断って約2,000℃に加熱するとグラファイトに変わるが，逆にグラファイトをダイヤモンドに変えるのは容易でない．フラーレンは，60個以上の炭素原子が結合して球状あるいはチューブ状に閉じたネットワーク構造を形成している．フラーレンの代表的な化合物 C_{60} はサッカーボールと同じ形をした球形分子で，直径は約0.7 nmである．

ケイ素 Si：ケイ素は二酸化ケイ素 SiO_2 として水晶，石英，メノウ，ケイ砂などを構成し，ケイ酸塩として種々の岩石や鉱物の主成分をなす．ケイ素の地表付近の存在量は25.8％である．ケイ藻に多量に含まれる．

6　水素と非金属元素の化合物

　水素と非金属元素は共有結合により**表4-8**のような化合物をつくる．

　最上段の水素化物は，同族の他の水素化物に比べて非常に沸点が高い．一般に，共有結合で結ばれた化合物の沸点は分子量の増加に従って高くなるが，NH_3，H_2O，HFの3者はこの一般原則に従わない（**図4-2**）．この理由は，水素結合によって多数の分子が会合しているためである（p.44）．

1）第14族の水素化物

　メタン CH_4：水に不溶，安定で分解しにくいが，空気中では可燃性である．炭素と水素の化合物は炭化水素（p.154）といわれ，有機化合物の基本体とされている．

　シラン SiH_4：不安定で水と反応し，加水分解される．

2）第15族の水素化物

　窒素 N，リン P，ヒ素 As，アンチモン Sb の順に，非金属性が減じ金属性が増す（ビスマス Bi は金属として扱われる）．これに従い水素化物は，安定なアンモニア NH_3 からホスフィン PH_3，アルシン AsH_3，スチビン SbH_3 の順に不安定となり，分解しやすくなる．

　アンモニア NH_3：工業的にはハーバー法（p.79）で合成される．

$$3\,H_2 + N_2 \longrightarrow 2\,NH_3$$

アンモニウム塩を強塩基と加熱しても得られる．

表4-8　水素と非金属元素の化合物＊〔（　）は沸点℃〕

	14族	15族	16族	17族
第2周期	CH_4　（−161.6）	NH_3　（−33.4）	H_2O　（100.0）	HF　（19.4）
第3周期	SiH_4　（−111.8）	PH_3　（−87.7）	H_2S　（−60.2）	HCl　（−85.1）
第4周期		AsH_3　（−54.8）	H_2Se　（−41.3）	HBr　（−66.7）
第5周期		SbH_3　（−18）	H_2Te　（−1.8）	HI　（−35.4）

＊：ホウ素と水素の化合物は省略した．

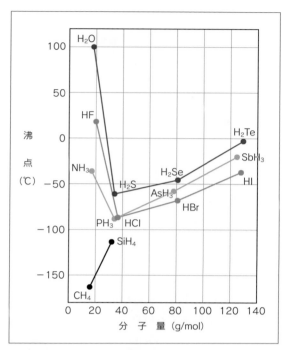

図4-2　水素化物の沸点と分子量

$$NH_4Cl + NaOH \longrightarrow NH_3 + NaCl + H_2O$$

　無色で特有の刺激臭をもち，空気より軽く，水に非常によく溶ける．水溶液は弱塩基性で，赤色リトマス紙を青変させる．アンモニア水が塩基性を示すのは，アンモニア分子がブレンステッドの塩基として作用し，H_2O より H^+ を受け取ってアンモニウムイオン NH_4^+ をつくるためである．

H:N: ＋ H:O: ⇌ [H:N:H]$^+$ ＋ [:O:]$^-$

アンモニア　　　水　　　アンモニウムイオン　　水酸化物イオン

　アンモニアは酸と直接に化合してアンモニウム塩を形成する．

　$NH_3 + HCl \longrightarrow NH_4Cl$（塩化アンモニウム）

　$2\,NH_3 + H_2SO_4 \longrightarrow (NH_4)_2SO_4$（硫酸アンモニウム）

アンモニウム塩は肥料として重要である．

ホスフィン PH_3：NH_3 より弱塩基である．AsH_3，SbH_3 には塩基性がない．

3）第16族の水素化物

　酸素 O，硫黄 S，セレン Se，テルル Te の順に非金属性が減じ，金属性が現れるので，水 H_2O が一番安定で，硫化水素 H_2S，セレン化水素 H_2Se，テルル化水素 H_2Te の順に不安定となる．水は $H_2O \rightleftharpoons H^+ + OH^-$ に電離し，酸と塩基の性質を兼ね備えている（p.79 参照）．OH^- がさらに $H^+ + O^{2-}$ とは電離

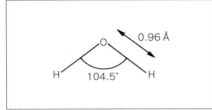

図4-3　水分子の形

表4-9　H_2O と D_2O の比較

	融点	沸点	最大密度となる温度	そのときの密度
H_2O	0℃	100℃	4.0℃	1.000 g/mL
D_2O	3.81℃	101.43℃	11.6℃	1.106 g/mL

しない.

硫化水素 H_2S：弱酸で次のように2段階に電離する.

$$H_2S \rightleftharpoons H^+ + HS^- \qquad K_{a1} = 1.2 \times 10^{-7} \ (pK_1 = 6.92)$$

$$HS^- \rightleftharpoons H^+ + S^{2-} \qquad K_{a2} = 1 \times 10^{-15} \ (pK_2 = 15)$$

H_2Se，H_2Te も同様に電離し，H_2Se（$pK_1 = 3.77$），H_2Te（$pK_1 = 2.64$）の順に強酸となる.

水 H_2O：地表の70.8%を占める海の主成分である．非常に安定な化合物で1,200℃の高温でも0.02%熱解離するだけである．水はよくものを溶解する．天然の水で最も純水に近い長雨の雨水でさえ，酸素，窒素，二酸化炭素などを含む．ふつうの天然水は塩類なども溶かしている.

純水：無味，無臭，無色透明な液体である．水の密度は4℃で最大で，そのときの1Lの質量は1,000gである．4℃より温度が上がっても下がっても密度は減少する．固体（氷）は液体（水）より密度が小さいので氷は水に浮かぶ．このようなことは他の液体にみられない水独特の性質である.

水分子の形は**図4-3**のようにOを頂点とする三角形である．OはHより電気陰性度（p.24）が大きいのでOがわずかに負に，Hがわずかに正に帯電する．このため水素結合をつくりやすく，液体の水は数分子が会合している（p.44）．また，水素結合により他のイオンや分子とも結合しやすい.

水溶液中では，どんなイオンもすべて水和している．NaClの結晶を水に溶かすと，水和されたナトリウムイオン $Na^+(H_2O)_n$ と水和された塩化物イオン $Cl^-(H_2O)_n$ になって溶解する．しかし，水和の正確な数 n はイオンの種類や温度，濃度，その他の状況によって変わるので正確な数はつかめない．そのため単に Na^+，Cl^- などと記載するのが一般的であるが，水溶液では常に水和していることを忘れてはならない.

重水：重水素Dや重酸素 ^{18}O よりなる水を重水という．D_2O，HDO，$H_2^{18}O$ などの組み合わせがある．このうち D_2O だけは通常の水（軽水）といろいろな点で異なる（**表4-9**）．たとえばイオン積を比較してみよう.

$$H_2O \rightleftharpoons H^+ + OH^- \qquad K_w = 1.0 \times 10^{-14} \quad (25℃)$$

$$D_2O \rightleftharpoons D^+ + OD^- \qquad K_w = 1.6 \times 10^{-15} \ (25℃)$$

一般に，重水素Dの反応はHに比べて遅い．たとえば，水を電気分解すればDは残留液中にだんだんと濃縮されていく.

 雨水
降り始めの雨は大気中の汚れを吸収して汚れているが，次第に純水に近くなる.

4）ハロゲン化水素

第17族のハロゲン元素は典型的な非金属元素で，安定な水素化物をつくる．

フッ化水素 HF：最も安定な水素化物で分解しにくい．水溶液は弱酸性である．HF はガラスの成分であるケイ酸カルシウム $CaSiO_3$ や二酸化ケイ素 SiO_2 と反応し，揮発性の四フッ化ケイ素 SiF_4 を生ずる．

$$CaSiO_3 + 6\ HF \longrightarrow SiF_4 + CaF_2 + 3\ H_2O$$

$$SiO_2 + 4\ HF \longrightarrow SiF_4 + 2\ H_2O$$

この反応を利用して，ガラス器具に目盛や模様を入れることができる．

塩化水素 HCl：代表的なハロゲン化水素で水に易溶である．安定で分解しにくい．水溶液は塩酸とよばれる強酸である．酸化作用はなく，還元作用もほとんど示さない．

臭化水素 HBr，ヨウ化水素 HI：どちらも水に易溶，強酸性である．この順に不安定となり，たとえばヨウ化水素は450℃で22%も熱解離する（p.78 例1）．ヨウ化水素とヨウ化物は還元作用があり，他のハロゲン化水素より酸化されやすい．

$$2\ HI + Cl_2 \longrightarrow 2\ HCl + I_2$$

$$2\ KI + Br_2 \longrightarrow 2\ KBr + I_2$$

$$2\ HI + H_2O_2 \longrightarrow 2\ H_2O + I_2$$

7 酸素と非金属元素の化合物（酸化物）

非金属の酸化物は，CO，N_2O，NO など中性のものもあるが，大部分は酸性酸化物である．

1）酸性酸化物，酸素酸

酸性酸化物は水と反応して酸となるか，塩基と反応して塩をつくる．

$$CO_2 + H_2O \longrightarrow H_2CO_3$$
炭酸

$$N_2O_4 + H_2O \longrightarrow HNO_2 + HNO_3$$
亜硝酸　　硝酸

$$P_2O_5 + 3\ H_2O \longrightarrow 2\ H_3PO_4$$
リン酸

$$SO_3 + H_2O \longrightarrow H_2SO_4$$
硫酸

$$SiO_2 + 2\ NaOH \longrightarrow Na_2SiO_3 + H_2O$$
ケイ酸ナトリウム

酸化物と水との反応で生じる酸，すなわち分子中に酸素をもつ酸を**酸素酸**（oxy-acid）という．これに対し，酸性の水素を含む酸（HCl，HF，H_2S など）を**水素酸**（hydro-acid）という．

非金属の酸素酸は−OH 基をもち，次のように電離する．

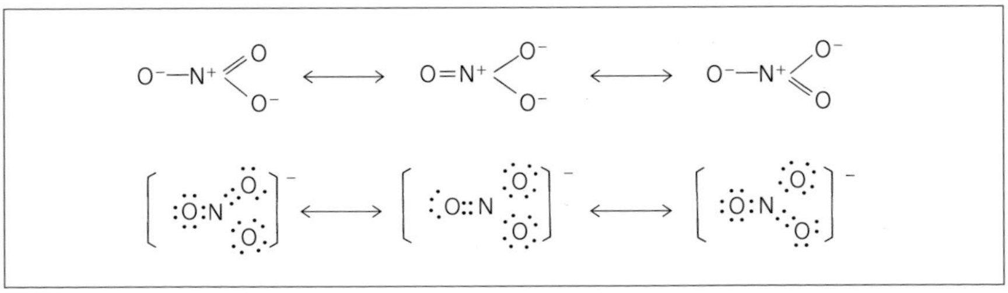

図4-4の硝酸イオンの構造の共鳴構造式（上段3つ、下段3つの電子対表記）

図4-4　硝酸イオンの構造

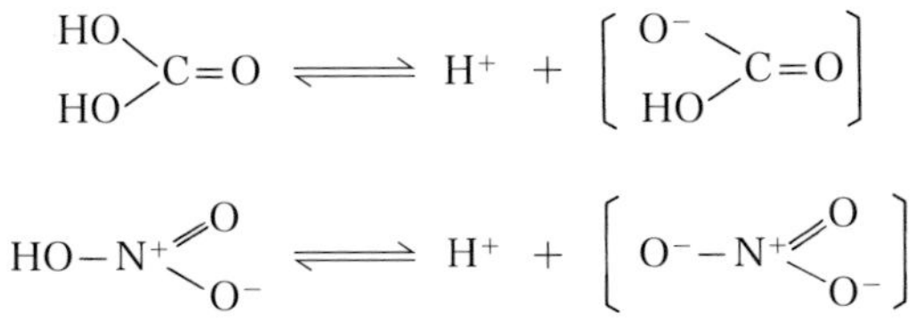

炭酸とその解離の平衡式、硝酸とその解離の平衡式（化学構造式）

硝酸イオンの構造式には，二重結合で結ばれた N＝O と単結合の N−O があるから，3個の酸素原子の性質は違うのであろうか？　二重結合では N と O の原子間距離が短く，単結合では N と O の原子間距離が長いはずである．しかし実測によると，3個の N−O 結合の原子間距離は相等しく，化学的にも3個の O 原子を区別することはできない．実際の硝酸イオンの構造は，**図4-4上**の3つの構造式のどれか1つで書き表すことはできず，この3構造の**共鳴**（resonance）として表される．共鳴を表すために ⟷ の記号を使う．電子対を用いて各構造式を書き表せば，**図4-4下**のようになる．

硝酸イオンの本当の構造は，いかなる瞬間にもこの3構造式のどの1つとも一致せず，また3者の混合物でもない，3者の共鳴混成体である．3つの N−O 結合は平等で，この3つの構造式のどの形から予想されるよりも安定なイオンを形成している．

炭酸イオン $CO_3{}^{2-}$ の共鳴構造式 も，共鳴のため3個の O 原子は平等であるが，解離していない炭酸分子 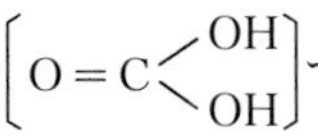 では もちろん平等でない．そのために $CO_3{}^{2-}$ が存在するが，炭酸の分子は不安定で純粋に単離されない．

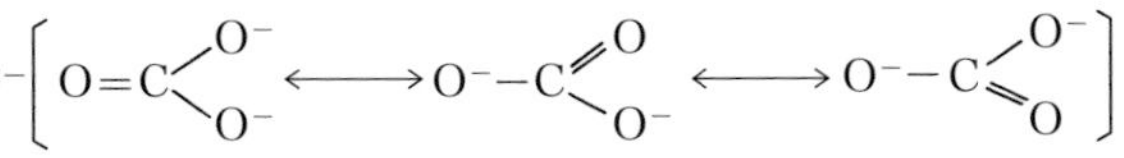

1つの非金属元素が数種の酸素酸をつくるときは，酸素を多く含むものほど強酸である（**表4-10**）．

硫酸 H_2SO_4：工業上最も用途の多い酸で，次の反応で製造する．

$$SO_3 + H_2O \longrightarrow H_2SO_4$$

純硫酸は分解しやすいので，濃硫酸として，96％硫酸（密度1.84）が市販されている．

濃硫酸は不揮発性，粘稠な液体で吸湿性が強い．水に溶かすと発熱し，有機

表 4-10　非金属酸素酸

分子式		密度*	酸としての強さ	分子式		密度*	酸としての強さ
ホウ酸	H_3BO_3	1.43	$K_{a1} = 5.62 \times 10^{-10}$	次亜塩素酸	HClO		$K_a = 2.95 \times 10^{-8}$
炭酸	H_2CO_3		$K_{a1} = 4.30 \times 10^{-7}$	亜塩素酸	$HClO_2$		
亜硝酸	HNO_2		$K_a = 4.6 \times 10^{-4}$	塩素酸	$HClO_3$		やや強酸
硝酸	HNO_3	1.50	強酸	過塩素酸	$HClO_4$	1.73	強酸
次亜リン酸	H_3PO_2	1.49	$K_a = 1 \times 10^{-2}$	亜セレン酸	H_2SeO_3	3.00	$K_{a1} = 3.5 \times 10^{-3}$
亜リン酸	H_3PO_3	1.65	$K_{a1} = 1.0 \times 10^{-2}$	セレン酸	H_2SeO_4	2.95	強酸
リン酸	H_3PO_4	1.83	$K_{a1} = 7.11 \times 10^{-3}$	臭素酸	$HBrO_3$		やや強酸
亜硫酸	H_2SO_3		$K_{a1} = 1.54 \times 10^{-2}$	ヨウ素酸	HIO_3	4.63	$K_a = 1.69 \times 10^{-1}$
硫酸	H_2SO_4	1.83	強酸				

＊：密度を示していないものは純粋な状態で得られていないもの．たとえば，炭酸の水溶液を加熱すれば $H_2CO_3 \rightarrow H_2O + CO_2$ と分解し，純粋な H_2CO_3 は得られない．

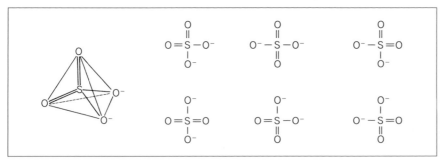

図 4-5　硫酸イオンの形

化合物を脱水する．

$$H_2SO_4 + 多量の H_2O \longrightarrow H_2SO_4 水溶液 \qquad \Delta H = -74.5\,kJ$$

$$C_6H_{12}O_6 \xrightarrow{（濃硫酸）} 6\,C + 6\,H_2O$$

濃硫酸は酸化作用も強く，イオン化傾向の低い金属を溶解する．

$$Cu + 2\,H_2SO_4 \xrightarrow{加熱} CuSO_4 + SO_2 + 2\,H_2O$$

濃硫酸はほとんど電離しないから電気伝導度も低い．これに対し，希硫酸は強酸性で次のように 2 段階に電離する．

$$H_2SO_4 \longrightarrow H^+ + HSO_4^- \text{（完全電離）}$$

$$HSO_4^- \rightleftharpoons H^+ + SO_4^{2-}$$

希硫酸はほとんど酸化作用を示さない．

硫酸イオン SO_4^{2-} の構造は，S を中心とする正四面体である（図 4-5）．いろいろな共鳴構造があり，4 個の O 原子はすべて平等である．

リン酸 H_3PO_4：純リン酸は無色固体であるが，市販のリン酸は 85% リン酸を含む粘稠な液体で，脱水作用も酸化作用もほとんど示さない安定な化合物で

ある．中程度の強さの酸で，p.85 に示すように 3 段階に電離する．

過塩素酸 HClO₄：濃過塩素酸は激しい酸化作用をもち，有機物が混入したり不注意に加熱すると爆発することがある．市販の 70%過塩素酸を扱うときは注意すること．希過塩素酸は酸化作用を示さず，次のように電離する強酸である．

$$HClO_4 \rightleftharpoons H^+ + ClO_4^-$$

過塩素酸イオンの形も硫酸イオンやリン酸イオンと同じように正四面体である．

その他：2 分子以上の酸素酸が脱水縮合して生成する複雑な構造の酸もある．たとえば，

H₄P₂O₇ ピロリン酸 　　　　　 (HPO₃)ₙ メタリン酸

H₃P₃O₉ トリメタリン酸 　　　 Na₂S₂O₇ ピロ硫酸ナトリウム

これらは水と反応して加水分解される．

$$H_4P_2O_7 + H_2O \xrightarrow{加熱} 2\,H_3PO_4$$

$$H_3P_3O_9 + 3\,H_2O \xrightarrow{加熱} 3\,H_3PO_4$$

$$(HPO_3)_n + nH_2O \xrightarrow{加熱} nH_3PO_4$$

$$S_2O_7{}^{2-} + H_2O \xrightarrow{ただちに} 2\,H^+ + 2\,SO_4{}^{2-}$$

酸素酸分子の中の，1 個ないし全部の酸素原子を硫黄原子で置き換えた構造の酸を**チオ酸**（thio-acid）という．

〈例〉チオ硫酸ナトリウム Na₂S₂O₃．ただし，チオ硫酸 H₂S₂O₃ という分子は存在しない．

2）中性酸化物

一酸化炭素 CO：無色無臭の気体で，猛毒である．重金属塩と反応して錯化合物をつくりやすい．たとえば，血液中のヘモグロビンが一酸化炭素により機能を失うのは，ヘモグロビン分子中の鉄原子が一酸化炭素と強固に結合し，酸素を付加できなくなるためである（p.138）．

一酸化炭素は，塩素と結合してホスゲン $COCl_2$（猛毒，気体）をつくる．

$$CO\ +\ Cl_2\ \longrightarrow\ \begin{matrix}Cl\diagdown\\[-2pt]Cl\diagup\end{matrix}C=O$$

一酸化窒素 NO：二酸化窒素（NO_2）とともに大気中の窒素酸化物のなかで最も有毒な汚染物質である．無色の気体である一酸化窒素は，大気中の酸素とゆっくり反応して黄褐色の二酸化窒素ガスを生成する．また，大気中のオゾンと反応すると速やかに二酸化窒素を生成する．

$$2\,NO + O_2 \xrightarrow{\text{遅い反応}} 2\,NO_2$$

$$NO + O_3 \xrightarrow{\text{速い反応}} NO_2 + O_2$$

二酸化窒素は，大気中の水と反応して硝酸を生成し，硫酸とともに酸性雨の主要な原因となる．また，大気中のアンモニアと反応して硝酸アンモニウムを生成し，浮遊粉塵となる．

$$3\,NO_2 + H_2O \longrightarrow 2\,HNO_3 + NO$$

$$HNO_3 + NH_3 \longrightarrow NH_4NO_3$$

光化学スモッグは，自動車の排気，ガソリンタンクやキャブレターからの蒸発，そのほかで生じた大気中の炭化水素と窒素酸化物が，太陽光線によって照射されたときに大気中に発生する刺激性の有毒ガスの混合物である．光化学スモッグの生成についての一連の反応系の詳細はよくわかっていないが，二酸化窒素の太陽光による光化学分解から始まると考えられる．生じた原子状酸素の大部分は大気中の酸素をオゾンに変え，炭化水素と反応して光化学スモッグを発生させる．

3）過酸化物

-O-O-結合をもつ化合物を過酸化物（peroxide）という．

過酸化水素 H_2O_2：不安定で分解しやすい．

$$2\,H_2O_2 \longrightarrow 2\,H_2O + O_2$$

酸化力が強く，亜硫酸や Fe^{2+} を酸化する．

$$H_2SO_3 + H_2O_2 \longrightarrow H_2SO_4 + H_2O$$

$$2\,FeSO_4 + H_2O_2 + H_2SO_4 \longrightarrow Fe_2(SO_4)_3 + 2\,H_2O$$

過マンガン酸カリウムなどの強力な酸化剤に対しては還元剤として作用することもある．

$$2\,KMnO_4 + 5\,H_2O_2 + 3\,H_2SO_4 \longrightarrow K_2SO_4 + 2\,MnSO_4 + 5\,O_2 + 8\,H_2O$$

過硫酸カリウム $K_2S_2O_8$：酸化剤．正式名はペルオキシ二硫酸カリウム．

$$(K^+)_2 \left[\begin{matrix} O\diagdown \\ O\diagup \end{matrix}S\begin{matrix}\diagup O-O\diagdown \\ \diagdown O\quad O\diagup\end{matrix}S\begin{matrix}\diagup O \\ \diagdown O\end{matrix} \right]^{2-}$$

8　ハロゲンと非金属元素の化合物

非金属酸素酸の OH 基を塩素で，または酸素を 2 原子の塩素で置換した形

の化合物は不安定で，水により加水分解される．ただし，炭素の塩素化合物は一般に安定である．

$$\begin{array}{c}\text{Cl}\\ \text{Cl}\end{array}\!\!S{=}O \ + \ 2\,H_2O \ \longrightarrow \ \begin{array}{c}\text{HO}\\ \text{HO}\end{array}\!\!S{=}O \ + \ 2\,HCl$$

塩化チオニル　　　　　　　　　　　　亜硫酸

$$PCl_3 \ + \ 3\,H_2O \ \longrightarrow \ H_3PO_3 \ + \ 3\,HCl$$

三塩化リン　　　　　　　　　亜リン酸

$$PCl_5 \ + \ H_2O \ \longrightarrow \ POCl_3 \ + \ 2\,HCl$$

五塩化リン　　　　　　オキシ塩化リン

$$POCl_3 \ + \ 3\,H_2O \ \longrightarrow \ H_3PO_4 \ + \ 3\,HCl$$

オキシ塩化リン　　　　　　　リン酸

$$\begin{array}{c}\text{Cl}\\ \text{HO}\end{array}\!\!S\!\!\begin{array}{c}{=}O\\ {=}O\end{array} \ + \ H_2O \ \longrightarrow \ \begin{array}{c}\text{HO}\\ \text{HO}\end{array}\!\!S\!\!\begin{array}{c}{=}O\\ {=}O\end{array} \ + \ HCl$$

クロロスルホン酸　　　　　　　　　　硫酸

　非金属元素の塩化物は，有機化学でエステルや塩化物の合成に利用される．

9　その他の非金属元素の化合物

　ヒドラジン N_2H_4 $\begin{bmatrix}\text{H}\\ \text{H}\end{bmatrix}\!\!N{-}N\!\!\begin{bmatrix}\text{H}\\ \text{H}\end{bmatrix}$：弱塩基（$N_2H_4+H^+ \rightleftharpoons N_2H_5{}^+$, $K_b = 8.5\times10^{-7}\,M$）．強力な還元剤，液体．

　ヒドロキシルアミン NH_2OH：弱塩基（$NH_2OH+H^+ \rightleftharpoons N^+H_3OH$, $K_b = 9\times10^{-9}\,M$）．還元剤．

　シアン化水素 HCN：弱酸（$HCN \rightleftharpoons H^++CN^-$, $K_a = 5\times10^{-10}\,M$）．猛毒．**青酸**ともいう．

　シアノゲン $(CN)_2$：猛毒，気体．

　二硫化炭素 CS_2：有機物をよく溶かす溶媒，引火性，危険．

　四塩化炭素 CCl_4：有機物をよく溶かす溶媒，不燃性，消火剤となる．

　クロロホルム $CHCl_3$：有機物をよく溶かす溶媒．

　ホスゲン $COCl_2$：猛毒，気体．

Ⅲ 金属の化学

1　冶金（やきん）

　金，白金などは自然界に単体で存在するが，たいていの金属は化合物の形で鉱物として産出する．これを適当な方法で金属に還元する操作を冶金（やきん）という．

　還元剤としては，炭素，一酸化炭素，水素などの非金属還元剤や，アルミニウムなどのイオン化傾向の大きい金属を用いる．電気分解で還元する方法もある．

〈例〉 ZnO（紅亜鉛鉱）＋ C $\longrightarrow$ Zn ＋ CO

$\qquad$ Fe$_2$O$_3$（赤鉄鉱）＋ 3 CO $\longrightarrow$ 2 Fe ＋ 3 CO$_2$

$\qquad$ WO$_3$ ＋ 3 H$_2$ $\longrightarrow$ W（タングステン）＋ 3 H$_2$O

$\qquad$ Cr$_2$O$_3$ ＋ 2 Al $\longrightarrow$ 2 Cr ＋ Al$_2$O$_3$

粗銅は電気分解で精錬される．アルミニウム，カリウム，ナトリウムなどは溶融塩を電気分解して得られる（p.100）．

金属は単独で使用することもあるが，合金として用いる方が多い．

2 アルカリ金属，アルカリ土類金属とその化合物

第 1 族の H を除いた元素 Li，Na，K，Rb，Cs，Fr を**アルカリ金属**（alkali metal）と総称する．最外殻にある 1 個の電子を失うと安定な貴ガスの電子配置と等しくなるので，酸化されて 1 価の陽イオンになりやすい（**表 4-11** と**表 4-4** を比較せよ）．したがって，最も還元力の強いグループをなす．化合物のなかでは常に 1 価の陽イオンとなる．

第 2 族の Be，Mg を除いた元素 Ca，Sr，Ba，Ra を**アルカリ土類金属**（alkaline earth metal）と総称する．最外殻にある 2 個の電子を失うと貴ガスの電子配置と等しくなるので，酸化されて 2 価の陽イオンになりやすい（**表 4-12** と**表 4-4** を比較せよ）．アルカリ金属に次いで還元力の強いグループであ

表 4-11　アルカリ金属

原子番号	元素	電子殻							原子量	融点（℃）	沸点（℃）	密度
		K	L	M	N	O	P	Q				
3	Li	2	1						6.941	181	1,340	0.535
11	Na	2	8	1					22.9898	98	885	0.971
19	K	2	8	8	1				39.0983	63	775	0.862
37	Rb	2	8	18	8	1			85.4678	39	690	1.532
55	Cs	2	8	18	18	8	1		132.9054	29	670	1.90
87	Fr	2	8	18	32	18	8	1				

表 4-12　Be，Mg とアルカリ土類金属

原子番号	元素	電子殻							原子量	融点（℃）	沸点（℃）	密度
		K	L	M	N	O	P	Q				
4	Be	2	2						9.0122	1,280	2,970	1.85
12	Mg	2	8	2					24.305	650	1,100	1.74
20	Ca	2	8	8	2				40.08	850	1,240	1.55
38	Sr	2	8	18	8	2			87.62	774	1,150	2.6
56	Ba	2	8	18	18	8	2		137.33	725	1,140	3.5
88	Ra	2	8	18	32	18	8	2		700	1,140	5

る．化合物のなかでは2価の陽イオンとなる．

このように1族，2族の元素は反応性が強く，自然界に単体としては存在しないが塩として広く分布する．地表付近の存在量は Ca 3.39%，Na 2.63%，K 2.40%，Mg 1.93%である．

アルカリ金属もアルカリ土類金属も直接ハロゲンと化合しハロゲン化物をつくる．また，酸素と激しく化合して酸化物をつくる．

$$4\,Li + O_2 \longrightarrow 2\,Li_2O$$

$$2\,Ca + O_2 \longrightarrow 2\,CaO$$

これらの族の金属と酸素を高温で直接反応させると Na_2O_2，BaO_2 などの過酸化物（peroxide）や KO_2 などの超酸化物（superoxide）を生成する．

$$2\,Na + O_2 \longrightarrow Na_2O_2$$

$$Ba + O_2 \longrightarrow BaO_2$$

$$K + O_2 \longrightarrow KO_2$$

過酸化物を注意深く希硫酸で分解すれば，過酸化水素が得られる．

$$BaO_2 + H_2SO_4 \longrightarrow H_2O_2 + BaSO_4$$

これらの族の金属は直接水と反応し，水を分解して水酸化物をつくる．

$$2\,Na + 2\,H_2O \longrightarrow 2\,NaOH + H_2 \,（非常に激しい）$$

$$Ca + 2\,H_2O \longrightarrow Ca(OH)_2 + H_2 \,（さほど激しくない）$$

リチウム以外のアルカリ金属は窒素と反応しないが，アルカリ土類金属とリチウムは高温で窒素と直接化合して窒化物をつくる．

1）酸化物，水酸化物

アルカリ金属とアルカリ土類金属の酸化物は，水と激しく化合して水酸化物をつくる．

$$Na_2O + H_2O \longrightarrow 2\,NaOH$$

$$CaO + H_2O \longrightarrow Ca(OH)_2$$

アルカリ金属の水酸化物は強塩基性で，水に易溶である．加熱しても脱水されることなくそのまま融解する．アルカリ土類金属の水酸化物も強塩基性であるが，水にはさほど溶けない．熱に対しては比較的安定である．

MgとBeの水酸化物
$Mg(OH)_2$ と $Be(OH)_2$ は例外で弱塩基性を示し，加熱すると比較的低温でも分解して酸化物となる．

2）塩類

アルカリ金属の塩類は，たいてい水に可溶である．不溶性のものは，ピロアンチモン酸ナトリウム $Na_2H_2Sb_2O_7$，過塩素酸カリウム $KClO_4$，塩化白金酸カリウム K_2PtCl_6 など，ほんの少ししか知られていない．

アルカリ金属と強酸との中和で生ずる中性塩の水溶液は中性を示す．

〈例〉塩化物 NaCl，KCl，臭化物 KBr，ヨウ化物 NaI，KI，硝酸塩 $NaNO_3$，KNO_3，硫酸塩 Na_2SO_4 など．

アルカリ金属と二塩基性強酸との酸性塩の水溶液は酸性を示す．

〈例〉硫酸水素ナトリウム $NaHSO_4$ など．

表 4-13　Be，Mg とアルカリ土類金属の硫酸塩

	$BeSO_4$，$MgSO_4$	$CaSO_4$	$SrSO_4$	$BaSO_4$	$RaSO_4$
溶解度（30℃）	例外でよく溶ける	0.209	0.0138	0.000285	0.000002

　アルカリ金属と弱酸との間の中性塩の水溶液は塩基性を示す（p.88）.
　〈例〉亜硝酸塩 $NaNO_2$，亜硫酸塩 Na_2SO_3，リン酸塩 Na_3PO_4，炭酸塩 K_2CO_3，硫化物 Na_2S，シアン化物 $NaCN$，KCN，酢酸塩 CH_3COONa など.
　アルカリ金属と多塩基性弱酸との間の酸性塩は，弱酸の K_a（表 3-3）によりいろいろあるが，水溶液が酸性を示すものには亜硫酸水素ナトリウム $NaHSO_3$，リン酸二水素カリウム（第一リン酸カリウム）KH_2PO_4 など，塩基性を示すものには炭酸水素ナトリウム（重曹）$NaHCO_3$，リン酸一水素二ナトリウム（第二リン酸ナトリウム）Na_2HPO_4，硫化水素ナトリウム（水硫化ナトリウム）$NaHS$ などがある.
　アルカリ土類金属の塩化物（$CaCl_2$，$BaCl_2$ など），硝酸塩〔$Ca(NO_3)_2$ など〕は水によく溶けるが，硫酸塩は水にも希酸溶液にも難溶である（表 4-13）.
　水や酸に可溶なバリウム塩はすべて有毒であるが，硫酸バリウム $BaSO_4$ は水や酸に不溶なため毒性を示さず，X 線を通しにくいので X 線造影剤として用いられる.
　アルカリ土類金属の炭酸塩は水に不溶であるが，二酸化炭素を溶かした水，すなわち炭酸には酸性塩となって溶ける.

$$CaCO_3 + H_2CO_3 \rightleftharpoons Ca(HCO_3)_2$$

　これは加熱するか，または徐々に炭酸が揮発すればふたたび炭酸塩を沈殿する.
　炭酸塩は強酸と混ぜると分解し，二酸化炭素を発生する.

$$CaCO_3 + 2\,HCl \longrightarrow CaCl_2 + H_2O + CO_2$$

　アルカリ土類金属のリン酸塩も水には不溶であるが酸には溶ける.

3　遷移元素（典型元素 Al を含めて）
1）生物の必須微量元素
　表 4-1 からわかるように，必須元素のほとんどは第 4 周期までの元素であり，Hg，Cd，Pb などの有害元素は第 5 周期以上に分布する．必須元素の機能は大きく分けて以下の 4 種に分類される.
　① 電気化学的機能：イオンの移動に伴う自由なエネルギーの供給源として，また，細胞内の電荷を中和する.
　② 触媒的な機能：金属酵素の共同因子として酵素活性発現に不可欠である.
　③ 生体の構造素材として組織の構築にあずかる.
　④ 金属タンパク質として，酸素の運搬，貯蔵，電子伝達系に関与する.
　必須微量元素としての遷移元素の生体内分布およびおもな機能は，次のとおりである.

鉄 Fe：健常成人の体内には 4〜5 g（60〜70 ppm）含まれる．ヘモグロビン（p.138）の形で酸素運搬の働きをするほか，ミオグロビン（酸素の貯蔵），トランスフェリン（鉄の運搬体として鉄代謝に関与）に含まれる．また，鉄の貯蔵成分としてフェリチンがあり，肝，脾，骨髄に高濃度で存在する．チトクロームのヘム鉄は電子伝達系として働くほか，非ヘム鉄—硫黄タンパク質としてフェレドキシン，アドレノドキシンなどがあげられる．

亜鉛 Zn：健常成人の体内には 1.4〜2.3 g 含まれる．皮膚，毛髪，骨，歯などに多い．血液中では，α_2-マクログロブリンと強く結合している．DNA，RNA，タンパク質の合成に必須である．カルボキシペプチダーゼをはじめ，多くの脱水素酵素の不可欠因子である．

銅 Cu：健常成人の体内には約 80 mg 含まれる．血中レベルは 0.5〜1.5 μg/mL で，セルロプラスミンの形で鉄の代謝に関与する．赤血球中では主としてエリトロクプレイン（スーパーオキサイド・ジスムターゼ）として存在する．軟骨動物，甲殻類の血液中では，ヘモシアニンとして酸素運搬の働きをしている．

マンガン Mn：健常成人の体内には 12〜20 mg 含まれる．大腸菌およびヒヨコ肝由来のスーパーオキサイド・ジスムターゼの不可欠因子である．プロテオグリカン合成におけるコアタンパク質への糖鎖結合酵素に必須で軟骨形成に関与する．

コバルト Co：ビタミン B$_{12}$ 群の錯体中心原子として存在する．肝,脳下垂体,腎に高濃度に含まれる．健常成人の血液中の濃度は約 385 pg/mL である．C−C 結合，C−O 結合，C−N 結合などの開裂を伴う数多くの反応に関与する酵素の補酵素として重要な働きをしている．

クロム Cr：生体中に広く分布する．グルコースおよび脂質代謝に関与している．

モリブデン Mo：フラビン酵素であるキサンチンオキシダーゼの不可欠因子として発見された．窒素固定生物に必須であるほか，硝酸還元酵素，ニトロゲナーゼなど細菌酵素はモリブデンを含む金属酵素である．タングステンはモリブデンに対して拮抗作用を示す．

ニッケル Ni：DNA および RNA 中に含まれる．ニッケル欠乏の動物実験から，皮膚色素の低下，短肢の発生，ヘマトクリット値，血中コレステロール値および赤血球数の減少をきたすことが知られている．

バナジウム V：ヒヨコ，ラットなどの実験から成長に不可欠（250〜500 ppb）であることが知られている．緑藻にとっても必須である．

2）酸化物，水酸化物

Al, Zn, Fe などイオン化傾向の比較的大きい金属は，空気中で加熱するか，または湿気がある空気中に放置すれば，酸化されて酸化物となる．金属は冷水とは直接反応しないが，高熱の水または水蒸気を分解して酸化物をつくる．水酸化物を加熱脱水しても酸化物を生成する．これらの点でアルカリ金属やアル

 モリブデン

モリブデンは周期表第 5 周期に属する数少ない必須元素の一つで．これは海水中に比較的高い濃度でモリブデンが含まれていることと関係がある可能性がある．

カリ土類金属と異なる．

$$2\,Zn + O_2 \longrightarrow 2\,ZnO$$

$$3\,Fe + 4\,H_2O \xrightarrow{(1{,}000℃)} Fe_3O_4 + 4\,H_2$$

$$2\,Al(OH)_3 \xrightarrow{(300℃)} Al_2O_3 + 3\,H_2O$$

酸化物は水と化合しない．水酸化物をつくるには，金属塩の溶液に必要量の塩基を加え沈殿させる．

$$Fe^{3+} + 3\,OH^- \longrightarrow Fe(OH)_3$$

$$Zn^{2+} + 2\,OH^- \longrightarrow Zn(OH)_2$$

酸化物，水酸化物は水に不溶である．

塩基性酸化物と塩基性水酸化物は酸と反応して塩をつくる．

$$Fe_2O_3 + 3\,H_2SO_4 \longrightarrow Fe_2(SO_4)_3 + 3\,H_2O$$

$$Mn(OH)_2 + 2\,HCl \longrightarrow MnCl_2 + 2\,H_2O$$

両性酸化物と両性水酸化物は酸および塩基と反応して塩をつくる．

$$\begin{cases} ZnO \quad + H_2SO_4 \longrightarrow ZnSO_4 + H_2O \\ \text{塩基として} \\ ZnO \qquad\quad + 2\,NaOH \longrightarrow Na_2ZnO_2 + H_2O \\ H_2ZnO_2\,\text{亜鉛酸} \qquad\qquad\quad \text{亜鉛酸} \\ \text{の無水物として} \qquad\qquad\quad \text{ナトリウム} \end{cases}$$

$$\begin{cases} Al(OH)_3 + 3\,HCl \longrightarrow AlCl_3 + 3\,H_2O \\ \text{塩基として} \\ Al(OH)_3 \qquad + NaOH \longrightarrow NaAlO_2 + 2\,H_2O \\ HAlO_2\,\text{アルミン酸} \qquad\qquad \text{アルミン酸} \\ \text{の水化物として} \qquad\qquad \text{ナトリウム} \end{cases}$$

$Cr(OH)_3$ も $Al(OH)_3$ と似た挙動をする両性水酸化物である．

なお，両性酸化物，水酸化物をつくる金属のうち Al, Zn などは，それ自身，酸にも塩基にも溶けて水素を発生する．

$$\begin{cases} Zn + H_2SO_4 \longrightarrow ZnSO_4 + H_2 \\ Zn + 2\,NaOH \longrightarrow Na_2ZnO_2 + H_2 \end{cases}$$

$$\begin{cases} 2\,Al + 6\,HCl \longrightarrow 2\,AlCl_3 + 3\,H_2 \\ 2\,Al + 2\,NaOH + 2\,H_2O \longrightarrow 2\,NaAlO_2 + 3\,H_2 \end{cases}$$

塩基性酸化物をつくる金属（Fe, Ni など）は酸と反応して水素を発生するが，塩基には溶けない．

3）酸性酸化物，酸素酸

マンガンの酸性酸化物 Mn_2O_7 は激しい酸化力をもつ危険な液体である．水に溶けて過マンガン酸 $HMnO_4$ の水溶液となる（構造は過塩素酸と似ている．p.124 参照）．過マンガン酸カリウム $KMnO_4$ は結晶として得られる．いずれも強力な酸化剤である．

クロムの酸性酸化物 CrO_3 も水に溶けてクロム酸 H_2CrO_4 の水溶液となる．クロム酸カリウム K_2CrO_4 は結晶として得られる．いずれも強力な酸化剤であ

る．クロム酸2分子が脱水縮合した形の酸を二クロム酸，そのカリウム塩が二クロム酸カリウムである．

$$\left[\begin{array}{c} O \\ | \\ O-Cr=O \\ | \\ O \end{array}\right]^{2-} \qquad \left[\begin{array}{c} O \qquad O \\ | \qquad | \\ O=Cr-O-Cr=O \\ | \qquad | \\ O \qquad O \end{array}\right]^{2-}$$

　　クロム酸イオン（黄色）　　　　二クロム酸イオン（濃赤橙色）

これは硫酸・ピロ硫酸の関係（p.124）と形のうえでは似ている．しかし，ピロ硫酸イオンは水に溶かすとただちに加水分解するのに比べ，二クロム酸イオンとクロム酸イオンは水溶液中で次のような平衡にある．

$$S_2O_7{}^{2-}（ピロ硫酸イオン）+ H_2O \xrightarrow{\text{ただちに}} 2\,H^+ + 2\,SO_4{}^{2-}$$

$$Cr_2O_7{}^{2-}（二クロム酸イオン）+ H_2O \rightleftharpoons 2\,H^+ + 2\,CrO_4{}^{2-}（クロム酸イオン）$$

モリブデンの酸性酸化物 MoO_3 は水にわずかに溶けて酸性を呈する．最も簡単な形の塩はモリブデン酸ナトリウム Na_2MoO_4 であるが，モリブデン酸 H_2MoO_4 が多数縮合した複雑な構造の化合物が各種存在する．

〈例〉モリブデン酸アンモニウム $(NH_4)_6Mo_7O_{24}$，デカモリブデン酸ナトリウム $Na_2Mo_{10}O_{31}$

モリブデン酸とリン酸が縮合した形の化合物，リンモリブデン酸やその塩類は分析化学で重要な化合物である．

〈例〉一定量のモリブデン酸アンモニウム溶液に未知試料と還元剤を加える．未知試料中にリン酸イオンが入っていれば溶液は青く呈色する．この反応は非常に鋭敏で，μg 以下のリン酸イオンを検出することができる．青色の強さを比較して，リン酸イオンの定量分析を行うこともできる．

4）貴金属

遷移元素のなかで Cu，Hg，Ag，Pt，Au などイオン化傾向の小さい金属は空気中で酸化されにくく，したがって錆びにくいので貴金属といわれる．

Cu，Hg，Ag はイオン化傾向が小さいので一般的な酸には溶けないが，酸化作用をもつ硝酸や熱濃硫酸には溶ける．

$$3\,Ag + 4\,HNO_3 \longrightarrow 3\,AgNO_3 + NO + 2\,H_2O$$

$$Cu + 2\,H_2SO_4 \longrightarrow CuSO_4 + SO_2 + 2\,H_2O$$

Au，Pt は硝酸や熱濃硫酸にも溶けないが，濃塩酸と濃硝酸の混合液（王水：aqua regia）には溶ける．

$$Au + HNO_3 + 4\,HCl \longrightarrow \underset{\text{塩化金酸}}{HAuCl_4} + NO + 2\,H_2O$$

$$3\,Pt + 4\,HNO_3 + 18\,HCl \longrightarrow \underset{\text{塩化白金酸}}{3\,H_2PtCl_6} + 4\,NO + 8\,H_2O$$

酸化物は強く加熱すれば，分解して金属を遊離する．

$$CuO \longrightarrow （熱分解しにくい）$$

$$2\,HgO \xrightarrow{500℃} 2\,Hg + O_2$$

$$2\,Ag_2O \xrightarrow{300^\circ C} 4\,Ag + O_2$$

$$2\,Au_2O_3 \xrightarrow{250^\circ C} 4\,Au + 3\,O_2$$

水酸化物は不安定で，まったく存在しないか，または水中で温めるだけで分解する．

$$Cu^{2+} + 2\,OH^- \longrightarrow Cu(OH)_2 \xrightarrow[\text{加温}]{\text{水中で}} CuO + H_2O$$

$$2\,Ag^+ + 2\,OH^- \longrightarrow Ag_2O + H_2O$$

$$Hg^{2+} + 2\,OH^- \longrightarrow HgO + H_2O$$

Ⅳ 配位化合物

1 錯イオン（complex ion）

無水硫酸銅 $CuSO_4$（白色粉末）を水に溶かすと青色の硫酸銅溶液となる．この理由は銅イオンに水が配位したからである．

$$Cu^{2+} + 4\,H_2O \rightleftharpoons \underset{\text{青色}}{[Cu(H_2O)_4]^{2+}}$$

この溶液にアンモニア水を加えると深青色の溶液となる．

$$\underset{\text{青色}}{[Cu(H_2O)_4]^{2+}} + 4\,NH_3 \rightleftharpoons \underset{\text{深青色}}{[Cu(NH_3)_4]^{2+}} + 4\,H_2O$$

これは，Cu^{2+} と H_2O または NH_3 が化合して，Cu^{2+} とは性質の違う複雑なイオン $[Cu(H_2O)_4]^{2+}$，$[Cu(NH_3)_4]^{2+}$ を形成したためである．このような複雑なイオンを**錯イオン**という．

錯イオンのなかでも $[Cu(H_2O)_4]^{2+}$ のように H_2O を付加したものは，特に錯イオンとは意識しないことが多い．通常イオンは水溶液中では水和している．ここでは特に水和物以外の錯イオンを扱い，水溶液について論ずるかぎり $[Cu(H_2O)_4]^{2+}$ などを単に Cu^{2+} などと書き表すことにする．

1）アンミン錯イオン（NH₃ 分子を含む錯イオン）

塩化銀の沈殿にアンモニア水を加えると溶解する．この理由を考えてみよう．$AgCl$ の固体は，ほんのわずか水に溶けて次のように電離している（p.89）．

$$AgCl\,\text{（固体）} \rightleftharpoons Ag^+ + Cl^-$$

アンモニアを加えると，次の反応が起こり錯イオンができる．

$$Ag^+ + 2\,NH_3 \rightleftharpoons [Ag(NH_3)_2]^+$$

Ag^+ が消費されるので $AgCl$（固体）が溶解していく．結果的には次の反応が起こったのと同じである．

$$AgCl\,\text{（固体）} + 2\,NH_3 \rightleftharpoons \underset{\text{ジアンミン銀（Ⅰ）イオン}}{[Ag(NH_3)_2]^+} + Cl^-$$

酸を加えて酸性にすると，$NH_3+H^+ \rightleftharpoons NH_4^+$ の反応で NH_3 濃度が減るの

表 4-14　錯体の形

錯体または錯イオン	配位数	錯体または錯イオンの形
$[Ag(NH_3)_2]^+$,　$[Ag(CN)_2]^-$	2	直線形
$[Cu(NH_3)_4]^{2+}$,　$[PtCl_4]^{2-}$	4	正方形
$[Pt(NH_3)_4]^{2+}$,　$[Ni(CN)_4]^{2-}$		
$[Zn(NH_3)_4]^{2+}$,　$[AlCl_4]^-$	4	正四面体形
$Fe(CO)_5$	5	三方両錐形
$[Fe(CN)_6]^{4-}$,　$[Fe(CN)_6]^{3-}$	6	正八面体形
$[Pt(CN)_6]^{2-}$,　$[Co(NH_3)_6]^{3+}$		
$[Co(NH_3)_4Cl_2]^+$		

で，$[Ag(NH_3)_2]^+$が分解し AgCl がふたたび沈殿する．この反応は Ag^+の定性分析に利用される（p.219）．

2）シアノ錯イオン（CN^-を含む錯イオン）

硝酸銀溶液に KCN 溶液を加えると，まずシアン化銀が沈殿する．

$$Ag^+ + CN^- \rightleftharpoons AgCN（沈殿）$$

さらに KCN 溶液を加えると，次式によって錯イオンを形成し，ふたたび溶解する．

$$AgCN + CN^- \rightleftharpoons [Ag(CN)_2]^-$$

前項の $[Ag(NH_3)_2]^+$では Ag^+と 2 分子の NH_3 が結合していたが，ここでは Ag^+が 2 個の CN^-と結合している．中心の金属イオンと結合する分子やイオンのことを配位子または**リガンド**（ligand）という．リガンドは $H : \overset{\overset{H}{\cdot\cdot}}{N} : H$，$: C ::: N : ^-$などのように孤立電子対をもつ．リガンドが金属イオンに対し配位結合しているのが錯イオンである．

配位結合の記号を用いて $[Ag(CN)_2]^-$，$[Cu(NH_3)_4]^{2+}$の構造を表せば，$[N≡C^- \to Ag^+ \gets C^-≡N]$，$\begin{bmatrix} H_3N \searrow \quad \nearrow NH_3 \\ \quad Cu^{2+} \\ H_3N \nearrow \quad \searrow NH_3 \end{bmatrix}$となる．ある金属に配位しうるリガンドの数を**配位数**という．1 つの金属が種々の配位数を示すこともある（**表 4-14**）．

$[Fe(CN)_6]^{3-}$，$[Fe(CN)_6]^{4-}$などは非常に安定な錯イオンで，ほとんど成分中の単独のイオンに解離しないので，$K_3[Fe(CN)_6]$ や $K_4[Fe(CN)_6]$ などの溶液中に Fe^{3+}，Fe^{2+}や CN^-を検出することはほぼ不可能である．これに対し $[Ag(CN)_2]^-$はいくらか解離するので，鋭敏な手段で Ag^+を検出することができる．たとえば，H_2S を通せば Ag_2S が沈殿する．

表4-15 錯体の不安定度定数

アンミン錯イオン	不安定度定数		その他の錯イオン	不安定度定数
$[Ag(NH_3)_2]^+ \rightleftharpoons Ag^+ + 2\,NH_3$	$K = 9.3 \times 10^{-8}$		$[AgCl_2]^- \rightleftharpoons Ag^+ + 2\,Cl^-$	$K = 1.8 \times 10^{-5}$
$[Cu(NH_3)_4]^{2+} \rightleftharpoons Cu^{2+} + 4\,NH_3$	$K = 2.1 \times 10^{-13}$		$[HgCl_4]^{2-} \rightleftharpoons Hg^{2+} + 4\,Cl^-$	$K = 1.2 \times 10^{-15}$
$[Zn(NH_3)_4]^{2+} \rightleftharpoons Zn^{2+} + 4\,NH_3$	$K = 3.46 \times 10^{-10}$		$[HgBr_4]^{2-} \rightleftharpoons Hg^{2+} + 4\,Br^-$	$K = 10^{-21}$
$[Ni(NH_3)_6]^{2+} \rightleftharpoons Ni^{2+} + 6\,NH_3$	$K = 1.86 \times 10^{-9}$		$[HgI_4]^{2-} \rightleftharpoons Hg^{2+} + 4\,I^-$	$K = 1.5 \times 10^{-30}$
$[Co(NH_3)_6]^{3+} \rightleftharpoons Co^{3+} + 6\,NH_3$	$K = 2.2 \times 10^{-34}$		$[Ag(S_2O_3)_2]^{3-} \rightleftharpoons Ag^+ + 2\,S_2O_3^{2-}$	$K = 3.5 \times 10^{-14}$
シアノ錯イオン	**不安定度定数**		$Fe(SCN)_3 \rightleftharpoons Fe^{3+} + 3\,SCN^-$	$K = 2.5 \times 10^{-6}$
$[Ag(CN)_2]^- \rightleftharpoons Ag^+ + 2\,CN^-$	$K = 8 \times 10^{-22}$		$[Ag(SCN)_2]^- \rightleftharpoons Ag^+ + 2\,SCN^-$	$K = 10^{-9}$
$[Cu(CN)_4]^{3-} \rightleftharpoons Cu^+ + 4\,CN^-$	$K = 5.6 \times 10^{-32}$		**キレート**	**不安定度定数**
$[Hg(CN)_4]^{2-} \rightleftharpoons Hg^{2+} + 4\,CN^-$	$K = 4.0 \times 10^{-42}$		$[Ca \cdot EDTA]^{2-} \rightleftharpoons Ca^{2+} + EDTA^{4-}$	$K = 2 \times 10^{-11}$
$[Fe(CN)_6]^{4-} \rightleftharpoons Fe^{2+} + 6\,CN^-$	$K = 10^{-35}$		$[Mg \cdot EDTA]^{2-} \rightleftharpoons Mg^{2+} + EDTA^{4-}$	$K = 2 \times 10^{-9}$
$[Fe(CN)_6]^{3-} \rightleftharpoons Fe^{3+} + 6\,CN^-$	$K = 10^{-42}$		$[Fe \cdot EDTA]^- \rightleftharpoons Fe^{3+} + EDTA^{4-}$	$K = 10^{-25}$
			$[Cu\,en_2]^{2+} \rightleftharpoons Cu^{2+} + 2\,en$	$K = 2.5 \times 10^{-20}$

en はエチレンジアミンのこと.

3）クロロ錯イオン（Cl^- を含む錯イオン）

$[AgCl_2]^-$，$[PbCl_4]^{2-}$，$[PtCl_6]^{2-}$，$[AlCl_4]^-$ などがある.

種々の錯イオンを**表4-15**にまとめた.
　不安定度定数（逆数を**安定度定数**といい，錯イオンの安定性を示すのに用いられる）は，錯イオンの解離平衡の平衡定数である. この定数と，難溶塩類の溶解度積（**表3-4**），弱酸・弱塩基の電離定数（**表3-3**）をよく理解し，次の例題を考えよ.

例題　Fe^{3+}，Ni^{2+}，Mg^{2+} それぞれが $0.010\,M$ の濃度の混合水溶液がある. これにそれぞれ $1.0\,M$ の濃度の NH_4Cl と NH_3 水を加えたとき水酸化物が沈殿するものはどれか.

解答　この溶液で NH_3 と NH_4Cl は他の成分に比べてずっと多いので，水溶液の OH^- 濃度はこの2成分の割合で決まる.

$$\frac{[NH_4^+][OH^-]}{[NH_3]} = K_b = 1.8 \times 10^{-5}\,M \quad (注)$$

ここで $[NH_3] = 1.0\,M$，$[NH_4^+] = 1.0\,M$

∴ $[OH^-] = 1.8 \times 10^{-5}\,M$

　一方，この溶液で起こりうる反応を整理してみよう. Fe^{3+} と Mg^{2+} は簡単である.

$$Fe^{3+} + 3\,OH^- \rightleftharpoons Fe(OH)_3 \;(沈殿？)$$

$$Mg^{2+} + 2\,OH^- \rightleftharpoons Mg(OH)_2 \;(沈殿？)$$

$[Fe^{3+}] = 0.010\,M$，$[Mg^{2+}] = 0.010\,M$，$[OH^-] = 1.8 \times 10^{-5}\,M$ であるから，

$$[Fe^{3+}][OH^-]^3 = 5.8 \times 10^{-17} \gg 4 \times 10^{-38} \;(Fe(OH)_3\,の溶解度積)$$

（注）
表3-3 のアンモニアの電離定数は 1.76×10^{-5} であるが，この例題は有効数字2桁の問題であるため，1.8×10^{-5} を用いている. 錯体の不安定度定数も同様である.

Column

配位化合物（錯体）の命名法

まず配位子の数をギリシャ語を用いて表し，

1	2	3	4	5	6
モノ	ジ	トリ	テトラ	ペンタ	ヘキサ

配位子に対して次のような名称を用いる．

H_2O	アクア	CN^-	シアニド
OH^-	ヒドロキシド	NH_3	アンミン
$S_2O_3^{2-}$	チオスルファト	O^{2-}	オキシド
Cl^-	クロリド	F^-	フルオリド
CO	カルボニル	NO_2^-	ニトリト

　中心金属は，できる配位化合物が分子または陽イオンのときはそのままの呼び名を，また，できる錯体が陰イオンのときは語尾に酸（−ate）という言葉を加える．いずれの場合も，中心金属の酸化の程度を表す数を（ ）に入れたローマ数字で示す．

〈例〉　$[Ag(CN)_2]^-$　　　　　ジシアニド銀（I）酸イオン

　　　$[Co(NH_3)_6]^{3+}$　　　　ヘキサアンミンコバルト（III）イオン

　　　$[Co(NH_3)_5H_2O]^{2+}$　　ペンタアンミンモノアクアコバルト（III）イオン

　　　$K_4[Fe(CN)_6]$　　　　ヘキサシアノ鉄（II）酸カリウム

したがって，Fe^{3+} は $Fe(OH)_3$ として沈殿する．

$[Mg^{2+}][OH^-]^2 = 3.2 \times 10^{-12} < 5.5 \times 10^{-12}$（$Mg(OH)_2$ の溶解度積）

したがって，$Mg(OH)_2$ の沈殿は生じない．

Ni^{2+} については次の2通りの反応が考えられる．

$Ni^{2+} + 2\,OH^- \rightleftharpoons Ni(OH)_2$（沈殿？）

$[Ni(NH_3)_6]^{2+} \rightleftharpoons Ni^{2+} + 6\,NH_3$　$K = 1.9 \times 10^{-9}\,M^6$

不安定度定数が小さいから，溶液中のニッケルは大部分が $[Ni(NH_3)_6]^{2+}$ となっていると考えられる．残っている Ni^{2+} を計算するには $\dfrac{[Ni^{2+}][NH_3]^6}{[Ni(NH_3)_6^{2+}]} =$

1.9×10^{-9} に $[NH_3] = 1.0\,M$，$[Ni(NH_3)_6^{2+}] = 0.010\,M$ を代入して，

$[Ni^{2+}] = 1.9 \times 10^{-11}\,M$

$[Ni^{2+}][OH^-]^2 = 6.2 \times 10^{-21} \ll 2 \times 10^{-14}$（$Ni(OH)_2$ の溶解度積）

　したがって，Fe^{3+}，Ni^{2+}，Mg^{2+} のうち Fe^{3+} だけが $Fe(OH)_3$ として沈殿する．

注）この方法は無機定性分析で金属イオンを分別するのに用いられる（p.218）．

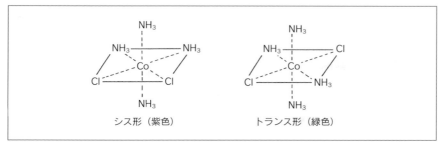

図4-6 [Co(NH₃)₄Cl₂]⁺〔ジクロロテトラアンミンコバルト（Ⅲ）イオン〕の2種の異性体

2　配位化合物の立体構造

　コバルトを中心元素として，NH_3 と Cl をリガンドとする配位化合物（錯体）には，$[Co(NH_3)_6]^{3+}$，$[Co(NH_3)_5Cl]^{2+}$，$[Co(NH_3)_4Cl_2]^+$……などがあるが，$[Co(NH_3)_4Cl_2]^+$ の組成のイオンには紫色のものと緑色のものとがあり，この2種類しかない．これは Co を中心とし，6個のリガンドが正八面体の頂点に位置するように配位すると考えればよく説明できる．

　図4-6 の左側のように Cl が隣に配位する形を**シス形**，右側のように対面する形を**トランス形**という．他の Co の錯イオンをはじめ Fe や Ni の6配位の錯イオンは，みな同様の正八面体配位構造である．$[Cu(CN)_4]^{2-}$，$[Pt(NH_3)_4]^{2+}$ では4個のリガンドは平面正方形に配位するが，$[Zn(CN)_4]^{2-}$ では Zn を中心とする正四面体の頂点に配位している．

3　キレート

　エチレンジアミン $NH_2-CH_2-CH_2-NH_2$ は，2分子の NH_3 を $-CH_2-CH_2-$ でつないだ形をしている．

```
  H              H H H H
●N:H           ●N:C:C:N●          ●孤立電子対
  H              H H H H
アンモニア      エチレンジアミン
```

　エチレンジアミン1分子は両端の2つの $-NH_2$（2分子の NH_3 由来）により間接的に中心の金属イオンに対するリガンド（二座配位子：bi-dentate ligand）となり，2カ所で金属に配位し環状の錯体となる．このように中心の金属イオンを挟む形でイオンや分子が配位結合している錯体を特に**キレート**（chelate）という．キレートとはカニのハサミという意味である（**図4-7**）．

　通常，キレート錯体は非キレート錯体より安定である．形成される環の数が多いほど錯体は安定化する．3-，4-，6-供与体原子を含むキレート剤があり，それぞれ3-，4-，6-座配位子とよばれる．

　エチレンジアミン四酢酸（EDTA）のイオンは，6-座配位子の代表例である（**図4-8**）．EDTA は Ca^{2+} に対してカニのハサミどころか，くもの網のように，がんじがらめの非常に安定なキレートをつくる（キレートの不安定度定数は p.135）．

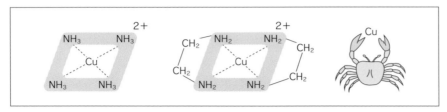

図4-7　キレート

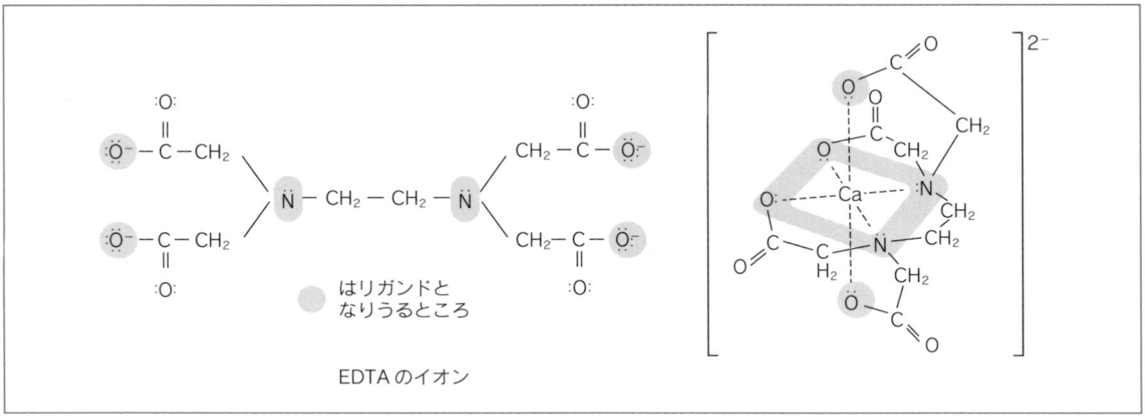

$$\text{EDTA のイオン}$$

はリガンドと
なりうるところ

図4-8　EDTAとその錯イオン

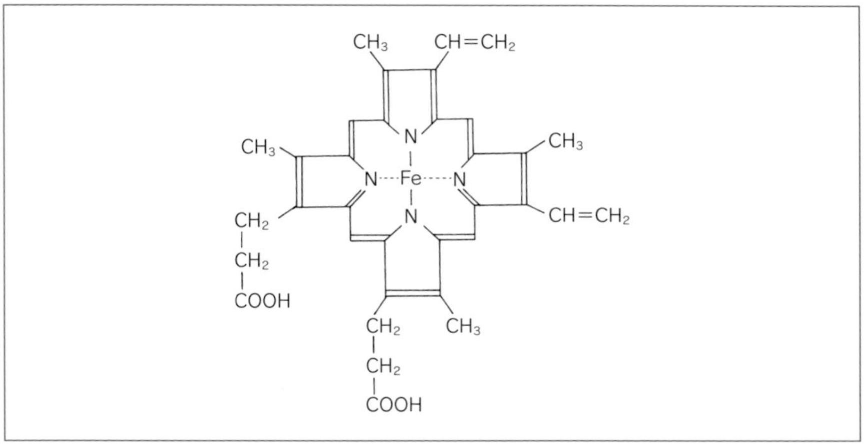

図4-9　ヘミン

　アミノ酸や種々の有機試薬は各種の金属と安定なキレートをつくる.
　赤血球にあるヘモグロビンは，ヘミン（**図4-9**）という複雑なキレートに
グロビンというタンパク質が配位したものである．Feの配位数は6だから，
空いているところにはO_2がゆるく可逆的に結合する．肺で新鮮な空気が取り
込まれるとO_2を結合する．体内のCO_2濃度の高い組織では，CO_2がヘモグ
ロビン分子中のアミノ基と結合して水素イオンを生じるため，結合している

O_2 を放出し，組織に供給する．

$$\bigcirc - NH_2 + CO_2 \rightleftharpoons \bigcirc - NH - COO^- + H^+$$
ヘモグロビンのアミノ基　　　　　カルバミン酸基

　肺に戻れば CO_2 を放出し，ふたたび O_2 と結合して体内組織に運ばれる．ヘモグロビンは CO と強く結合すると，非常に安定な錯体をつくるので，O_2 と結合する能力を失う．これが一酸化炭素中毒の一因である．生体内ではチトクローム類をはじめいろいろなキレートが，それぞれ重要な働きをしている．

　リガンドになりやすいもの：NH_3，$R\text{-}NH_2$（アミン類），CO，NO などの中性分子．生物には O_2，N_2，H_2 などを配位しうる特殊な化合物もある．Cl^-，CN^-，$R\text{-}COO^-$（カルボン酸イオン），$CO_3{}^{2-}$，$NO_2{}^-$，$HPO_4{}^{2-}$ などの陰イオンもリガンドになる．

　1 分子中に 2 個以上リガンドとなる基をもったキレート剤としては，エチレンジアミン，EDTA，各種アミノ酸，ピロリン酸など多数の重要化合物がある．

　中心の金属原子としては，Co，Fe，Cu，Ag，Au などの遷移元素が古くから研究されているが，アルカリ金属やアルカリ土類金属など典型金属元素の錯体も知られるようになった．

Ⓥ 原子核反応

1　核エネルギー

　原子核の質量は，構成している陽子および中性子の質量の和より小さい．両者の差を**質量欠損**（mass defect）という．原子の質量を M，原子番号を Z，質量数を A とすると，

$$\text{質量欠損} = Zm_H + (A - Z)m_n - M \tag{4-1}$$

ここで m_H は水素陽子の質量，m_n は中性子の質量である．質量欠損は，陽子と中性子が結合して原子核を形成するとき放出するエネルギー（核エネルギー）に対応する．アインシュタインの相対性原理から導かれた質量とエネルギーの関係式

$$E = mc^2 \tag{4-2}$$

を用いると質量欠損と核エネルギーの関係がつながる．ここで，E はエネルギー，m は質量，c は真空中での光の速度である．

2　放射性元素（radioactive element）

　ウラン U やラジウム Ra などの元素の原子核は，不安定で，放射線（radioactive ray）を放出しながら自然に他の元素の原子核に変化する．これを**元素の壊変**という．これは単体でも化合物のなかでも同じように起き，低温でも高温でも，または加圧しても関係はない．このような元素を放射性元素という．

詳細は最新臨床検査学講座「放射性同位元素検査技術学」を参照のこと．

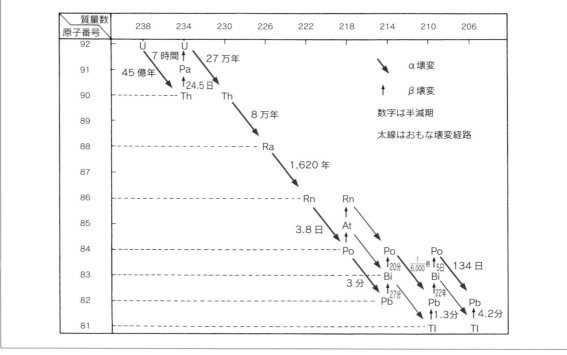

図4-10　ウラン238-壊変系列

　放射線には，α線，β線，γ線の3種がある．α線は原子核から放出されるヘリウムの原子核（$_2^4$He^{2+}）である．β線は原子核から放出される電子でβ$^-$とも記す．γ線は電磁波である．放射線は放射性元素から飛び出して周囲の気体をイオン化し，不透明物質を通過し，生物体に対しては強い生理作用を及ぼす．放射線を放出する性質を**放射能**（radioactivity）という．

　$_{92}^{238}$Uはα線を放射して壊変する．$_{92}^{238}$Uの原子核からα線（He^{2+}）が放射されれば，残りは原子番号$92-2=90$，質量数$238-4=234$の元素$_{90}^{234}$Thである．

$$_{92}^{238}\text{U} \longrightarrow _{90}^{234}\text{Th} + _2^4\alpha$$

　$_{90}^{234}$Thはβ線を放出する．原子核から電子が放出されると原子核の中の中性子1個が陽子に変わるので，原子番号が1つ増えるだけで質量数は変わらない．

$$_{90}^{234}\text{Th} \longrightarrow _{91}^{234}\text{Pa} + _{-1}^0\beta$$

　このように次々に壊れ，$_{88}^{226}$Raを経てついに鉛の同位体$_{82}^{206}$Pbになる．この模様を**図4-10**に示した．

　放射性元素の壊変は，1次反応に従う．すなわち，一定時間内に放射される放射線の量は，各々の元素に存在する原子核の数Nに比例する．壊れる速さ（つまり原子が減る速さ）を$-dN/dt$とすれば，$-dN/dt = \lambda N$（λは**壊変定数**といわれる定数），時間$t = 0$のときの原子核の数をN_0とおけば，式3-33（p. 103）と同じように$N = N_0 e^{-\lambda t}$が導かれる．

はじめ N_0 個存在していた放射性元素が半分 $(N_0/2)$ に減るまでの時間を τ とすれば，式 3-34（p.104）のように，

$$\tau = \frac{\log_e 2}{\lambda} = \frac{0.693}{\lambda}$$

が導かれる．

τ をその放射性元素の**半減期**という．**図 4-10** にはウラン系放射性元素の半減期を付記した．半減期は $^{238}_{92}\text{U}$ の 45 億年，$^{226}_{88}\text{Ra}$ の 1,620 年などから，短いものでは $^{214}_{86}\text{Rn}$ の 3.8 日，$^{214}_{84}\text{Po}$ の 1/6,000 秒などまったく種々さまざまで，各放射性元素について特有の値である．また，放射性は原子核自身の性質で化学的性質ではないから，同位元素であってもまちまちである．

〈例〉種々の Th の同位元素の放射壊変．（ ）内は半減期である．

$^{234}_{90}\text{Th} \longrightarrow ^{234}_{91}\text{Pa} + ^{\ 0}_{-1}\beta + \gamma$ （24 日）

$^{232}_{90}\text{Th} \longrightarrow ^{228}_{88}\text{Ra} + ^{4}_{2}\alpha$ 　　　（140 億年）

$^{231}_{90}\text{Th} \longrightarrow ^{231}_{91}\text{Pa} + ^{\ 0}_{-1}\beta$ 　　　（26 時間）

$^{230}_{90}\text{Th} \longrightarrow ^{226}_{88}\text{Ra} + ^{4}_{2}\alpha + \gamma$ （8 万年）

$^{228}_{90}\text{Th} \longrightarrow ^{224}_{88}\text{Ra} + ^{4}_{2}\alpha + \gamma$ （1.9 年）

$^{227}_{90}\text{Th} \longrightarrow ^{223}_{88}\text{Ra} + ^{4}_{2}\alpha + \gamma$ （19 日）

U，Th，Ra など原子量の大きい元素のほか，$^{3}_{1}\text{H}$（トリチウム，記号 T），$^{14}_{6}\text{C}$，$^{11}_{6}\text{C}$，$^{32}_{15}\text{P}$，$^{35}_{16}\text{S}$，$^{36}_{17}\text{Cl}$，$^{60}_{27}\text{Co}$ などいろいろな元素の放射性同位元素が発見され，または人工的につくられた．

〈例〉 $^{3}_{1}\text{H} \longrightarrow ^{3}_{2}\text{He} + \beta^-$ 　　　（12.3 年）

$^{11}_{6}\text{C} \longrightarrow ^{11}_{5}\text{B} + \beta^+$ 　　　（20 分）

$^{14}_{6}\text{C} \longrightarrow ^{14}_{7}\text{N} + \beta^-$ 　　　$(5.73 \times 10^3$ 年$)$

$^{32}_{15}\text{P} \longrightarrow ^{32}_{16}\text{S} + \beta^-$ 　　　（14 日）

$^{35}_{16}\text{S} \longrightarrow ^{35}_{17}\text{Cl} + \beta^-$ 　　　（87 日）

$^{60}_{27}\text{Co} \longrightarrow ^{60}_{28}\text{Ni} + \beta^- + \gamma$ （5 年）

 β^+壊変

正電荷をもった電子（陽電子：positron, e^+）が放射される壊変を β^+ 壊変，陽電子壊変などという．

3 放射能・放射線の単位

国際単位系（SI）における放射能の単位は，ベクレル（Bq）が SI 組立単位として用いられる．1 Bq は 1 秒間に 1 個の壊変が起こる放射線源の強さ（壊変の度合い）を示す．放射能の慣用単位としては，「壊変毎秒（disintegration per second, dps）」と「キュリー（Ci）」が用いられてきた．壊変毎秒は放射性物質が 1 秒あたりに壊変する数であるので，1 Bq ＝ 1 壊変毎秒（dps）である．キュリー（Ci）は，1 g のラジウムが 1 秒あたりに 3.7×10^{10} 個（毎分 2.22×10^{12} 個：2.22×10^{12}dpm［壊変毎分 disintegration per minute の略］）の原子核の壊変を起こさせる量を表したもので，SI との間には 1 Ci ＝ 3.7×10^{10}Bq ＝ 37 GBq の関係がある．多くの放射能測定装置は計数の効率が 100% に達しないので，実測される放射能の強さは理論上の値よりも低い．たとえば，1 μCi を含む試料は 2.22×10^6dpm の壊変毎分をもつが，測定装置の効率が

30%とすると，そのカウント数は 6.66×10^5 cpm (counts per minute) となる．

　SI では，放射性物質から放出された線量を照射線量として C/kg で表す．
1 C/kg は，空気 1 kg への X 線または γ 線の照射により放出される電子または
陽電子によって，空気中に生じる正または負のイオン群が有する電気量が 1 C
となる照射線量である．慣用単位としてレントゲン（R）が使われたが，SI と
の間には 1 R = 2.58×10^{-4} C/kg の関係がある．

　放射線が物体に当たったときに，その物体の単位質量が受けたエネルギー（吸
収線量）は J/kg で表し，SI 組立単位の名称としてグレイ（Gy）を用いる．
1 Gy とは放射線によって 1 kg あたり 1 J のエネルギーを与えられた状態であ
る．特に放射線が生体に与える影響は，同じ吸収線量でも放射線の種類により
異なる．生体に対する影響の度合いは，吸収線量に放射線の種類を考慮した係
数（放射線加重係数）を掛けた等価線量で評価される．等価線量も SI は J/kg
であるが，SI 組立単位の名称としてシーベルト（Sv）が用いられる．

　　　等価線量（Sv）＝ 吸収線量（Gy）× 放射線加重係数

β 線と γ 線の放射線加重係数は 1 であるが，α 線の放射線加重係数は 20 である．

　被ばく量を評価するときには，生体の組織や臓器の放射線感受性も考慮に入
れて，等価線量×組織加重係数を組織ごとに行って，それを合計した実効線量
を用いる．実効線量の単位もシーベルト（Sv）である．自然界には多くの放
射性物質があり，自然放射線により受ける実効線量は，世界平均で 1 年間に
一人あたり 2.4 mSv である．医師，診療放射線技師，看護師などが職務の遂
行により受ける被ばく量（職業被ばく）は，5 年間の平均値として 20 mSv/年
（1 年あたりの上限値を 50 mSv）と ICRP (International Commission on
Radiological Protection) の勧告（2007）で定められている．

4　原子核反応 （nuclear reaction）

　原子核に高速度の粒子（たとえば，${}^4_2$He の原子核すなわち α 線，${}^1_1$H の原子
核すなわちプロトン p，重水素 ${}^2_1$H の原子核すなわちジューテロン d，または
中性子 n など）を衝突させ，原子核を人工的に変化させる反応を原子核反応
という．

1）α 照射

　〈例〉${}^{14}_7$N の原子核に α 線を当てるとプロトン p が飛び出して ${}^{17}_8$O になる．

$$
\underset{\alpha 粒子}{{}^{14}_7\mathrm{N} + {}^4_2\mathrm{He}} \longrightarrow {}^{17}_8\mathrm{O} + \underset{プロトン p}{{}^1_1\mathrm{H}}
$$

　上式を簡単に ${}^{14}_7$N$(\alpha, p){}^{17}_8$O とも表す．生成する ${}^{17}_8$O は安定同位体である．

　〈例〉${}^{27}_{13}$Al の原子核に α 線を当てると中性子 n が飛び出して ${}^{30}_{15}$P になる．す
なわち，${}^{27}_{13}$Al$(\alpha, n){}^{30}_{15}$P．この反応で生成する ${}^{30}_{15}$P はリンの放射性同位体で次
のように壊変する．

$$
{}^{30}_{15}\mathrm{P} \longrightarrow {}^{30}_{14}\mathrm{Si} + \beta^+ \quad （半減期 2.5 分）
$$

$^{30}_{15}$P は天然には存在せず，人工的につくられた人工放射性元素である．

2）プロトン p およびジューテロン d 照射

〈例〉 $^7_3$Li $+ \, ^1_1$H $\longrightarrow 2 \, ^4_2$He

$^{209}_{83}$Bi $+ \, ^2_1$D $\longrightarrow \, ^{210}_{84}$Po $+ \, ^1_0 n$

中性子照射：原子炉（nuclear reactor）で行う．中性子の場合は比較的低速度のものもよく用いられる．

〈例〉 $^{14}_7$N$(n, \ p)^{14}_6$C　　$^{31}_{15}$P$(n, \ \gamma)^{32}_{15}$P

$(n, \ \gamma)$ は，中性子を吸収すると電磁波（ γ 線）を放射するだけで，他に粒子が飛び出さないことを表す． $n\gamma$ 反応（**エヌガンマ反応**），**中性子捕獲**などという．得られる $^{14}_6$C， $^{32}_{15}$P は放射性同位体である．

有機化学や生化学でトレーサ実験に用いる $^3_1$T， $^{14}_6$C， $^{32}_{15}$P や，または医療用としてがんの治療，診断に使う $^{60}_{27}$Co， $^{131}_{53}$I などは原子核反応でつくられる人工放射性元素である．

第5章 有機化合物

前章の無機化合物では，周期表のほぼすべての元素が構成元素の対象となったのに対して，有機化合物では，炭素，水素，酸素，窒素，硫黄，リン，ハロゲン（F，Cl，Br，I）と構成元素は限られている．にもかかわらず，有機化合物の種類は無機化合物の種類に比べて，桁違いに多い．これは炭素原子同士が安定な共有結合をつくり，鎖状構造や環状構造，枝分かれ構造を形成することによる．炭素原子を骨格とする化合物を有機化合物とよぶ．

有機化合物の特性を以下にまとめる．

①**沸点，融点**：無機化合物に比べると，融点，沸点いずれも低く，300℃以下のものが多い．

②**密度**：1 g/cm^3 よりもやや小さいものが多い．

③**溶解性**：水よりも，エタノールやジエチルエーテルなどの有機溶媒に溶けやすいものが多い．

④**反応性**：有機化合物の反応は分子間で起こるものが多く，その反応速度は無機化合物の反応に比べて遅い．

> **無機化合物**
> 一酸化炭素，二酸化炭素，炭酸カルシウム，シアン化合物などの簡単な炭素化合物は無機化合物として分類される．

Ⅰ 有機化合物の構造式の決定について

従来のアプローチは次の流れとなる．

1 元素分析

構造式を決定するために，分離，精製した純粋な試料を用いて，その成分元素の種類を調べる（**表5-1**）．

1）炭素と水素の定量

試料の質量を正確に量り，完全燃焼させると，試料中の炭素は二酸化炭素に，水素は水蒸気になる．生成したこれらの気体を塩化カルシウム管，ソーダ石灰管の順に通して，各吸収管の質量の増加量を正確に測定する．それにより試料から生じた H_2O と CO_2 の質量が得られるので，計算によって試料の C と H の質量が求められる．

有機化合物がC，H，Oだけからなる場合は，試料の質量から C と H の質量を差し引いて，O の質量を求める．

表5-1　成分元素の確認方法

元素	操作	生成物	生成物の性状	生成物の確認方法
炭素 C	完全燃焼させる.	二酸化炭素 CO_2	気体	石灰水に通じると白濁する.
水素 H	完全燃焼させる.	水 H_2O	液体	白色の硫酸銅（Ⅱ）無水塩を青く変える. または塩化コバルト紙を淡赤色に変える.
窒素 N	NaOHを加えて加熱する.	アンモニア NH_3	気体	湿らせた赤色リトマス紙を近づけると青変. または濃塩酸と接触させると白煙が発生.
塩素 Cl	焼いた銅線につけて加熱する.	塩化銅（Ⅱ） $CuCl_2$	固体	青緑色の炎色反応がみられる（臭素やヨウ素を含む場合も同様に，炎色反応を示す）.
硫黄 S	ナトリウムを加えて加熱・融解する.	硫化ナトリウム Na_2S	固体	生成物を水に溶かして酢酸鉛（Ⅱ）水溶液を加えると黒色沈殿を生じる.

2）窒素の定量

　窒素の定量法には，**デュマ法**と**キエルダル法**がある．デュマ法では，燃焼管に還元銅と酸化銅を詰め，試料を酸化銅（Ⅱ）の粉末と混合して二酸化炭素気流中で焼いて，窒素ガスを窒素計に捕集してその体積を測る．キエルダル法では，試料に分解促進剤（硫酸銅など）を加えて硫酸ならびに硫酸カリウムとともに加熱分解し，試料中の窒素を硫酸アンモニウムに変える．この反応液を水で希釈し，過剰の水酸化ナトリウムを加えて水蒸気蒸留する．蒸留してくるアンモニアを一定量の硫酸溶液中に吸収させ，過剰の硫酸を塩基で滴定する．硫酸に吸収されたアンモニアの量を求め，最初の試料中の窒素含量を求める．

3）その他の元素の定量

　ハロゲン：焼いた銅線に試料を付着させ加熱する．塩素があれば塩化銅（Ⅱ）の青緑色の炎色反応がみられる．臭素，ヨウ素の場合は，青色の炎色反応がみられる．

　硫黄：試料を発煙硝酸とともに密閉された試験管中で加熱して硫酸にし，硫酸バリウムとして秤量する．

　リン：試料を発煙硝酸とともに加熱してリン酸としたあと，マグネシア混液を加えて，Mg（NH$_4$）PO$_4$・6H$_2$Oの沈殿として捕集し，この沈殿物を焼いてMg$_2$P$_2$O$_7$として秤量する．

2　実験式（組成式）の決定

　元素分析の結果から，**実験式（組成式）**は次のようにして求められる．

　たとえば，炭素，水素，窒素，酸素からなる有機化合物の元素分析で，質量百分率の形で次の結果が得られたとする．

　　C　40.60%　　H　8.52%　　N　23.75%　　O　27.13%

　①この百分率の値をそれぞれ原子量の概数で割る．

　　C：H：N：O ＝ 40.60/12：8.52/1：23.75/14：27.13/16

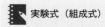

実験式（組成式）

化合物中の各元素の原子数を最も簡単な整数比で表した化学式.

$$= 3.38 : 8.52 : 1.70 : 1.70$$

②このなかの最小の数値 1.70 でそれぞれの数値を割ると,

　C : H : N : O = 1.99 : 5.01 : 1 : 1

③この比に適当な整数をかけて,なるべく整数に近い簡単な比になるように,小数点以下のわずかな値は適当に切り上げるか,切り捨てる.この場合は,

　C : H : N : O = 2 : 5 : 1 : 1

④実験式では,炭素を先頭に,次に水素を,残りの原子はアルファベット順に表記する.この場合は,C_2H_5NO となる.実験式は実際の原子数を示すのではなく,その比にすぎない.実際に含まれる原子の数は分子量の測定を行ったのちに定められる.有機化合物における分子量の測定には,蒸気密度の測定,沸点上昇,凝固点降下,浸透圧などの測定法が用いられる.

3　分子式の決定

分子式は実験式を整数倍したものである.

　分子式 =（実験式）× n

分子量が求まれば,実験式の式量と分子量から n が求められるので,分子式が決定できる.

4　官能基の確定

　有機化合物中のある特有な化学的性質を示す原子団もしくは原子を**官能基**といい,共通の官能基をもつ有機化合物は共通の性質を示す.官能基だけを別に書いてその化合物の特性を明示した式を**示性式**という.

5　異性体の区別

　有機化合物のなかには,分子式が同じであっても,構造が異なる化合物がいくつか存在することがある.分子式は同じでも構造が異なる化合物は,互いに**異性体**（isomer）であるといい,この関係を**異性**（isomerism）という.異性体は,原子の結合様式の違いによる**構造異性体**（structural isomer）と構成原子の空間的配列の違いによる**立体異性体**（stereoisomer）の 2 つに分けることができる.そして,構造異性体は,**連鎖異性体**（鎖状異性体ともいう）,**位置異性体**,**官能基異性体**に分けられる.一方,立体異性体は**配座異性体**（回転異性体ともいう）と**配置異性体**に分けられ,配置異性体には**エナンチオマー**（鏡像異性体,光学異性体とよばれる）と**ジアステレオマー**（シス-トランス異性体,幾何異性体）が含まれる.異性体の関係を**図 5-1** にまとめる.

6　構造式の決定

　分子式から**構造式**を導くには,その分子がもつ官能基の種類と数を調べる.炭素骨格が異なる異性体や,官能基の位置が異なる異性体を区別するには,その化合物の融点・沸点などの物理的性質の違いも参考にする.

分子式

1 分子の化合物中の各元素について実際の原子数を表した化学式.

示性式

有機化合物の特性を示すため,分子内に含まれる原子団（官能基）を明示した化学式.

構造式

分子式を構成する全原子の結合状態を図式的に明らかにした化学式.

化学式の種類

酢酸を例に各化学式を表すと以下のようになる.

実験式 （組成式）	CH_2O
分子式	$C_2H_4O_2$
示性式	CH_3COOH
構造式	（構造式の図）

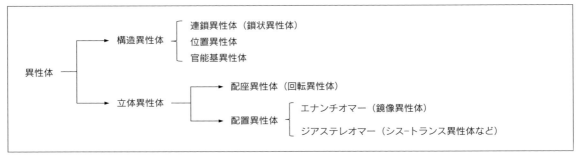

図5-1　異性体の関係

異性体
- 構造異性体
  - 連鎖異性体（鎖状異性体）
  - 位置異性体
  - 官能基異性体
- 立体異性体
  - 配座異性体（回転異性体）
  - 配置異性体
    - エナンチオマー（鏡像異性体）
    - ジアステレオマー（シス-トランス異性体など）

　最近では種々の分析機器を用いて，有機化合物の官能基の種類や数，ならびに炭素骨格の形なども決定が可能となり，複雑な有機化合物の構造決定が行われるようになった．分析方法としては，質量分析法と核磁気共鳴分光法が主体で，補助的な手法として紫外可視分光法，赤外分光法などが用いられる．

1）質量分析法

　きわめて微量の検体試料を高真空下のイオン化室に入れて気化し，ただちに高エネルギーの電子線を照射する．この電子照射により分子から電子が1個はじき出されて，陽電荷をもったカチオンラジカルの分子イオン $M^{+\cdot}$ が生成する．生成した分子イオンを強力な磁石でつくられた磁場に通すと，イオンの流れが屈折する．この屈折の程度がイオンの質量数（m）を電荷数（z）で割った質量電荷比（m/z）によって異なるため，各イオンを区別できる．未知化合物の分子質量が質量分析によって正確に求められると，化学組成が定量的に分析されていないときでも，正しい分子式を導くことが可能である．

　イオン化室では同定したい分子のイオンだけでなく，分子イオンの化学結合が切断されたいくつかの断片（フラグメントイオン）も得られる．イオン化した分子量と同じ質量数（m）をもつ分子のピークを親ピーク（分子イオンピーク），親ピークより質量数の少ないピークをフラグメントイオンピークとよぶ．また，信号強度の最も強いピークを基準ピークという．分子イオンの電荷数（z）は1をとることが多く，フラグメントイオンも1価のイオンだけが観測される場合，m/z は m と同じ数値になり，各フラグメントイオンと一致する．

　例として，ヘキサンのマススペクトル（図5-2）を示す．親ピークは m/z ＝ 86，基準ピークは m/z ＝ 57 であるが，この基準ピークは，ヘキサンからエチル基（−CH₂CH₃）が脱離したフラグメントイオンピークである．

2）核磁気共鳴分光法

　分子にラジオ波領域の電磁波を照射すると，分子を構成する原子のうち，質量数が奇数のもの（¹H，¹³C，¹⁵N，¹⁹F など）の原子核は核磁気をもち，外部磁場中で2つのエネルギー状態（基底状態と励起状態）にある．ある周波数

> **質量分析計**
>
> イオン化には，電子イオン化（EI）法，化学イオン化（CI）法，エレクトロスプレーイオン化（ESI）法，マトリックス支援レーザ脱離イオン化（MALDI）法などがある．EI 法，CI 法は分子量 1,000 以下の揮発性の高い試料に有効で，ESI 法や MALDI 法はタンパク質や糖などの分子量の高い生体関連物質の試料に有効である．
>
> 質量分離装置には，磁場型質量分離装置（Sector MS），飛行時間型質量分離装置（TOF-MS）などがある．飛行時間型では同じ電荷をもっていても，重い分子ほど真空中の飛行時間が長くなるので，試料台から検出器までの到達時間に差が生じて分離ができる．

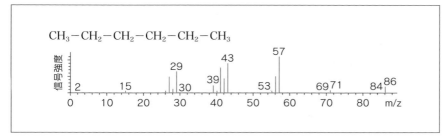

図5-2　ヘキサンのマススペクトル

表5-2　スペクトルの種類と電磁波スペクトル

スペクトルの種類	放射線波	波長（m）	遷移の種類
核磁気共鳴スペクトル	ラジオ波	0.5~5	核スピン
赤外スペクトル	赤外光	8×10^{-7}~1×10^{-3}	分子振動
可視・紫外スペクトル（電子スペクトル）	可視光または紫外光	2~8×10^{-7}	電子状態

の電磁波を照射すると，エネルギーの吸収が起こり，基底状態の核スピンが励起状態に遷移する．核スピンが電磁波のエネルギーを吸収して励起されることを核スピンの共鳴とよび，電磁波の周波数を変えていくと，共鳴するところで強い信号強度を示す．この関係を表したものを**核磁気共鳴スペクトル**という．これを利用すると，分子中の水素や炭素の種類や個数，分子中の原子の結合様式を推定することができる．

3）吸収スペクトル

　有機化合物の分子構造を解明するためには，吸収スペクトルも非常に有用である．分子が光を吸収すると，①分子内の電子状態，②原子の振動状態，③分子の回転状態の３つが変化する．このうち電子状態の変化を起こさせるためには通常大きなエネルギーが必要で，可視光線もしくは紫外線を吸収しなければならない．一方，振動や回転状態の変化のためには，比較的小さいエネルギーでよいので，赤外領域の光を吸収するだけで遷移が起こる（**表5-2**）．

4）紫外可視分光法（電子スペクトル）

　有色の物質の溶液では，濃度が高くなるほど色が濃くなる．色があるということは，その物質が可視光線のある波長の光を吸収することを意味し，光の吸収の強さを波長に対してとったグラフを吸収スペクトルという．
　特定の波長の光（単色光）が物質によって吸収されるとき，入射光と透過光の強さをI_0，Iとすると，**透過率** T は，

$$T = I/I_0$$

となる．有色物質の溶液の厚さが 1 cm のときの透過率を T_1 とすると，それを 2 つ重ねた厚さ 2 cm の透過率 T_2 は，

$$T_2 = T_1 \times T_1 = T_1^2$$

となる．一般に l cm の厚さでは，$T = T_1^l$ である．この対数をとると，

$$\log_{10} T = l \log_{10} T_1$$

となる．

T も T_1 も 1 より小さい数であるから，$\log_{10} T$ も $\log_{10} T_1$ も負になる．そこで $\log_{10} T = -A$，$\log T_1 = -K$ とおくと，$A = lK$ と表される．$A = -\log_{10} T = \log_{10}(I_0/I)$ を**吸光度**といい，K は吸光係数という．物質の吸光度は厚さに比例することを表し，これを**ランベルトの法則**という．

また，T はパーセント表示（%T）で表すことが多く，吸光度との間には，

$$A = -\log(\%T/100) = 2 - \log\%T$$

の関係式がある．透過率 100%は吸光度 0，透過率 10%は吸光度 1，透過率 1%は吸光度 2 である．

希薄溶液の場合は，吸光度は溶質の濃度に比例する．これを**ベールの法則**という．この 2 つの法則を合わせて**ランベルト・ベールの法則**といい，溶質の濃度 c，溶質の**モル吸光係数**ε を用いて，

$$A = \varepsilon \cdot c \cdot l$$

で表される．

モル吸光係数は物質固有の量で，c，l には依存しないが，光の波長に依存する．モル吸光係数は試料の吸収強度を表す尺度の一つであり，習慣として液相の厚みが 1 cm，溶液の濃度が 1 M のときの吸光度として表す．モル吸光係数の慣用単位は $\mathrm{cm^{-1} \cdot M^{-1}}$（もしくは $\mathrm{L \cdot cm^{-1} \cdot mol^{-1}}$）である．

色のある物質や紫外線領域に吸収のある物質の濃度は，紫外可視分光光度計を用いて，測定を行う（**図 5-3**）．通常，光路長 1 cm のセルを用いて，吸光度 A を計測する．モル吸光係数 ε がわかっていると，モル濃度 c は $c = A/\varepsilon l$ から求められる．

ランベルト・ベールの法則は低濃度の物質について成り立ち，この方法に基づいて定量分析を行うことができる．液相の厚さ（l）が一定ならば，$A = \varepsilon cl$ でわかるように吸光度 A は濃度に比例する．したがって，ある波長であらかじめ濃度の異なった標準着色液の吸光度をいくつか測定し，それらの値を濃度に対してプロットすれば直線が得られるはずであり，これを検量線とよんでいる．

ランベルト・ベールの法則：
最新臨床検査学講座「臨床化学検査学」も参照のこと．

 モル吸光係数
生化学では，1 cm，1%（w/v）のときの吸光度で表すことも多い．

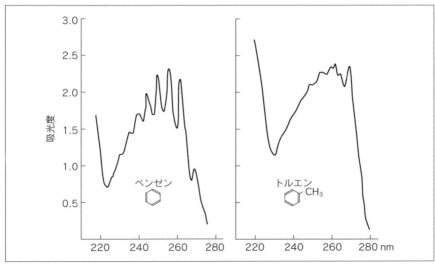

図5-3　ベンゼン，トルエンの紫外吸収スペクトル（溶媒：シクロヘキサン）

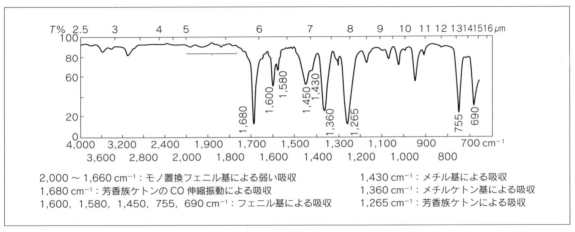

2,000～1,660 cm⁻¹：モノ置換フェニル基による弱い吸収
1,680 cm⁻¹：芳香族ケトンの CO 伸縮振動による吸収
1,600，1,580，1,450，755，690 cm⁻¹：フェニル基による吸収

1,430 cm⁻¹：メチル基による吸収
1,360 cm⁻¹：メチルケトン基による吸収
1,265 cm⁻¹：芳香族ケトンによる吸収

図5-4　アセトフェノンの赤外吸収スペクトル

5）赤外分光法（振動スペクトル）

　赤外領域の光は分子の振動エネルギーの基底状態と励起状態の差に相当することから，赤外線を当てると，赤外線は物質に吸収されて，結合状態に関する情報が得られる．有機化合物の官能基はそれ固有の振動スペクトルを与えることから，有機化合物中の官能基を調べる簡便な方法として利用される（**図5-4**）．**双極子モーメント**の変化の大きい分子振動に対して吸収強度が強くなる特徴がある．したがって，等核二原子分子やC－C結合などは，双極子モーメントの変化がない，もしくは小さいためにしばしば観測されない．

　赤外領域は，可視光の波長から近い順に，近赤外領域，中赤外領域，遠赤外領域に分けられる．通常の分子振動は中赤外領域に観測できるが，倍音，結合音の振動スペクトルは近赤外領域で観測され，生体内の水の動態を調べるのに

双極子モーメント：p.25を
参照のこと．

📓 等核二原子分子

水素（H_2）や酸素（O_2）のように，同一元素のみで構成される二原子分子を**等核二原子分子**という．それに対して，一酸化窒素（NO）や一酸化炭素（CO）のように，異なった2元素で構成されるものを**異核二原子分子**という．

利用される．また，遠赤外領域は，振動数がテラヘルツ（〜 10^{12} Hz）になることから，テラヘルツ分光として注目されている．

6）ラマン分光法（発展）

ハイレベル

赤外分光法と並んで，振動分光学の 1 つの手法として，分子振動に関する情報を与える．ラマン分光は光の吸収ではなく，光の散乱を検出するので，ラマン散乱スペクトルともいう．赤外吸収が双極子モーメントの変化する振動モードに対して観測されるのに対して，ラマン散乱は分極率の変化する振動モードに対して観測される．ダイヤモンドのような C–C 結合だけからなる物質の計測には，ラマン分光法が用いられる．特に医学への応用が盛んに行われている．

7）マイクロ波分光法（回転スペクトル）（発展）

ハイレベル

気体の場合は，分子が並進運動，回転運動，振動運動をする．回転運動はマイクロ波領域に相当するので，マイクロ波を物質に当てると回転の遷移が起こる．液体の場合は，気体のように自由に回転はできないが，マイクロ波を当てることによって分子間の摩擦が生じて熱を発生する．これが電子レンジの原理になっている．気体の赤外スペクトルには**振動回転スペクトル**として，振動遷移と回転遷移の両方が反映される．

Ⅱ 有機反応機構について

有機化学反応や生化学反応を理解するためには，電子の流れを追う必要がある．その基礎的な前提として，原子の形式電荷，共鳴混成体の意味，矢印の意味を理解する必要がある．

1 形式電荷（formal charge）

共有結合で結合した分子あるいはイオン中の原子には，原子それぞれに**形式電荷**が割り当てられる．形式電荷は，（中性原子の価電子数）－（その原子の共有結合の数）－（その原子の非共有電子数）として定義される．たとえば，水（H_2O），ヒドロニウムイオン（H_3O^+），水酸化物イオン（OH^-）の酸素原子の形式電荷を求める場合は，酸素原子の中性原子の価電子数は 6 であるから，水は $6-2-4 = 0$，ヒドロニウムイオンは $6-3-2 = +1$，水酸化物イオンは $6-1-6 = -1$ となる．イオンの電荷をどこに割り当てるかというときに役に立つだけでなく，反応機構を考えるときに**共鳴構造式**（次項参照）の電荷の位置を把握するためにも重要である．

考えられる構造式に形式電荷が 2 カ所以上存在する場合は，$+1$ と -1 の形式電荷の間の距離の近いものを優先させる決まりがある．形式電荷が $+1$ よりも大きいもの（あるいは -1 よりも小さいもの），同符号の形式電荷が隣り合った原子上に存在するものはできるだけ避けるべきである．

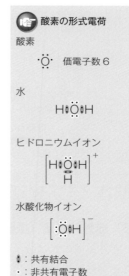

酸素の形式電荷

酸素

$\cdot\ddot{O}\cdot$ 価電子数 6

水

H:$\ddot{O}$:H

ヒドロニウムイオン

$\left[\text{H}\!:\!\ddot{O}\!:\!\text{H} \atop \text{H} \right]^+$

水酸化物イオン

$\left[:\ddot{O}\text{H} \right]^-$

:共有結合
・:非共有電子数

形式電荷を求める練習

アンモニア，アンモニウムイオン，アミドイオンの窒素原子（中性原子の電子数は 5）の形式電荷がそれぞれ $5-3-2 = 0$，$5-4-0 = +1$，$5-2-4 = -1$ となることを確かめてみよう．

2 共鳴構造式

ベンゼンでみるように，1つ1つの共鳴構造式は実際の構造とは異なるが，反応機構や生成物を考えるときに非常に重要である．共鳴構造式と共鳴構造式は両頭矢印（⟷）で関係づけられるが，この**共鳴混成体**ができることがその物質の安定性を示す（**共鳴効果**）ことになるので，反応生成物を考えるときの指標になる．特に置換反応や脱離反応を考えるとき，形式電荷が割り当てられる原子に着目すると，理解しやすい．

共鳴構造式
有機電子論では共鳴構造式を極限構造式とよぶことがある．

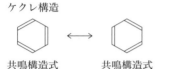

六角形の内側に円を書く構造は，電子が環をめぐって均一に分布する状態を強調するので，ベンゼンの構造をより正しく表現している．一方，ケクレ構造は6つのπ電子が存在することを示しており，ベンゼン環の反応を扱うとき，価電子の動きを追ううえで都合がよい．

3 曲がった矢印（巻矢印）（⤸）と釣り針形矢印（⌒）

曲がった矢印（⤸）は共鳴構造式および反応における電子対の動きを示すために使われる．下の例では，左側の構造において，C＝O結合から酸素原子に向かう矢印は，炭素と酸素間の2つの共有結合のうち1つの結合の電子対が酸素原子へ移動することを示す．

$$\text{C}=\overset{..}{\underset{..}{\text{O}}}: \longleftrightarrow \overset{+}{\text{C}}-\overset{..}{\underset{..}{\text{O}}}:^-$$

右側の構造においては，炭素原子は形式電荷＋1をもち，酸素原子は形式電荷−1をもつことを意味する．

釣り針形矢印（⌒）は1電子の動きを示すのに用いられる．下の例では，2本の釣り針形矢印はエタンのC−C結合の2個の電子が2個のメチル遊離基を生成する際の各電子の動きを表している．

$$
\begin{array}{ccccc}
& \text{H} & & \text{H} & \\
& | & & | & \\
\text{H}- & \text{C} & \!\!\frown\!\! & \text{C} & -\text{H} \\
& | & & | & \\
& \text{H} & & \text{H} &
\end{array}
\longrightarrow
\begin{array}{ccccc}
& \text{H} & & \text{H} & \\
& | & & | & \\
\text{H}- & \text{C} & \cdot + \cdot & \text{C} & -\text{H} \\
& | & & | & \\
& \text{H} & & \text{H} &
\end{array}
$$

4 有機反応機構の例：共役二重結合

1, 3-ブタジエンに臭化水素を付加すると，次の 2 つの物質を生じる.

$$\overset{1}{CH_2} = \overset{2}{CH} - \overset{3}{CH} = \overset{4}{CH_2} \xrightarrow{\text{HBr}}$$
1, 3-ブタジエン

$CH_2 - CH - CH = CH_2$　（1, 2-付加）
$\quad | \quad\quad |$
$\quad H \quad\quad Br$
3-ブロモ-1-ブテン

$CH_2 - CH = CH - CH_2$　（1, 4-付加）
$\quad | \quad\quad\quad\quad\quad\quad |$
$\quad H \quad\quad\quad\quad\quad\quad Br$
1-ブロモ-2-ブテン

第一段階では，次式のとおりプロトンが二重結合の電子を受け取って C と共有結合し，その隣の炭素は電子が不足した状態として，形式電荷＋1 が割り当てられる.

$$H^+ + CH_2 = CH - CH = CH_2 \longrightarrow CH_3 - \overset{+}{CH} - CH = CH_2$$

電子が不足した炭素は，二重結合の電子を受け取って不足状態が解消されるが，その代わりに一番右側の炭素原子が電子が不足した状態となり，形式電荷＋1 が割り当てられる.

$$[CH_3 - \overset{+}{CH} - CH = CH_2 \longleftrightarrow CH_3 - CH = CH - \overset{+}{CH_2}]$$

すなわち，この 2 つの共鳴構造式の共鳴混成体と考えられて，臭化物イオンが付加する際には，1, 2-付加と 1, 4-付加が起こる. 実際に，主生成物は 3-ブロモ-1-ブテンであるが，これには p.160 にて後述するように反応中間体の炭素陽イオンの安定性がかかわる.

Ⅲ 有機化合物の基本構造

1 有機化合物の基本構造

有機化合物を分類する方法は，炭素骨格による分類と，官能基による分類の 2 種類がある.

1）炭素骨格による分類

①鎖式化合物：炭素原子が鎖状に連なっており，脂肪族化合物といわれる.
②環式化合物：原子が環状結合をしたもののなかで，環をつくっている原子が炭素だけであるものを炭素環式化合物といい，炭素以外の原子が環形成にかかわっている化合物を複素環式化合物という.

2）官能基による分類（主なもの）

①炭化水素：C, H のみからなる化合物.
飽和炭化水素：炭素原子間は C−C 結合だけからなるもの.

不飽和炭化水素：炭素原子間に C ＝ C，C ≡ C 結合などを含むもの．

芳香族炭化水素：ベンゼン環を有するもの．

②**アルコール**：－OH 基（ヒドロキシ基）を有する鎖式化合物，またはベンゼン環の側鎖に－OH 基を有する環式化合物．

　フェノール：ベンゼン環に直接－OH 基が結合した化合物．

③**エーテル**：C－O－C 結合を有するもの．

④**ケトン**：C ＝ O 基（カルボニル基）を有するもの．

⑤**アルデヒド**：－CH ＝ O 基（ホルミル基）を有するもの．

⑥**カルボン酸**：－CO－OH 基（カルボキシ基）を有するもの．

⑦**アミン**：－NH$_2$ 基（アミノ基）を有するもの．

⑧**ニトロ化合物**：－NO$_2$ 基（ニトロ基）を有するもの．

⑨**ニトリル化合物**：－CN 基（ニトリル基）を有するもの．

用語 ホルミル基

高校の教科書ではアルデヒド基としているものも多いが，IUPAC 命名法では，ホルミル基としている．

IUPAC：国際純正・応用化学連合．p.3 参照．

2　脂肪族炭化水素

　炭素と水素だけからなる化合物を炭化水素といい，すべての有機化合物の母体とみなすことができるので，その形を理解する必要がある．

　鎖式飽和炭化水素と鎖式不飽和炭化水素の化合物を総称して，脂肪族炭化水素という．

A　飽和脂肪族炭化水素（アルカン）

　単結合だけからなる鎖式炭化水素を**アルカン**と総称し，いずれも C$_n$H$_{2n+2}$ の一般式で表され，-ane で終わる名称を付ける．同一の一般式で表される一群の化合物を同族体といい，化学的性質がよく似ている．メタン（CH$_4$, n ＝ 1），エタン（C$_2$H$_6$, n ＝ 2），プロパン（C$_3$H$_8$, n ＝ 3）はそれぞれ 1 種類の構造式しかないが，ブタン（n ＝ 4）では 2 種類，ペンタン（n ＝ 5）では 3 種類の構造式が考えられ，実際にそれらに相当する枝分かれした同族体が知られている．このように分子式が同じで構造の異なる化合物を互いに**構造異性体**といい，n の数が増加するにつれ，異性体の数は加速度的に増加するので，全体として膨大な数になる．

　枝分かれのない直鎖状のアルカンは，常温（25℃）・常圧で，n が 1〜4 のものは気体，5〜17 のものは液体，18 以上のものは固体である（**表 5-3**）．枝分かれのあるアルカンは，同じ炭素数の直鎖状のアルカンに比べ，融点や沸点が低い．

　アルカンはいずれも無色の化合物で，においは全くないか，あってもきわめて弱い．空気中で点火すると，大きな燃焼熱を出して激しく燃えるので，燃料として使われる．

　アルカン分子から水素原子 1 個を除いてできる炭化水素基をアルキル基という．アルキル基は一般式－C$_n$H$_{2n+1}$ で表される（**表 5-4**）．

用語 アルカンのあれこれ

アルカンを完全燃焼させた際の反応生成物は二酸化炭素と水である．
メタンは天然ガスの主成分で，シェールガスやメタンハイドレートなどで話題になっている．
ブタンはライター用ガスの主成分である．
プロパンガスが漏れて火災や爆発事故を起こしやすいのは，空気よりも重いため低所にたまり，においがなくてその存在が気づかれないためである．

表5-3　直鎖状アルカンの名称と性質

炭素数	名称		分子式	融点 (℃)	沸点 (℃)	常温・常圧での状態
1	メタン	methane	CH_4	-183	-161	気体
2	エタン	ethane	C_2H_6	-184	-89	
3	プロパン	propane	C_3H_8	-188	-42	
4	ブタン	butane	C_4H_{10}	-138	-1	
5	ペンタン	pentane	C_5H_{12}	-130	36	液体
6	ヘキサン	hexane	C_6H_{14}	-95	69	
7	ヘプタン	heptane	C_7H_{16}	-91	98	
8	オクタン	octane	C_8H_{18}	-57	126	
9	ノナン	nonane	C_9H_{20}	-54	151	
10	デカン	decane	$C_{10}H_{22}$	-30	174	
18	オクタデカン	octadecane	$C_{18}H_{38}$	28	317	固体

炭素数5以上ではギリシャ語の数詞に「ane」を付けて表す.

表5-4　アルキル基の例

炭素数	アルキル基	名称
1	CH_3-	メチル基
2	CH_3CH_2-	エチル基
3	$CH_3CH_2CH_2-$	プロピル基
	$\begin{matrix} CH_3 \\ CH_3 \end{matrix} \rangle CH-$	イソプロピル基
4	$CH_3CH_2CH_2CH_2-$	ブチル基
	$CH_3CH_2CHCH_3$	s-ブチル基
	$\begin{matrix} CH_3 \\ CH_3 \end{matrix} \rangle CHCH_2-$	イソブチル基
	CH_3C- (CH_3, CH_3)	t-ブチル基

s：セカンダリー, t：ターシャリーと読む.

1）アルカンの立体配座

エタンのような簡単な分子で，1つの炭素原子を固定して，もう一方の炭素を回転させると，回転の角度に応じて無限個の構造が考えられる．この配列は立体配座あるいはコンホーマー（配座異性体,回転異性体）とよばれる（p.148, 図5-1参照）．エタンの立体配座のなかで代表的な2種類を示す（**図5-5**）.

破線-くさび形表記では，通常の実線でつながれた原子は紙面上の2次元空間にあるものとし，それに対して，紙面の手前に出ている原子をくさび形で，紙面の奥に出ている原子を破線でつなぐ．木びき台形表記では，問題とする単結合を左下から右上へ斜線で表し，左下が手前にあるとみなす．Newman投影式では，単結合の延長線上から眺めて投影し，目に近い方の炭素原子を点で，遠い方の炭素原子を円で表している．

エタンのねじれ形配座と重なり形配座は，炭素-炭素結合の軸まわりの回転によって互いに相互変換できるので，回転異性体と考えることができる．

2）不斉炭素原子と鏡像異性体

炭素原子に結合する4つの基（原子または原子団）がすべて異なるとき，そのような炭素原子を**不斉炭素原子**といい，＊で表す．アルカンでは炭素数7の3-メチルヘキサンに不斉炭素原子が存在する．

$$C_2H_5-\overset{*}{C}H-C_3H_7$$
$$|$$
$$CH_3$$

3-メチルヘキサン

3-メチルヘキサンには4つの基の空間的配置が異なる2通りの立体構造が存在する．この2つの立体構造は互いに鏡像の関係にあり，互いに重ね合わ

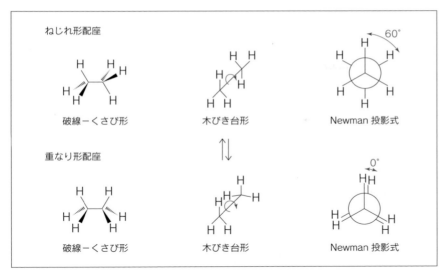

ねじれ形配座

破線－くさび形　　　　木びき台形　　　　Newman 投影式

重なり形配座

破線－くさび形　　　　木びき台形　　　　Newman 投影式

図5-5　エタンの立体配座

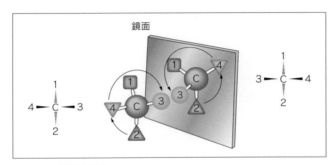

図5-6　鏡像異性体

せることができない（**図5-6**）．このような異性体をエナンチオマーもしくは
鏡像異性体という．

　鏡像異性体は，融点や密度，一般的な化学反応性などの性質はほぼ同じである．しかし，光に対する性質が異なるので，光学異性体ともよばれる．詳細は
p.181 で述べる．

3）不斉炭素原子の *R－S* 表示

　不斉炭素原子に結合した4種類の置換基を優先順位（次項参照）にしたがって a → b → c → d の順に並べる．優先順位の一番低い d を不斉炭素原子を通して反対側から眺める．残りの3つの基 a，b，c は不斉炭素原子を円心とする円周上に並ぶ．a → b → c の順序が時計回りの配置であれば *R*，反時計回りであれば *S* と定義する．

4）置換基の優先順位

順位則1：原子番号の大きいものに高い優先順をつける．

$$I > Br > Cl > F > O > N > C > H$$

　特にそのなかの原子にHがあれば，その順位は常に最下位になるので，不斉炭素原子を眺める際にはこのC−H結合をCからHの方向に向かって見下ろせばよい．

順位則2：順位則1だけでは決まらない場合，つまり結合した原子が2つ以上同じである場合は，さらに1つ離れた位置の原子に順位則1を適用する．

　メチル基はC原子に結合する原子が3つともHであるのに対して，エチル基のCは結合する原子の1つがC原子なので，エチル基の方がメチル基よりも優先順位が高い．

$$- CH_2 - CH_3 \quad > \quad - CH_3$$

順位則3：多重結合については，あたかも単結合から構成され，それぞれに同じ原子が結合しているかのように扱う．

$$- C \equiv CH \quad > \quad - CH = CH_2$$

B　不飽和脂肪族炭化水素

1）アルケン

　炭素二重結合を1個もつ鎖式化合物は C_nH_{2n} の一般式で表されて，**アルケン**といい，アルカンの語尾-aneを-eneに変えて命名する．n＝2の C_2H_4 は，IUPAC名ではエテン，慣用名ではエチレンである．アルケンのC＝C結合の炭素原子とこれに直結する4個の原子は，同一平面上にある．エチレンは平面上の分子である．

n＝2　$CH_2 = CH_2$

n＝3　$CH_3 - CH = CH_2$

n＝4　$CH_3 - CH = CH - CH_3$　　　　$CH_3 - CH_2 - CH = CH_2$

　炭素原子の数が4以上のアルケンは，構造異性体のほかに，C＝C結合が回転できないことに基づく**シス−トランス異性体（幾何異性体）**が存在することがある．たとえば，2-ブテンではメチル基が二重結合に対して同じ側に結合したものをシス形，反対側に結合したものをトランス形といい，立体的に重なり合わない異性体を生じる（**図5−7**）．トランス形とシス形は，物理的，化学的性質に差異が現れるので，融点や沸点が異なる．

　二重結合を挟んで4つの置換基が異なるときは，二重結合を構成する2つの炭素それぞれに結合した2つの置換基に優先順位をつけて，二重結合の各炭素上の高い順位の置換基が同じ側（シス形の位置）にある場合，接頭語Z（ドイツ語の zusammen：“一緒に”の意）を，反対側（トランス形の位置）にある場合，接頭語E（ドイツ語の entgegen：“逆”の意）をつける．優先順位のつけ方は $R-S$ 表示と同じルールに従う．

　二重結合2個を有する鎖式炭化水素の場合，次のように二重結合が単結合

E-Z 表示

接頭語 Z

接頭語 E

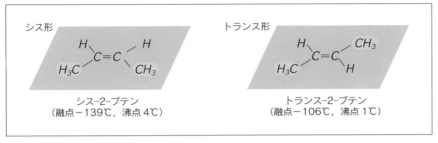

図5-7　シス-トランス異性体

を挟んで存在するような構造を**共役二重結合**という．

$$CH_2 = CH - CH = CH_2 \quad 1, 3\text{-ブタジエン}$$

　共役二重結合では，隣り合う二重結合のπ電子が広がって非局在化しているため，中央の単結合も二重結合の性質をもっている．そのために，1, 3-ブタジエンに臭素を付加すると，$CH_2Br-CHBr-CH = CH_2$よりも，$CH_2Br-CH = CH-CH_2Br$が主成分として生成する．共役二重結合のπ電子の非局在化は，ベンゼンの構造を理解するときにも重要である．

2）アルケンでよくみられる反応

　アルケンはアルカンとは異なり二重結合があるため，著しく反応性に富む．

（1）付加反応

　付加反応によって，二重結合は単結合になる．エチレンと臭素が反応すると，二重結合に臭素が付加し，無色の1, 2-ジブロモエチレンが生じる．

$$CH_2 = CH_2 + Br_2 \longrightarrow CH_2Br - CH_2Br$$

この反応は不飽和結合（$C = C$，$C \equiv C$）の検出に用いられる．また，エチレンに白金やニッケルを触媒として水素を反応させると，二重結合に水素が付加してエタンを生じる．

$$CH_2 = CH_2 + H_2 \longrightarrow CH_3 - CH_3$$

〈マルコフニコフの法則〉

　プロペンのように，分子構造が二重結合に対して対称ではないアルケンにHX型の分子が付加する場合，H原子が二重結合の炭素原子のどちらに結合するかによって，2種類の生成物が予想される．アルケンの二重結合を形成する炭素原子のうち，水素原子の多い方にHが，水素原子の少ない方にXが付加しやすいことが経験的に知られている．この経験則は**マルコフニコフの法則**とよばれる．

$$CH_3 - CH = CH_2 + HCl$$
プロペン

① $CH_3 - CH - CH_2$　2-クロロプロパン（主生成物）
　　　　　|　　|
　　　　 Cl　 H

② $CH_3 - CH - CH_2$　1-クロロプロパン（副生成物）
　　　　　|　　|
　　　　 H　 Cl

プロペンへの HCl の付加では，反応の第一段階は二重結合への H^+ の付加である．イソプロピルカチオンが塩化物イオンと結合すると，2-クロロプロパンが生成し，n-プロピルカチオンに塩化物イオンが結合すると，1-クロロプロパンが生成する．実際の反応では，1-クロロプロパンはほとんどできず，2-クロロプロパンが主成分である．その理由について，この反応機構で中間生成物である炭素陽イオン（カルボカチオン）に着目してみよう．

$$CH_3^3 - \overset{2}{CH} = \overset{1}{CH_2} \quad \xrightarrow{H^+}$$

C-1 への付加 → $CH_3\overset{+}{CH}CH_3$　イソプロピルカチオン

C-2 への付加 → $CH_3CH_2\overset{+}{CH_2}$　n-プロピルカチオン

プロペン

　炭素陽イオンは正電荷（＋1 の形式電荷）をもつ炭素原子上に置換基がいくつ存在するかによって，第三級，第二級，第一級に分類することができ，これらのイオンの安定性は次の順になっている．

$$\begin{array}{ccccc} & R & & R & \\ & | & & | & \\ R-\overset{}{C^+} & > & R-\overset{+}{CH} & >> & R-\overset{+}{CH_2} & > & \overset{+}{CH_3} \\ & | & & | & \\ & R & & R & \end{array}$$

第三級（3°）　第二級（2°）　　第一級（1°）　メチル（第一級だが特殊）

最も安定 ←――――――――――――→ 最も不安定

　炭素陽イオンは，陽電子がその分子中の他の原子上に非局在化できるときに安定化するので，アルキル基の数が多い方がより安定になる．第二級であるイソプロピルカチオンは，第一級の n-プロピルカチオンに比べて安定であるので，C-1 へ H^+ が付加したと考えられる．マルコフニコフの法則で水素原子の少ない方に Cl が付加しやすいことは，反応中間体である炭素陽イオンが最も安定なものを生成するように反応が進行した結果である．

(2) 酸化反応

　オゾンや過マンガン酸カリウムなどの強い酸化剤を作用させると，二重結合は酸化されて開裂する．アルケンの二重結合を開裂して，各炭素上に C = O をつくる反応である．

　〈例〉オゾン分解

$$\underset{\text{アルケン}}{\overset{R^1}{\underset{R^2}{}}C=C\overset{R^3}{\underset{H}{}}} \xrightarrow{O_3} \underset{\text{オゾニド}}{\overset{R^1}{\underset{R^2}{}}C\overset{O}{\underset{O-O}{}}C\overset{R^3}{\underset{H}{}}} \xrightarrow[\text{Zn}]{\text{加水分解}} \underset{\text{ケトン}}{\overset{R^1}{\underset{R^2}{}}C=O} + \underset{\text{アルデヒド}}{O=C\overset{R^3}{\underset{H}{}}}$$

$$\underset{\text{2-メチル-2-ブテン}}{\overset{H_3C}{\underset{H_3C}{}}C=C\overset{CH_3}{\underset{H}{}}} \longrightarrow \underset{\text{アセトン}}{\overset{H_3C}{\underset{H_3C}{}}C=O} + \underset{\text{アセトアルデヒド}}{O=C\overset{CH_3}{\underset{H}{}}}$$

〈例〉KMnO₄ による酸化

$$\begin{array}{c} R^1 \\ C = C \\ R^2 \end{array}\begin{array}{c} R^3 \\ \\ H \end{array} \xrightarrow[\text{KMnO}_4]{\text{H}_2\text{SO}_4} \left[\begin{array}{c} R^1 \\ C = O + O = C \\ R^2 \end{array}\begin{array}{c} R^3 \\ \\ H \end{array}\right] \longrightarrow \begin{array}{c} R^1 \\ C = O + O = C \\ R^2 \end{array}\begin{array}{c} R^3 \\ \\ OH \end{array}$$

アルケン　　　　　　　　　　　　ケトン　　　　アルデヒド　　　　　　　　ケトン　　　　カルボン酸

カルボン酸がギ酸のときはさらに分解が進んで，二酸化炭素と水ができる.

$$O = C \begin{array}{c} H \\ \\ OH \end{array} \xrightarrow{\text{KMnO}_4} \left[O = C \begin{array}{c} OH \\ \\ OH \end{array}\right] \xrightarrow{\text{分解}} CO_2 + H_2O$$

ギ酸　　　　　　　　　　炭酸 H₂CO₃

(3) 付加重合

多数の分子が結合して分子量の大きな化合物（高分子化合物）をつくる反応を**重合**といい，付加反応による重合を**付加重合**という.

エチレン $CH_2 = CH_2$ から水素原子を 1 個取り除いた炭化水素基 $CH_2 = CH-$ を**ビニル基**という.

3）アルキン

炭素三重結合を 1 個もつ鎖式化合物は C_nH_{2n-2} の一般式で表されて，**アルキン**といい，アルカンの語尾-ane を-yne に変えて命名する. アルキンでは三重結合している炭素原子とこれと直結する 2 個の原子は同一直線上にある. したがって，最も簡単な構造のアルキン（n ＝ 2）であるアセチレン $CH \equiv CH$ は直線状の分子である.

また，炭素原子間の距離は，$C \equiv C$ 結合の方が $C = C$ 結合よりも短い.

アセチレンは無色・無臭の気体で，有機溶媒によく溶け，水には少しだけ溶ける. アセチレンは三重結合をもっているので，アルケンと同じように付加反応を起こしやすい. アセチレンに臭素を付加させると，三重結合に臭素が付加して，1，2-ジブロモエチレンになり，さらに二重結合に臭素が付加して 1，1，2，2-テトラブロモエタンを生じ，臭素の赤褐色が消えて無色になる.

$$CH \equiv CH \xrightarrow[+Br_2]{} CHBr = CHBr \xrightarrow[+Br_2]{} CHBr_2 - CHBr_2$$

アセチレンに白金またはニッケルを触媒として水素を反応させると，エチレンを経てエタンを生じる.

$$CH \equiv CH \longrightarrow CH_2 = CH_2 \longrightarrow CH_3 - CH_3$$

アセチレンに適当な触媒を用いて塩化水素，シアン化水素，酢酸などを付加させると，それぞれ塩化ビニル，アクリルニトリル，酢酸ビニルが得られる. これらはいずれもビニル基 $CH_2 = CH-$ をもち，付加重合させると高分子になる.

H H
 \ /
  C
 / \
H-C—C-H
 | |
 H   H
シクロプロパン
（沸点−33℃）

H   H
| |
H-C—C-H
| |
H-C—C-H
| |
H   H
シクロブタン
（沸点 12℃）

H   H
 \ /
  C
 / \
H-C   C-H
| |
H-C—C-H
| |
H   H
シクロペンタン
（沸点 49℃）

H   H
 \ /
  C
H-C   C-H
| |
H-C   C-H
 \ /
  C
 / \
H   H
シクロヘキサン
（沸点 81℃）

図 5-8　シクロアルカンの例
有機化合物では，C 原子，C 原子に結合している H 原子，C–H 結合を省略し，結合を線で示す略記法がある．この略記法では 2 本の線の交点，または線の端に C 原子が存在している．たとえば，図 5-8 では左から，△，□，⬠，⬡ と表すこともできる．

4）不飽和度

　炭化水素の分子内に C＝C 結合が 1 個存在すると，炭素数が同じ鎖式飽和炭化水素に比べて H 原子が 2 個少なくなる．また，分子内に炭素の環構造が 1 個存在していても H 原子が 2 個少なくなる．さらに，分子内に C≡C 結合が 1 個存在すると，H 原子が 4 個少なくなる．不飽和脂肪族炭化水素 C_nH_x について，炭素数の同じアルカン C_nH_{2n+2} に比べて不足している H 原子の数の 1/2 を**不飽和度**という．つまり，不飽和度は，

　　（炭素数の同じアルカンの H の数−その分子の H の数）÷2
　　　　＝〔(2n+2)−x〕÷2

のことであり，その分子 1 個に結合することができる H_2 分子の数と同じになる．エタンの不飽和度は 0，エチレンの不飽和度は 1，アセチレンの不飽和度は 2 である．

　不飽和度によって，分子内に存在する二重結合，三重結合，環構造の数を見積もることができ，分子式から構造式を決めるときの重要な手がかりになる．芳香族化合物の構造式を調べる際，ベンゼンの不飽和度が二重結合 3 個と環構造 1 個で 4 になることを知っていると便利である．

5）環式炭化水素（脂環式炭化水素と芳香族炭化水素）

　環式の飽和炭化水素を**シクロアルカン**（図 5-8）（シクロパラフィン系炭化水素あるいはナフテン系炭化水素ともいう）といい，一般式は C_nH_{2n}（n≧3）と表される．

6）シクロヘキサンの構造

　シクロヘキサン C_6H_{12} は正六角形の構造式で表されるが，実際には平面構造ではなく，いす形の配座構造をとっている（**図 5-9**）．シクロヘキサンはアルカンと同じように飽和炭化水素であり，環を構成するそれぞれの炭素原子はメタンと同様に正四面体構造をとっている．シクロヘキサンの構造として，いす形のほかに舟形も考えることができるが，舟形は不安定なために，ほとんどは

不飽和度の計算

エタン：(6−6)/2＝0
　　　H H
　　　|　|
　　H-C-C-H
　　　|　|
　　　H H

エチレン：(6−4)/2＝1
　H　　　　H
　 \　　　／
　　C＝C
　／　　　＼
　H　　　　H

アセチレン：(6−2)/2＝2
　H-C≡C-H

シクロヘキサンの水素

いす形配座においては，シクロヘキサンの水素はアキシアル（axial）とエカトリアル（equatorial）とよばれる 2 種類に分けられる．

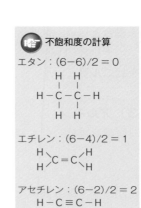

axial 水素
equatorial 水素

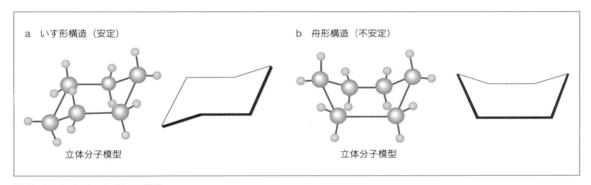

a　いす形構造（安定）　　　　　　　　b　舟形構造（不安定）

立体分子模型　　　　　　　　　　　　　立体分子模型

図5-9　シクロヘキサンの構造
⬤：C原子，○：H原子．

いす形である．いす形と舟形は配座異性体の一例である．

3　芳香族炭化水素（aromatic hydrocarbons）
1）ベンゼンの構造と共鳴
　ベンゼン C_6H_6 の分子は，6個の炭素原子が正六角形の頂点に位置し，各炭素原子に水素原子が1個ずつ結合した図Iもしくは図IIの構造をしており，すべての原子が同一平面上に位置する．この構造式は炭素と炭素の間を単結合と二重結合が交互に一周する形で記されるので，2通りで表現される．しかし，実際の結合の長さはすべて同じで C−C 結合と C ＝ C 結合の中間的な状態にある．IとIIを重ね合わせたような構造をとることをIとIIの状態で**共鳴**しているといい，そのような構造を**共鳴混成体**という．そのために構造式をIIIのように表すこともある．また，IやIIの状態のことを**共鳴構造式**という．共鳴混成体は，共鳴構造式よりもエネルギーが低い安定な状態をとるが，これは共鳴することによりエネルギーが下がるためであり，このエネルギーは**共鳴エネルギー**とよばれる．

　　　I　　　　　　　　II　　　　　　　　III

　共鳴構造式　　　　共鳴構造式　　　　　共鳴混成体

　共鳴構造式の間は両頭矢印（⟷）を用いて表し，片矢印（⇌）を用いる平衡の表現方法とは区別して用いる．

2）ベンゼンの反応
（1）付加反応
　ベンゼン環は非常に安定な構造をとっているため，構造式上は C ＝ C 結合が存在するが，アルケンとは異なり，付加反応は起こりにくい．しかし，Pt，Pd，Ni などを触媒として用いると，高温，高圧下では水素が付加される．

ベンゼン $\xrightarrow{\text{H}_2}$ シクロヘキサン

ナフタレン $\xrightarrow{\text{H}_2}$ テトラリン $\xrightarrow{\text{H}_2}$ デカリン

（2）置換反応

ベンゼンの代表的な置換反応を以下に示す．

①ハロゲン化

$$+ \text{ Cl}_2 \xrightarrow{\text{FeCl}_3} \text{(Cl)} + \text{HCl}$$

②アルキル化（フリーデル・クラフツ反応）

$$+ \text{ RCl} \xrightarrow{\text{AlCl}_3} \text{(R)} + \text{HCl}$$

（R＝アルキル基．たとえば CH_3O-, CH_3CH_2O-）

③ニトロ化

$$+ \begin{array}{c}\text{HNO}_3\\(\text{HONO}_2)\end{array} \xrightarrow{\text{H}_2\text{SO}_4} \text{(NO}_2) + \text{H}_2\text{O}$$

④スルホン化

$$+ \begin{array}{c}\text{H}_2\text{SO}_4\\(\text{HOSO}_3\text{H})\end{array} \xrightarrow{\text{SO}_3} \text{(SO}_3\text{H)} + \text{H}_2\text{O}$$

3）ベンゼンの求電子置換反応の機構

これらのベンゼンの置換反応は，いずれもベンゼン環に対する**求電子剤**（electrophilic reagent）の攻撃で始まることが知られている．

（1）ハロゲン化（塩素化）

ベンゼンと塩素との反応は触媒が存在しないときわめて遅いが，鉄粉を加えると，塩化鉄（Ⅲ）が生成し，これが触媒として働くとすみやかに進行する．塩化鉄が塩素分子の Cl−Cl 結合を分極させて正電荷を帯びた求電子剤であるクロロニウムイオンを発生させる．

$$:\overset{\cdot\cdot}{\underset{\cdot\cdot}{\text{Cl}}} - \overset{\cdot\cdot}{\underset{\cdot\cdot}{\text{Cl}}}: + \overset{\displaystyle \text{Cl}}{\underset{\displaystyle \text{Cl}}{\text{Fe}}}-\text{Cl} \rightleftharpoons \overset{\delta+}{\text{Cl}}\cdots\overset{\delta-}{\text{Cl}}\cdots\overset{\displaystyle \text{Cl}}{\underset{\displaystyle \text{Cl}}{\text{Fe}}}-\text{Cl}$$

　　弱い求電子剤　　　　　　　　強い求電子剤

求電子剤はベンゼン環の π 電子雲から与えられる π 電子 2 個を使って，芳香環に付加し，環内の 1 つの炭素原子と σ 結合を形成する．その結果，この

求電子剤

本文の平衡式において，δ ＋の部分が求電子剤として働く．すなわち，左項にはδ＋がないため求電子性は弱く，右項にはδ＋の Cl があり，この Cl が強い求電子剤として働く．

炭素原子は sp^3 混成になる.

この炭素は sp^3 混成となり，4つの他の原子と
結合していて二重結合性をもたない.

ベンゼノニウムイオン
（一種の炭素陽イオン）
sp^3

この反応の結果，生じる炭素陽イオンを**ベンゼノニウムイオン**という．この炭素陽イオンの電荷は，塩素原子が結合した炭素原子からみて o（オルト）-および p（パラ）-の位置に共鳴により非局在化することができる．

o^- p^- o^-
ベンゼノニウムイオンの共鳴構造式

左のベンゼノニウムイオンを
1つに合成した表現方法

ベンゼノニウムイオンは，求電子剤が付加した炭素原子上の水素をプロトンとして放出することにより，芳香環を再生させて反応が終了する．

ベンゼンの求電子置換反応は次のような一般化した形で理解できる．求電子剤を E^+ とすれば，第一段階でベンゼノニウムイオンができ，第二段階でプロトンが脱離して，置換体ができる．

(2) アルキル化

　芳香族化合物のアルキル化は，一般に**フリーデル・クラフツ反応**とよばれる（p.164 参照）．ハロゲン化アルキル (RX) に $AlCl_3$ を働かせて炭素陽イオン (R^+) を発生させる．

$$RX + AlCl_3 \longrightarrow R^+ + XAl^-Cl_3$$

$$C_6H_6 + R^+ \longrightarrow C_6H_5 - R + H^+$$

〈例〉RX がクロロエタンの場合

ベンゼン

エチルベンゼン

(3) ニトロ化・スルホン化

ニトロ化では，硫酸を触媒として硝酸をプロトン化し脱水させると，ニトロニウムイオンが発生して，このニトロニウムイオンがE^+として働く．また，スルホン化では，求電子剤はプロトン化された三酸化硫黄$^+SO_3H$である．SO_3の共鳴構造式は，硫黄原子が強い求電子剤になっていることを示している．

硝酸　　　　　　プロトン化された硝酸　　ニトロニウムイオン

4）芳香族環を活性化する置換基と不活性化する置換基

ベンゼンではどの水素原子が1個置換されても生成物は1種類であるが，トルエンのようにベンゼンの一置換体にさらに置換反応を行う場合，置換基の種類によって，次の置換反応がベンゼン環のどの位置で起こりやすいかが決まる．はじめに導入された置換基が次の置換基の入る位置を決定するので，これを置換基の配向性という．たとえば，トルエンをニトロ化するとo-ならびにp-ニトロトルエンが主に生成するが，ニトロベンゼンをニトロ化するとm-ジニトロベンゼンが主に生成する．

オルト，メタ，パラの位置関係は p.165 の側注参照.

トルエン　　　　　o-異性体　　　　　　p-異性体　　　　（4%　m-異性体）
　　　　　　　　　　59%　　　　　　　　37%

ニトロベンゼン　　m-異性体　　　　（7%　o-異性体）
　　　　　　　　　　93%

(1) o-（オルト）・p-（パラ）配向性

トルエンのo-位，p-位の置換反応においても，反応中間体のベンゼノニウムイオンに関して書かれた3つの共鳴構造式のうちの1つが，メチル基が結合している環の炭素原子上に$+1$の形式電荷をもっている（点線枠）．この共鳴構造式は第三級炭素陽イオンであるから，第二級炭素陽イオンである残りの2つの共鳴構造式に比べて安定である．m-位の置換反応においては，共鳴構

造式は3つともすべて第二級炭素陽イオンであり，＋1の形式電荷はメチル基が結合した炭素原子上には存在しない．反応は最も安定な炭素陽イオン中間体を経由して進行するので，その結果，メチル基は*o*-，*p*-配向を示す．

o-，*p*- 位の置換反応

m- 位の置換反応

メチル基と同じように，他のアルキル基もすべて*o*-，*p*-配向性を示す．一般的に，ベンゼン環に直接結合した原子上に非共有電子対をもっている置換基はすべて*o*-，*p*-配向性である．

その例として，フェノールを臭素化するときの反応機構を示す．

o-，*p*- 位の置換反応

m- 位の置換反応

o-またはp-位の置換反応で生じる中間体の共鳴構造式の1つは，ヒドロキシ基に結合した炭素上に陽電荷が存在できる．この形式電荷は，酸素原子に非局在化できるので，酸素原子に形式電荷が存在する共鳴構造式が書ける．それに対して，m-位の置換反応で生じた中間体はこのような共鳴構造式は書けないので，ヒドロキシ基はo-，p-配向性である．

(2) m-(メタ) 配向性

　ニトロベンゼンでは，窒素原子上に形式電荷+1が存在するので，o-ならびにp-位の置換反応の中間体では，2つの陽電荷が隣り合わせになり，反発しあうことがわかる．これに対して，m-位の置換反応では，2つの陽電荷が隣り合わせにはならないので，o-ならびにp-位の置換反応よりもm-位の置換反応の方が有利である．

o-，p- 位の置換反応

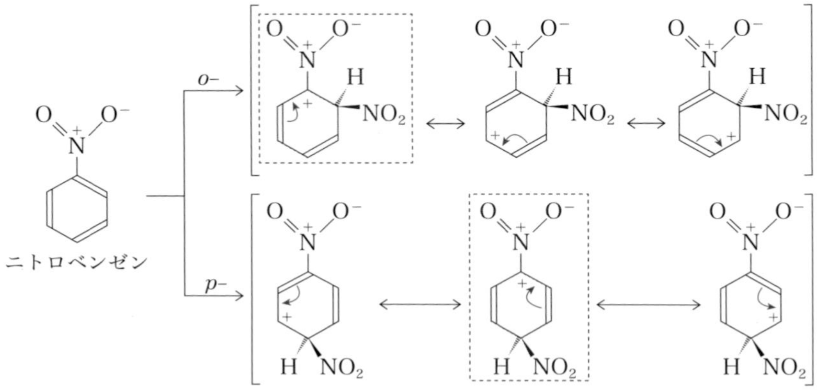

m- 位の置換反応

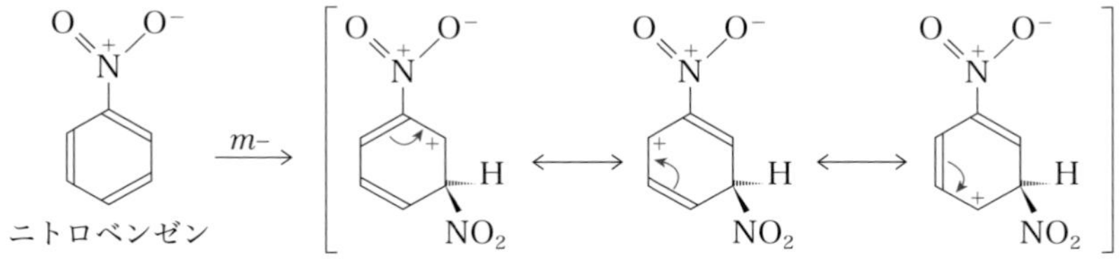

　以上述べたように，ベンゼン環に置換基があるとき，ベンゼン環の電子密度に及ぼす置換基の影響として，**共鳴効果**（R-effect）による影響が最も大きく，それにより配向の仕方が決まる．それ以外に，置換基の極性による**誘起効果**（inductive effect, I-effect）は置換基の活性化に影響を与えるので考慮する必要がある．ハロゲンは電気陰性度が高いので，電子吸引性が強く，ベンゼン環の水素をハロゲンで置換するとベンゼン環の電子はハロゲンに吸引されるので，ベンゼン環の電子密度が減少する．これに対してフェノキシド（フェノラート）イオン（$C_6H_5O^-$）のO^-基は電子をベンゼン環に供給する．そのため，同じo-，p-配向性でも，ヒドロキシ基はベンゼンよりも活性化（反応性）を

共鳴効果
共鳴混成体ができることによりエネルギーが安定になる効果（p.153 参照）．

誘起効果
置換基の極性のために電子が一様に吸引または反発される効果．

表 5-5　芳香族多環式化合物の構造と吸収波長

構造式	名称	λ_{max}	ε^*
	ベンゼン	255 nm	215
	ナフタレン	314 nm	289
	アントラセン	380 nm	9,000
	ナフタセン（黄色の化合物）	480 nm	12,500

$^*\varepsilon$：モル吸光係数（p.150 を参照のこと）.

高めるが，ハロゲンは逆に活性化を下げる（不活性化する）ことになる.

5) 芳香族多環式化合物

　芳香族化合物のなかには 2 個以上のベンゼン環からなるものがあり，芳香族多環式化合物とよばれる．ナフタレンはベンゼン環の六角形が 2 つあり，ナフタレンにさらにベンゼン環が縮合したものが，アントラセンおよびフェナントレンである.

ナフタレン　　　　　　アントラセン　　　　　　フェナントレン

　アントラセンにさらにまっすぐベンゼン環が縮合したものがナフタセンである．ベンゼン環が増えると，共役二重結合系が増えるので，電子スペクトルの吸収波長が長波長側にずれることが知られている．ナフタレン，アントラセンは無色の結晶であるが，ナフタセンは黄色の結晶である．ベンゼン，ナフタレン，アントラセン，ナフタセンの構造式と吸収波長（λ_{max}）を表 5-5 に示す.

4　複素環化合物（heterocyclic compounds）

　環式化合物の環の構成原子として，炭素とともに，炭素以外の原子を 1 個以上含んでいる化合物を**複素環化合物**という．複素環を構成する炭素以外の原子を**ヘテロ原子**（hetero atom）といい，酸素，窒素，硫黄などが代表的である．主要な複素環および生体内の複素環化合物の例を**図 5-10** に示す.

　複素環化合物は，アルカロイド，ビタミン，色素，合成医薬品，合成染料などの分子骨格を構成する重要な化合物であり，プリンの誘導体であるアデニン，グアニンや，ピリミジンの誘導体であるシトシン，ウラシル，チミンは核酸（DNA，RNA）の塩基成分として重要である（**図 5-10**）.

核酸：p.197 を参照のこと.

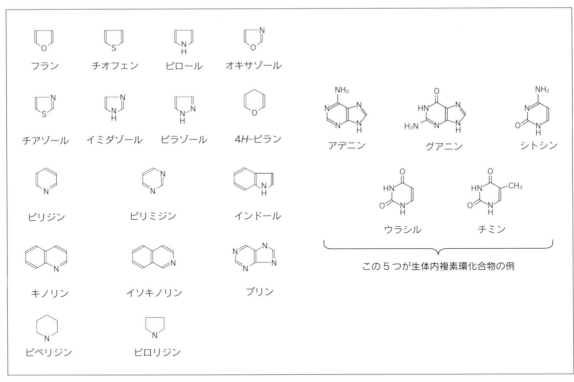

フラン チオフェン ピロール オキサゾール

チアゾール イミダゾール ピラゾール 4H-ピラン アデニン グアニン シトシン

ピリジン ピリミジン インドール ウラシル チミン

この5つが生体内複素環化合物の例

キノリン イソキノリン プリン

ピペリジン ピロリジン

図5-10 主要な複素環および生体内の複素環化合物の例

　天然の複素環化合物にはプリン誘導体やピリミジン誘導体のほか, ニコチン, ペニシリンなどがある.

Ⅳ 官能基

　有機化合物中のある特有の化学的性質を示す原子団または原子を官能基という. 共通の官能基を有する有機化合物は共通の性質を示す. 水素以外の原子や, アルキル基などの原子団, 官能基は置換基とよばれる. 置換基をもつ化合物には, 置換命名法と基官能命名法の2通りの命名法がある.

　①置換命名法：もとの炭化水素の水素を置換基で置き換えたことを, 置換基の名称を表す接頭語もしくは接尾語で示す. 枝分かれのあるアルカンは, 置換命名法によって命名されている.

　②基官能命名法：炭化水素基と置換基の名称を示す接頭語または接尾語を組み合わせた命名方式をいう.

　主な官能基について以下に述べる.

1　ハロゲン (F, Cl, Br, I)

　有機ハロゲン化合物のなかで, 簡単な構造をもつ脂肪族ならびに芳香族ハロ

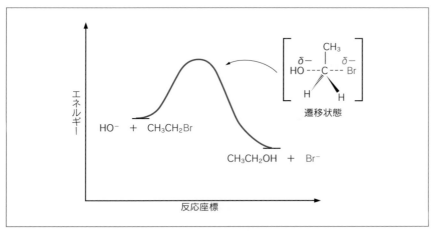

図 5-11　S_N2 反応のエネルギー図

ゲン化合物は有機合成化学において原料化合物として利用されている.

1）求核置換反応

　ブロモエタンが水酸化物イオンと反応して，エタノールと臭化物イオンを生じる反応では，水酸化物イオンは求核剤であり，臭化物イオンと置き換わる.

$$HO^- + CH_3CH_2 - Br \longrightarrow CH_3CH_2 - OH + Br^-$$

　この反応機構は，求核剤がブロモエタンを C−Br 結合の背面から攻撃して，中間状態（遷移状態）を経て，Br^- が脱離するのと同時に，OH 基が C に結合する. 反応は 1 段階で進行する. このタイプの求核置換反応は **S_N2** 反応とよばれるが，この 2 は，反応の分子数が 2 分子であることに由来する（**図 5-11**）.

　S_N2 反応の特徴として，立体配置の反転を伴う点があげられる. たとえば，(*R*)-2-ブロモブタンと水酸化ナトリウムの反応では，(*S*)-2-ブタノールが生成する.

$$HO^- +$$

(*R*)-2-ブロモブタン　　　(*S*)-2-ブタノール

　このように一方の鏡像異性体からもう一方へと分子の配置を変換することを**ヴァルデン反転**という.

　もう 1 つのタイプの求核置換反応は **S_N1** 反応とよばれる. この反応機構では，反応基質が解離して，炭素原子と脱離基の結合が切れて，炭素陽イオンが生じる. 次にその炭素陽イオンが求核基と結合して生成物になる. 反応は 2 段階で進行して，反応速度は基質のみに依存する. S_N1 の 1 は 1 分子反応であることに由来する. S_N1 反応では，反応中間体として炭素陽イオンが生成することが前提となるので，ハロゲンを結合している炭素が第三級であるときに最も

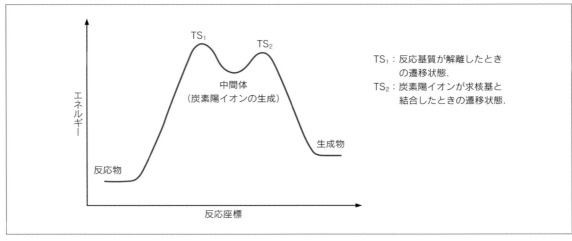

図5-12 SN1反応のエネルギー図

起こりやすく，第二級，第一級の順に起こりにくくなる（**図5-12**）．

2）脱離反応

ハロゲン化アルキルは塩基と反応してアルケンが生成する．

ハロゲンが置換した炭素原子の隣の炭素原子に水素原子が結合している場合，求核剤を反応させると，置換反応と脱離反応（E1 または E2 反応）の2つが競合的に起こることがある．

E2 は SN2 と同じように2分子反応で，1段階反応である．この反応では，H−C−C−L とつながった4つの原子はすべて1つの平面内にあり，H と L とは互いにアンチ型に配列している．

E1 は SN1 と同じように1分子反応であり，2段階反応である．

$$
\underset{L}{\overset{\overset{\displaystyle Nu:^-}{\underset{H}{|}}}{C-C}} \xrightarrow{\text{E2}} \quad C=C \quad + \quad Nu-H \quad + :L^-
$$

2 ヒドロキシ基（水酸基）

脂肪族炭化水素の水素または芳香族炭化水素の側鎖の水素をヒドロキシ基（−OH基）で置換した化合物を**アルコール**（alcohol）といい，芳香族炭化水素の環の水素をヒドロキシ基で置換した化合物を**フェノール**（phenol）という．

1）アルコールの性質

アルコールは分子中のヒドロキシ基の数によって，1価アルコール，2価アルコール，3価アルコールなどに分類され，2価以上のアルコールを多価アルコールという．また，アルコールはヒドロキシ基が結合している炭素原子に結

合している他の炭素原子（R−）の個数によって，第一級アルコール（R−が1個），第二級アルコール（R−が2個），第三級アルコール（R−が3個）に分類される.

〈主な性質〉

・同程度の分子量をもつ炭化水素に比べて，融点・沸点が高い．これはアルコール分子がヒドロキシ基の部分で水素結合を形成するためである.

・親水性のヒドロキシ基と，疎水性の炭化水素基からできているので，炭素原子の数が少ないものは水に溶けやすく，炭素原子の数が多いものは水に溶けにくくなる.

・ヒドロキシ基は水溶液中で電離しないので，水溶液は中性である.

・カルボン酸と反応し，エステルを生じる．このとき反応促進剤として濃硫酸を少量添加する.

・濃硫酸と混合して加熱すると脱水反応が起こり，反応温度に応じてアルケンあるいはエーテルが生じる．たとえば，エタノールと濃硫酸の混合物を170℃前後で加熱すると，分子内で脱水反応が起こりエチレンを生じるが，130℃前後で加熱すると，2分子間での脱水反応が起こりジエチルエーテルを生じる.

・酸化すると第一級アルコールはアルデヒドになり，さらに酸化するとカルボン酸になる．第二級アルコールは酸化するとケトンになる．第三級アルコールは酸化されにくいが，強い酸化を受けると炭素鎖が切れる.

2）アルコールの脱離反応

濃硫酸を用いて第二級アルコールの2-ブタノールを分子内脱水した場合，−OH基の結合した炭素原子の両隣の炭素原子に結合した水素原子のどちらが一緒に脱離するかにより，2種類のアルケンの生成が予想される.

アルコールの脱水反応では，−OH基の結合したC原子に隣接したCに結合したH原子の数を比較して，H原子の数の少ない方のC原子からH原子が脱離したアルケンが主生成物となる．この経験則は**ザイツェフ（Saytzeff）の法則**とよばれる.

この経験則は電離論に基づいて次のように解釈できる．それぞれのアルケンは炭素陽イオンを介して平衡状態にあるが，より置換基の多いアルケンは置換基の少ないアルケンより安定であるため，2-ブテンが主生成物となり，1-ブテンは副生成物となる.

$$\begin{array}{c} \text{OH} \\ | \\ \text{CH}_3 - \text{CH}_2 - \text{CH} - \text{CH}_3 \end{array}$$

$$\downarrow \begin{array}{c} +\text{H}^+ \\ (-\text{H}_2\text{O}) \end{array}$$

$$\overset{+}{\text{CH}_3 - \text{CH} - \text{CH} - \text{CH}_2}$$

H_a の脱離　　H_b の脱離

H_a の付加　　H_b の付加

$$\text{CH}_3 - \text{CH} = \text{CH} - \text{CH}_2 \qquad\qquad \text{CH}_3 - \text{CH} - \text{CH} = \text{CH}_2$$

主生成物　　　　　　　　　　　　　　　　　　　　副生成物
（ザイツェフ生成物）

反応のスタートはヒドロキシ基へのプロトン付加であり，脱水反応は，炭素陽イオンの安定性の順序に従って，第三級，第二級，第一級の順序で起こりやすい．

3）フェノールの性質

フェノールは水にあまり溶けないが，水溶液中では弱酸性を示し，水酸化ナトリウムや水酸化カリウムと塩を形成して，ナトリウムフェノキシド，カリウムフェノキシドになる．弱酸性を示すのはフェノールのヒドロキシ基の酸素原子の非共有電子対がベンゼン環の二重結合と共役することで，共鳴構造によりベンゼン環に電子を与え，酸素原子は陽性になる傾向があるため，H^+を放出しやすくなるためである．これに対して，ベンジルアルコールでは，このような共鳴構造をつくることができないので，中性である．

フェノールは塩化鉄（Ⅲ）水溶液に対して青〜赤紫色の呈色反応を示すが，アルコールではこの反応を示さない．

置換反応：フェノールのハロゲン化はベンゼンよりも容易に行うことができる．ヒドロキシ基が電子供与基であるため，ハロゲンはo-もしくはp-位に入る．スルホン化やニトロ化もベンゼンよりも容易である．フェノールに硝酸と硫酸の混液を作用させると，o-およびp-ニトロフェノールの混合物が得られる．これらはフェノールよりも酸性が強い．m-ニトロフェノールはフェノールのニトロ化では直接的には得られない．

3　エーテル

2つの炭化水素基（R，R'）が1個の酸素原子に結合したR−O−R'型の化合物を**エーテル**といい，−O−の結合を**エーテル結合**という．RとR'は同じでも，異なる種類の炭化水素基でもよく，アルキル基，アリール基のいずれでもよい．エーテルの命名は，RとR'が同じ場合は，その炭化水素基のあとにエーテルをつけ，RとR'が異なる場合，2つの炭化水素基の英名の頭文字をアルファベット順に並べて，そのあとにエーテルをつける．

 アリール基
芳香族炭化水素の置換基をアリール基という．

 アルファベット順
エチルメチルエーテル(ethyl methyl ether) の場合，炭化水素基のアルファベットの頭文字（e と m）を比較し，アルファベット順にethyl，methyl と並べる．

$$CH_3 - O - CH_3$$ ジメチルエーテル（メチルエーテル）
$$CH_3 - O - CH_2CH_3$$ エチルメチルエーテル
$$CH_3CH_2 - O - CH_2CH_3$$ ジエチルエーテル（エチルエーテル）
$$C_6H_5 - O - CH_2CH_3$$ エチルフェニルエーテル
$$C_6H_5 - O - C_6H_5$$ ジフェニルエーテル（フェニルエーテル）

複雑な構造のエーテルでは, −OR 基をアルコキシ基として命名する必要が生じる.

$$\underset{\underset{OCH_3}{|}}{CH_3CHCH_2CH_2CH_3}$$ 2-メトキシペンタン

> **エーテルの命名法**
> R と R′ が同じ場合は, 「ジ」をつけなくてもよい.

1）エーテルの性質

エーテルは極性のある C−O 結合をもっているが, 水やアルコールにある−OH 基をもっていないので互いに水素結合を形成することができない. そのため単純なエーテルの沸点は同じくらいの分子量のアルカンよりも高く, アルコールよりもかなり低い. エーテルの酸素は水分子と水素結合を形成するため, ジメチルエーテルは水溶性で, ジエチルエーテルは少し水に溶解する. アルキル基が大きくなると, エーテルは水に不溶になる.

エーテルは比較的不活性な化合物であり, ほとんどの酸や塩基, 酸化剤や還元剤と反応しない. 金属ナトリウムとも反応しないので, アルコール類と明確に区別できる. また, たいていの有機化合物を溶解する性質があるので, 有機反応用の優れた溶媒として使用されている. 特にジエチルエーテルは低沸点で, 有機化合物の抽出物から容易に除去したり蒸留によって回収できる. しかし, 引火性がきわめて高いので, 火気のあるところでは十分に注意して取り扱う必要がある.

2）Grignard 試薬（グリニャール試薬）

ハロゲン化アルキルを乾燥エーテルに溶かしたものは, 金属マグネシウムを溶かす性質がある. この溶液を**グリニャール試薬**という.

$$R - X + Mg \longrightarrow R - MgX$$

アルキル基が負電荷（形式電荷−1）をもつ炭素陰イオン（カルボアニオン）として, マグネシウムは正電荷（形式電荷＋1）を帯びているものとして反応する.

4　カルボニル基

炭素原子と酸素原子の間に二重結合のある原子団 C ＝ O を**カルボニル基**とよび, カルボニル基を有する化合物をカルボニル化合物という. カルボニル化合物は, 狭義ではアルデヒドとケトンが属するが, 広義ではこれにカルボン酸, エステル, アミドも含まれる. カルボニル基に水素原子が 1 個結合した官能基を**ホルミル（アルデヒド）基**といい, ホルミル基をもつ化合物をアルデヒド

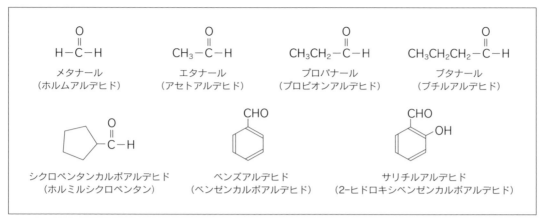

図5-13　アルデヒドの命名法
IUPAC 名（慣用名）で記載してある.

メタナール
（ホルムアルデヒド）

エタナール
（アセトアルデヒド）

プロパナール
（プロピオンアルデヒド）

ブタナール
（ブチルアルデヒド）

シクロペンタンカルボアルデヒド
（ホルミルシクロペンタン）

ベンズアルデヒド
（ベンゼンカルボアルデヒド）

サリチルアルデヒド
（2-ヒドロキシベンゼンカルボアルデヒド）

プロパノン
（アセトン）

2-ブタノン
（エチルメチルケトン）

3-ペンタノン
（ジエチルケトン）

アセトフェノン
（メチルフェニルケトン）

ベンゾフェノン
（ジフェニルケトン）

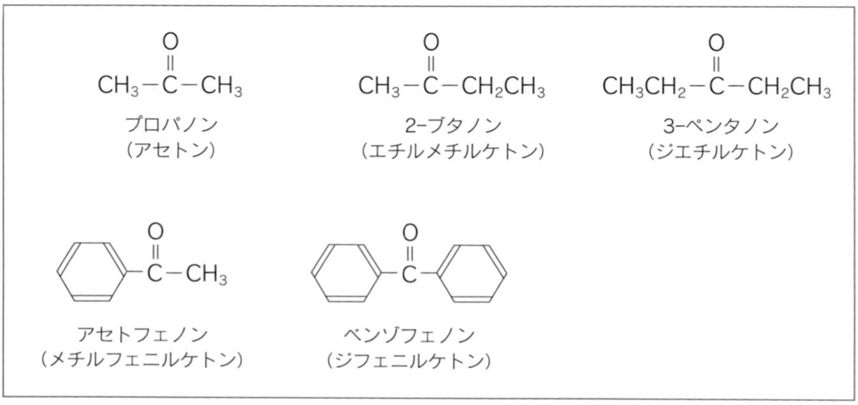

図5-14　ケトンの命名法
IUPAC 名（慣用名）で記載してある.

（R−CHO）という．カルボニル基に 2 個の炭化水素基が結合した化合物をケトン（R−CO−R′）という.

　IUPAC 命名法では，アルデヒドを表す語尾はアール（-al）であり，アルデヒドの−CHO 基をメチル基に置換して得られる炭化水素名の語尾の e を除いて al をつける．慣用名は酸化して生じるカルボン酸を基本とするが，慣用名もよく用いられるので，両方覚えておく必要がある（**図5-13**）.

　一方，IUPAC 命名法では，ケトンを表す語尾はオン（-one）であり，カルボニル基（−CO−）を−CH$_2$−に変えた炭化水素名の語尾の e を除いて one をつける．慣用名では，カルボニル炭素に結合しているアルキル基あるいはアリール基名を並べたあと，ケトンという単語を追加して命名する（**図5-14**）.

1）ホルムアルデヒド HCHO（formaldehyde）

　刺激臭のある無色の気体（沸点−19℃）であるが，そのままでは重合しや

すいため，通常はホルマリン（formalin）とよばれる37％水溶液として供給されている．消毒薬，防腐剤として用いられるほか，プラスチック，建物の断熱材などの製造に使用されている．メタノールを空気中で酸化すると，ホルムアルデヒドが得られるが，さらに酸化するとギ酸になる．

$$CH_3OH \xrightarrow{\text{酸化}} HCHO \xrightarrow{\text{酸化}} HCOOH$$

2）アセトアルデヒド CH₃CHO（acetaldehyde）

刺激臭のある無色の液体であるが，常温付近で沸騰する（沸点20℃）．エタノールを硫酸酸性の二クロム酸カリウム水溶液に加えて，加熱して蒸留すると，アセトアルデヒドが得られる．また，パラジウム-銅触媒を用いてエチレンを酸化することにより，工業的に得られる（ワッカー法）．

$$CH_3CH_2OH \xrightarrow{\text{酸化}} CH_3CHO \xrightarrow{\text{酸化}} CH_3COOH$$

$$2CH_2 = CH_2 + O_2 \xrightarrow[100\sim300℃]{\text{Pd-Cu}} 2CH_3CHO$$

3）アセトン CH₃COCH₃（acetone）

無色の芳香のある液体（沸点56℃）で，水，エタノール，エーテルなどと任意の割合で混じり合う．多くの溶質を溶かすので，溶媒として優れている．

2-プロパノールを硫酸酸性の二クロム酸カリウム水溶液で酸化するか，酢酸カルシウムの熱分解によって，アセトンが得られる．

$$(CH_3COO)_2Ca \longrightarrow CaCO_3 + CH_3COCH_3$$

工業的にはイソプロピルベンゼンを酸化することにより得られる（クメン法）．

4）キノン（quinone）

キノンは環状の共役ジケトンで，最も簡単な例が1, 4-ベンゾキノンである．すべてのキノンは着色しており，その多くは染料として用いられる天然に産出する顔料である．アリザリンやビタミンKもキノンである．

1, 4-ベンゾキノン　　アリザリン　　　　　　　ビタミンK

カルボニル化合物の反応を理解するためには，カルボニル基の構造と性質について知っている必要がある．炭素－酸素二重結合（C＝O）はσ結合1つとπ結合1つから構成されている．炭素原子はsp^2混成をつくるので，カルボニル炭素に結合した3つの原子は120°の結合角をもち，同一平面上に存在する．酸素原子は炭素原子よりも電気陰性度が大きいので，C＝O結合の電子

は酸素側に引き付けられ，極性は強く分極する．この分極効果はπ電子に対して顕著に現れるので，カルボニル基を次のように表すことができる．

$$\overset{}{\underset{..}{>}}C = \overset{..}{\underset{..}{O}}: \longleftrightarrow \overset{}{\underset{..}{>}}\overset{+}{C} - \overset{..}{\underset{..}{O}}:^-$$

カルボニル基の共鳴構造式

　この分極の結果，カルボニル化合物の反応では，カルボニル炭素上へ求核攻撃が起こり，そのあと酸素へプロトン付加が起こるタイプの反応が多い．

　カルボニル化合物は同程度の分子量をもつ炭化水素に比べて高い沸点をもつが，アルコールよりは沸点が低い．カルボニル化合物は永久分極しているC＝O基をもち，より強く会合する性質がある．この分子間に働く力は双極子-双極子相互作用（dipole-dipole interaction）といわれ，一般にファンデルワールス力よりは強いが，水素結合ほど強くない．

5）アルコールの付加反応

　アルコールは酸素系の求核剤であり，C＝O結合へ付加する際，−OR基は炭素と結合し，プロトンは酸素に結合する．アルデヒド（ケトン）はアルコールと反応してまずヘミアセタール（ヘミケタール）を生成し，過剰のアルコールが存在するとさらに反応してアセタール（ケタール）を生成する．ヘミアセタール（ヘミケタール）はアルコールを失うとアルデヒド（ケトン）に戻り，可逆的である．

$$ROH \; + \; \overset{R'}{\underset{H}{\diagdown}}C = O \; \rightleftharpoons \; \overset{RO}{\underset{H}{\diagup}}\overset{R'}{\underset{}{|}}C - OH \; \longrightarrow \; \overset{RO}{\underset{H}{\diagup}}\overset{R'}{\underset{}{|}}C - OR$$

アルコール　　アルデヒド　　　　ヘミアセタール　　　　アセタール

　同一炭素上にアルコールとエーテルの両官能基をもったものをヘミアセタールという．

6）縮合反応

　アセトアルデヒド2分子の間で起こる縮合反応は，アルドール縮合とよばれる．アセトアルデヒドの水溶液は水溶性塩基で処理すると，次の反応が起こる．

$$\overset{O}{\overset{\|}{CH_3CH}} + \overset{O}{\overset{\|}{CH_3CH}} \; \overset{OH^-}{\rightleftharpoons} \; \overset{OH}{\overset{|}{CH_3CH}} - \overset{O}{\overset{\|}{CH_2CH}}$$

アセトアルデヒド　　　　3-ヒドロキシブタナール
　　　　　　　　　　　　（アルドール）

7）アルデヒドとケトンの酸化反応

　アルコールは酸化されるとアルデヒドあるいはケトンになる．アルデヒドはさらに酸化されるとカルボン酸になる．アルデヒドの酸化反応では，カルボニル炭素に結合している水素は−OH基に置き換わる．一方，ケトンにはそのような水素がないので，酸化剤とは反応しない．

$$\text{C}_2\text{H}_5\text{OH} \xrightarrow{\text{酸化}} \text{CH}_3\text{CHO} \xrightarrow{\text{酸化}} \text{CH}_3\text{COOH}$$

アルコール   アルデヒド   カルボン酸
（メタノール）   （アセトアルデヒド）   （酢酸）

$$\begin{array}{c} \text{H} \\ | \\ \text{CH}_3-\text{C}-\text{CH}_3 \\ | \\ \text{OH} \end{array} \xrightarrow{\text{酸化}} \begin{array}{c} \text{} \\ \text{} \\ \text{CH}_3-\text{C}-\text{CH}_3 \\ \| \\ \text{O} \end{array}$$

アルコール   ケトン
（2-プロパノール）   （アセトン）

　アルデヒドとケトンを区別する方法として，酸化剤が試薬として用いられる．銀イオンを含むアンモニア水のトレンス試薬は，アルデヒドと反応すると，カルボン酸の陰イオンと金属銀を生成する．この反応を透明なガラス器具の中で行うと，金属色の銀が容器の内側に析出し，美しい銀の鏡ができることから，銀鏡反応とよばれる．

　フェーリング試薬，ベネディクト試薬はアルデヒドと反応すると，アルデヒドが還元される際に，Cu^{2+} も還元され Cu_2O の沈殿が析出する．

　ケトンも酸化できるが，強い酸化条件が必要になる．たとえば，ナイロンの製造で重要な工業化学品であるアジピン酸は，シクロヘキサノンの酸化により製造されている．

8）ケト-エノール互変異性

　アルデヒドとケトンはケト形とエノール形とよばれる2種類の構造の平衡混合物として存在することがある．この2種類の形ではプロトンと二重結合の位置が異なっている．

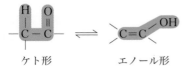

ケト形   エノール形

　このような構造異性を**互変異性**（tautomerism）といい，アルデヒドとケトンにおける2種類の形を**互変異性体**という．カルボニル化合物がエノール形で存在するには，カルボニル基に隣接する炭素原子上に水素原子が結合している必要がある．この水素はα-水素とよばれ，α-炭素原子に結合している．簡単なアルデヒド，ケトンでは，通常ケト形として存在する．

　グリニャール試薬とカルボニル化合物の反応はアルコールを生成するのに有用な反応である．①ホルムアルデヒドから第一級アルコール，②ほかのアルデヒドからは第二級アルコール，③ケトンからは第三級アルコールを生成する．

① $R-MgX + H-\overset{\overset{\displaystyle O}{\|}}{C}-H \longrightarrow R-\overset{\overset{\displaystyle H}{|}}{\underset{\underset{\displaystyle H}{|}}{C}}-OMgX \xrightarrow[H^+]{H_2O} R-\overset{\overset{\displaystyle H}{|}}{\underset{\underset{\displaystyle H}{|}}{C}}-OH$

ホルムアルデヒド　　　　　　　　　　　　　　　　　　　　第一級アルコール

② $R-MgX + R'-\overset{\overset{\displaystyle O}{\|}}{C}-H \longrightarrow R-\overset{\overset{\displaystyle R'}{|}}{\underset{\underset{\displaystyle H}{|}}{C}}-OMgX \xrightarrow[H^+]{H_2O} R-\overset{\overset{\displaystyle R'}{|}}{\underset{\underset{\displaystyle H}{|}}{C}}-OH$

アルデヒド　　　　　　　　　　　　　　　　　　　　　　第二級アルコール

③ $R-MgX + R'-\overset{\overset{\displaystyle O}{\|}}{C}-R'' \longrightarrow R-\overset{\overset{\displaystyle R'}{|}}{\underset{\underset{\displaystyle R''}{|}}{C}}-OMgX \xrightarrow[H^+]{H_2O} R-\overset{\overset{\displaystyle R'}{|}}{\underset{\underset{\displaystyle R''}{|}}{C}}-OH$

ケトン　　　　　　　　　　　　　　　　　　　　　　　　第三級アルコール

5　カルボキシ基

　カルボキシ基（−COOH 基）をもつ化合物を**カルボン酸**という．カルボン酸は極性をもった化合物であり，アルコールと同じようにカルボン酸の分子間や他の分子と水素結合を形成する．そのため，カルボン酸の沸点は対応するアルコールの沸点よりも高くなる．

　カルボン酸は水溶液中でカルボキシラートイオン（R-COO$^-$）とヒドロニウムイオン（H$_3$O$^+$）に電離する．カルボキシラートイオンは，共鳴構造をもち安定化するので，カルボン酸はプロトンを放出しやすく，酸性を呈する．

　カルボキシ基に結合した置換基により，カルボン酸の酸性度が変化することが示されている．たとえば，酢酸のメチル基の水素を塩素で置換した（モノ）クロロ酢酸，ジクロロ酢酸，トリクロロ酢酸の K_a 値を比較すると，置換した塩素の数が多いほど，K_a 値が大きくなることから酸性度が増すことがわかる．カルボキシ基に近接する置換基の**誘起効果**（inductive effect）がその大きな要因である．すなわち，電子吸引基は酸性度を増大させ，電子供与基は酸性度を減少させる．塩素は炭素よりも電気陰性度が大きいので，C−Cl 結合では塩素が部分的に負電荷をもち，炭素は部分的に正電荷をもつように分極する．電子はカルボキシラートイオンから塩素の方にひきつけられる．この効果により負電荷はアセテートイオンだけでなく，塩素原子にも広がり，電荷の分散が起こるので，このイオンは安定化する．

カルボン酸の酸解離定数（K_a）

	K_a
酢酸 CH$_3$COOH	1.8×10^{-5}
クロロ酢酸 CH$_2$ClCOOH	1.5×10^{-3}
ジクロロ酢酸 CHCl$_2$COOH	5.0×10^{-2}
トリクロロ酢酸 CCl$_3$COOH	2.0×10^{-1}

誘起効果：p.168 側注参照．

1）乳酸の構造と鏡像異性体

　乳酸のように，カルボキシ基のほかにヒドロキシ基をもつカルボン酸を**ヒドロキシ酸**という．乳酸分子の中央の炭素原子は，−CH$_3$，−H，−OH，−COOH の 4 種類の異なる原子や官能基が結合した不斉炭素原子である．不斉炭素原子をもつ化合物には，炭素または原子団の立体的な配置が異なる実像と鏡像，または左手と右手の関係にある 2 種類の分子（**図 5-15**）が存在する．これ

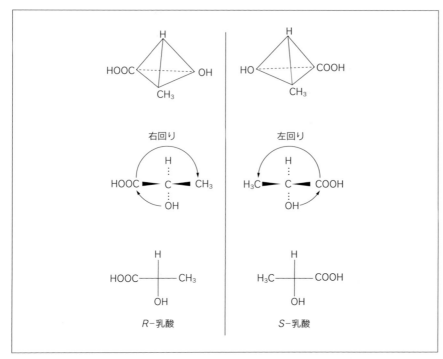

図5-15　不斉炭素原子1個を含む分子（乳酸 $CH_3-C^*H(OH)-COOH$ の例）

らの分子は互いに重ね合わせることができないので，互いに立体異性体である．
このような関係の立体異性体を**エナンチオマー**もしくは**鏡像異性体**（対掌体）
という．この異性体は，融点や密度，一般的な化学反応性などの性質はほぼ同
じであるが，光に対する性質，すなわち旋光性が異なるので，光学異性体とも
よばれる．また，鏡像異性体は味やにおいなど生物に対する作用（生理作用）
が異なることがある．1対の鏡像異性体は，D-，L-の記号を付けてD型，L
型に区別される．

> 鏡像異性体：p.157も参照
> のこと．

2）旋光性

　自然光の振動面はさまざまな方向を向いているが，偏光板を通過すると，一
定の方向に振動する偏光が得られる（**図5-16**）．その振動面を偏光面という．
偏光面を回転させる性質を**旋光性**といい，通過してくる光を左右どちらに回転
させるかにより，それぞれ左旋性，右旋性という．旋光性をもつことを光学活
性があるという．旋光性の大きさは旋光度（回転角）で表され，鏡像体のうち
一方は右旋性，もう一方は左旋性となり，回転角は等しくなる．D-乳酸の旋
光度が $-\theta°$ とすると，同濃度のL-乳酸の旋光度は $+\theta°$ である．D型，L型は
立体配置に基づいて区別されるため，右旋性であるか左旋性であるかは関係が
ない．

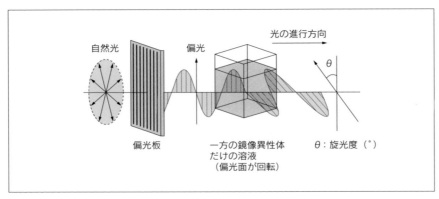

図 5-16　旋光性

3）マレイン酸とフマル酸

　マレイン酸とフマル酸はシス-トランス異性体の関係にあり，マレイン酸は極性をもつカルボキシ基がシスの関係にあるため，分子全体として極性をもつ．これに対して，フマル酸はカルボキシ基がトランスの関係にあるため，分子内で極性が打ち消されて，分子全体として無極性になる．そのためマレイン酸は水によく溶けるが，フマル酸はほとんど溶けない．

$$\underset{\text{HOOC}}{\overset{\text{H}}{\diagdown}}\text{C}=\text{C}\underset{\text{COOH}}{\overset{\text{H}}{\diagup}}$$

マレイン酸（シス形）

$$\underset{\text{HOOC}}{\overset{\text{H}}{\diagdown}}\text{C}=\text{C}\underset{\text{H}}{\overset{\text{COOH}}{\diagup}}$$

フマル酸（トランス形）

6　エステル

　エステルはカルボキシ基の $-$OH を $-$OR 基で置換したカルボン酸誘導体である．カルボン酸とアルコールを酸触媒存在下で加熱すると，エステルと水が生成し，原系と生成系との間で化学平衡になる．エステルには，酢酸メチル，酢酸エチル，ブタン酸メチルなどがある．

$$\underset{\text{カルボン酸}}{\text{R}-\text{COOH}} + \underset{\text{アルコール}}{\text{R}'-\text{OH}} \rightleftarrows \underset{\text{エステル}}{\text{R}-\text{COO}-\text{R}'} + \text{H}_2\text{O}$$

$$\overset{\overset{\text{O}}{\|}}{\text{CH}_3\text{C}}-\text{OCH}_3$$
酢酸メチル
（沸点 57℃）

$$\overset{\overset{\text{O}}{\|}}{\text{CH}_3\text{C}}-\text{OCH}_2\text{CH}_3$$
酢酸エチル
（沸点 77℃）

$$\overset{\overset{\text{O}}{\|}}{\text{CH}_3\text{CH}_2\text{CH}_2\text{C}}-\text{OCH}_3$$
ブタン酸メチル
（沸点 102.3℃）

　ヒドロキシカルボン酸はエステルの形成に必要なカルボキシ基とヒドロキシ基の 2 つの官能基をもっている．この 2 つの官能基が接近できると，そこでエステル結合を形成して**ラクトン**とよばれる環状エステルが生成する．

$$\underset{\underset{\text{OH}}{|}}{\underset{4}{\overset{\gamma}{\text{CH}_2}}\underset{3}{\overset{\beta}{\text{CH}_2}}\underset{2}{\overset{\alpha}{\text{CH}_2}}\underset{1}{\text{COOH}}} \xrightarrow[\text{または加熱}]{\text{H}^+} \text{γ-ブチロラクトン} + \text{H}_2\text{O}$$

γ-ブチロラクトン

1）エステルのけん化

エステルは塩基触媒を用いて加水分解される．これを**けん化**といい，脂肪酸を原料とする石けんの製造に使われる反応として有名である．

$$\underset{\text{エステル}}{\text{CH}_3\text{COOC}_2\text{H}_5} + \underset{\text{塩基}}{\text{NaOH}} \longrightarrow \underset{\text{カルボン酸塩}}{\text{CH}_3\text{COONa}} + \underset{\text{アルコール}}{\text{C}_2\text{H}_5\text{OH}}$$

$$\underset{\text{油脂}}{\begin{array}{l}\text{R}^1\text{COOCH}_2\\ \quad\quad |\\ \text{R}^2\text{COOCH}\\ \quad\quad |\\ \text{R}^3\text{COOCH}_2\end{array}} + 3\text{NaOH} \longrightarrow \underset{\text{脂肪酸ナトリウム(石けん)}}{\begin{array}{l}\text{R}^1\text{COONa}\\ \text{R}^2\text{COONa}\\ \text{R}^3\text{COONa}\end{array}} + \underset{\text{グリセリン}}{\begin{array}{l}\text{CH}_2\text{OH}\\ \quad |\\ \text{CHOH}\\ \quad |\\ \text{CH}_2\text{OH}\end{array}}$$

石けんは疎水性（親油性）の炭化水素基 R－と，親水性の－COO－基からなる．石けんを水に溶かすと，疎水性の部分を内側に向け，親水性の部分を外側に向けて集まり，コロイド粒子を形成する．この粒子を**ミセル**という．石けんのように疎水基と親水基をあわせもつ物質を**界面活性剤**という．

> ミセル：p.58 も参照のこと．

2）酸無水物

カルボキシ基2つから水を取り去って互いに結合したものを**酸無水物**という．代表例として，無水酢酸（エタン酸無水物）と無水マレイン酸を示す．

酢酸 ⇄（縮合／加水分解）無水酢酸 + H₂O

マレイン酸 →（縮合）無水マレイン酸 + H₂O

7 ニトロ基

ベンゼン環にニトロ基が直接結合した化合物を，**芳香族ニトロ化合物**という．ニトロベンゼンはベンゼンをニトロ化して得られる化合物で，特有のにおいをもち，水に溶けにくい淡黄色で油状の液体である．実験室では，濃硫酸と濃硝酸の1：1の混合物にベンゼンを少しずつ加えて反応させてつくる．

$$\text{（ベンゼン環）} + \text{HO-NO}_2 \xrightarrow{\text{濃硫酸}} \text{（ニトロベンゼン）} + \text{H}_2\text{O}$$

硝酸　　　　　　　ニトロベンゼン（沸点 211℃）

8　アミノ基
1）アミンの分類と構造

　アンモニアの水素原子を炭化水素基で置換した化合物を**アミン**といい，アミノ基（−NH$_2$）をもつ．アミンの置換基がメチル基のような脂肪族の炭化水素基のときは**脂肪族アミン**，フェニル基のような芳香族の炭化水素基のときは**芳香族アミン**という．

　アミノ基をもつ化合物を**第一級アミン**（R−NH$_2$）といい，アミノ基の水素原子1個が炭化水素基で置換された構造をもつものを**第二級アミン**，水素原子が2個とも炭化水素基で置換されたものを**第三級アミン**という（表5-6）．また，アンモニウムイオンの4個の水素原子がすべて炭化水素基で置換された化合物を**第四級アンモニウム塩**という．

　アンモニアの非共有電子対と同じように，アミンの窒素原子の非共有電子対は，酸や水からのH$^+$と結合することができるので，アミンは弱い塩基として働く．脂肪族アミンはアンモニアよりも塩基性が強く，塩基として強い方からジメチルアミン，メチルアミン，トリメチルアミン，アンモニアの順になっている．アルキル基には水素よりも電子供与性があり，アンモニウムイオンを安定させる効果があるので，アルキル基が多い方がより安定と考えられる．しかし，メチル基が3つ置換されると立体障害が影響するために，トリメチルアミンはメチルアミンよりも弱塩基である．

　アニリンはベンゼン環にアミノ基が1つ結合した構造であり，最も簡単な芳香族アミンである．アニリンはニトロベンゼンをスズ（Sn）と濃塩酸によって還元したあと，水酸化ナトリウム水溶液を加えると得られる．脂肪族アミンやアンモニアと比べると，はるかに弱い塩基である．また，水に対する溶解度も減少する．

　アニリンに無水酢酸を反応させると，アセトアニリドを生成する．アセトアニリドのようにアミド結合−NH−CO−をもつ化合物を**アミド**という．

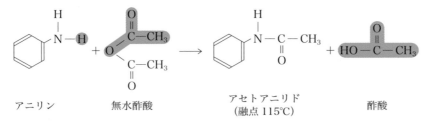

アニリン　　　　無水酢酸　　　　　　アセトアニリド　　　　酢酸
　　　　　　　　　　　　　　　　　　（融点 115℃）

　アニリンの希塩酸溶液を氷冷しながら，亜硝酸ナトリウム水溶液を加えると，塩化ベンゼンジアゾニウムが得られる．

第四級アンモニウム塩

第四級アンモニウム塩は，血清中のCl$^-$濃度を測定するイオン選択電極法のCl選択電極として利用されている．詳しくは最新臨床検査学講座「臨床化学検査学」を参照のこと．

表5-6 アンモニアと低級脂肪族アミン

	アミン		アンモニウムイオン	アンモニウムイオンの pK_a 値
アンモニア	アンモニア	NH_3	NH_4^+	9.30
第一級アミン	メチルアミン	CH_3NH_2	$CH_3NH_3^+$	10.64
第二級アミン	ジメチルアミン	$(CH_3)_2NH$	$(CH_3)_2NH_2^+$	10.71
第三級アミン	トリメチルアミン	$(CH_3)_3N$	$(CH_3)_3NH^+$	9.77

アニリン　　　亜硝酸ナトリウム　　　　塩化ベンゼンジアゾニウム

塩化ベンゼンジアゾニウムは低温では安定であるが，温度を上げると加水分解して，窒素とフェノールを生じる.

塩化ベンゼンジアゾニウム　　　　　　　　フェノール

塩化ベンゼンジアゾニウムの水溶液にナトリウムフェノキシドの水溶液を加えると，p-ヒドロキシアゾベンゼンが生成する.

塩化ベンゼン　　ナトリウム　　カップリング　　p-ヒドロキシアゾベンゼン
ジアゾニウム　　フェノキシド

分子中にアゾ基$-N = N-$をもつ化合物を**アゾ化合物**といい，ジアゾニウム塩からアゾ化合物をつくる反応を**カップリング**という.

芳香族アゾ化合物は黄色から赤色に着色しており，染料や合成着色料として広く用いられている. 指示薬として用いられるメチルオレンジもアゾ化合物の一つである.

9　ニトリル基

$R-C \equiv N$ をニトリルといい，加水分解するとカルボン酸になる.

$$R - C \equiv N + 2H_2O \xrightarrow{HCl} R - COOH + NH_4^+ + Cl^-$$

Ⅴ 生体分子成分（生体高分子化合物）

分子量が約1万以上の化合物を**高分子化合物**，または単に**高分子**という. 高分子化合物には，炭素原子を骨格とする**有機高分子化合物**と，ケイ素や酸素

など，炭素以外の原子を骨格とする**無機高分子化合物**がある．また，天然に存在する**天然高分子化合物**と人工的に合成された**合成高分子化合物**に分類することもできる．有機高分子化合物のなかで，特に生物のからだをつくっているものをまとめて**生体高分子化合物**という．生体高分子化合物として，糖質，タンパク質，脂質，核酸などがある．

1 糖質（炭水化物）

カルボニル基構造をもつ多価アルコールで，一般に$C_nH_{2m}O_m$で表される化合物を**糖類**という．$C_nH_{2m}O_m$は$C_n(H_2O)_m$と書くことができるので，**炭水化物**ともいう．

糖類のうち，それ以上小さな化合物に加水分解できないものを，**単糖類**という．2個の単糖類が脱水して縮合（脱水縮合）したものを**二糖類**，数個の単糖類が脱水縮合したものを**少糖類（オリゴ糖）**，多数の単糖類が脱水縮合して連なったものを**多糖類**という．

1）単糖類（図5-17）

構成する炭素数によって，トリオース（C_3，三炭糖），テトロース（C_4，四炭糖），ペントース（C_5，五炭糖），ヘキソース（C_6，六炭糖）に分類される．また，カルボニル基の種類に基づいて，アルデヒドの場合はアルドース，ケトンの場合はケトースと分類されることもある．

トリオースに属するものは，グリセルアルデヒドとジヒドロキシアセトンの2つだけであり，どちらもヒドロキシ基2個とカルボニル基1個をもっている．

グリセルアルデヒドには不斉炭素原子が1個あり，鏡像異性体があるが，炭素数が増えるにつれて不斉炭素原子が増加し，多数の異性体を生じる．

最も代表的な単糖類として，ヘキソースのグルコースやフルクトースなどがある．

(1) グルコース（ブドウ糖）$C_6H_{12}O_6$

グルコースはブドウやその他の果物に含まれる．工業的にはデンプンを硫酸とともに熱して，加水分解して得られる．食物として食べるデンプンは，消化器中でグルコースに完全に加水分解されてから吸収される．血液中のグルコースは血糖といわれ，正常では80 mg/dL程度であり，脳など多くの組織の細胞活動で，最初に使われるエネルギー源である．等張溶液として静脈内注射に使われる．

グルコースにはα型とβ型の2種類の立体異性体が存在する．なお，通常のグルコースはα-グルコース（融点146℃）である．α-グルコースを水に溶かすと，その一部は鎖状構造を経由してβ-グルコース（融点150℃）に変化し，これら3種類の構造が一定の割合で混合した平衡状態になる．結晶状態では還元性を示さないが，水溶液にすると還元性を示し，銀鏡反応やフェーリング液の還元を示す．

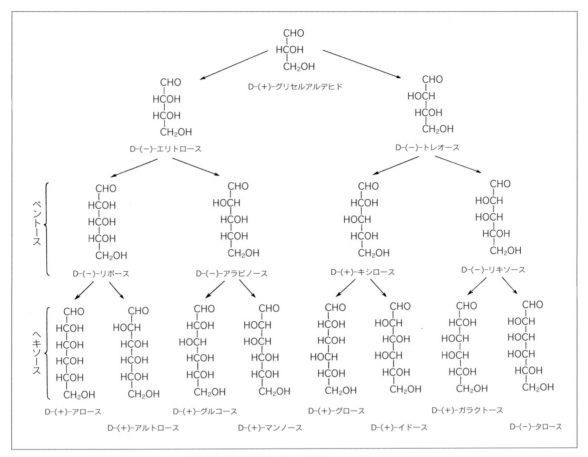

図5-17　D-グリセルアルデヒドから誘導される D-アルドース類

　グルコースは酵母などにより，エタノールと二酸化炭素に分解される（**アルコール発酵**）．

(2) フルクトース（果糖）$C_6H_{12}O_6$

　フルクトースは果物類に含まれるので，**果糖**ともよばれる．蜂蜜にも含まれ，甘味はショ糖よりも濃厚である．

　フルクトースの結晶は六員環構造をとっているが，水に溶かすとケトン基をもつ鎖状構造を経て，五員環構造に変化する．

2）二糖類

　2分子の単糖類が脱水縮合したもので，すべて白色の結晶である．水によく溶け，甘味をもつものが多い．

(1) マルトース

　マルトースは2分子のグルコースが脱水縮合した構造の二糖類であり，還元性を示す．糖の縮合により生じた結合 C-O-C を**グリコシド結合**という．

マルトースを希硫酸と加熱するか，または酵素マルターゼを作用させると，加水分解されて2分子のグルコースを生じる．

$$C_{12}H_{22}O_{11} + H_2O \longrightarrow 2C_6H_{12}O_6$$

マルトースは水あめの主成分である．

(2) スクロース

スクロースはα-グルコースと五員環構造のβ-フルクトースが，それぞれ還元性を示す部分で縮合した構造をもち，還元性を示さない．

スクロースの水溶液を酸性にして熱すると，グルコースとフルクトースに加水分解される．この溶液を蒸発濃縮してシロップとし，エタノールを十分に加えて低温に放置すると，白い結晶性のグルコースが沈殿し，残りの溶液にはフルクトースが残る．

$$C_{12}H_{22}O_{11} + H_2O \longrightarrow C_6H_{12}O_6 + C_6H_{12}O_6$$
　　スクロース　　　　　　　グルコース　　フルクトース

スクロースはサトウキビやサトウダイコンに含まれ，砂糖の主成分として用いられる．

3）多糖類

多数の単糖類が脱水縮合した構造をもつ．多糖類は甘味をもたず，還元性を示さない．

(1) デンプン

デンプンは植物のエネルギー貯蔵源として働く炭水化物である．米，穀物，イモ類，トウモロコシなどの主成分はデンプンである．デンプンは主に1,4-α-グリコシド結合でつながったグルコース単位でつくられているので，デンプンを部分的に加水分解するとマルトースを生じ，完全に加水分解するとD-グルコースだけを生じる．しかし，ところどころに1,6-α-グリコシド結合も存在している．デンプンは水に不溶であるが，60～70℃に加熱すれば不透明な流動性の糊となる．デンプン粒子は60℃の温水に可溶な**アミロース**と不溶な**アミロペクチン**からなる．アミロースはデンプンの20～25%を占める．

〈**主な性質**〉
・デンプン水溶液は還元性を示さない．
・ヨウ素ヨウ化カリウム溶液（ヨウ素溶液）と反応すると，青～青紫色を示す（ヨウ素デンプン反応）．
・希酸を加えて加熱すると，加水分解されてグルコースになる．
・酵素アミラーゼにより，デキストリンを経てマルトースになる．

(2) デキストリン

デンプンを酸で加水分解していくと，次第にヨウ素デンプン反応が弱くなり，ついに無色になる．このように中間段階まで分解されたものを**デキストリン**という．環状構造をとったものを**シクロデキストリン**とよぶ．

(3) グリコーゲン

グリコーゲンは動物が炭水化物を貯蔵する物質として存在し，動物デンプンともよばれる．グリコーゲンはα-グルコースが縮合重合した分子構造をもつ多糖類で，アミロペクチンより枝分かれの多い構造をとる．

(4) セルロース

セルロースはグルコースが$1,4$-β-グリコシド結合でつながった分岐のない高分子化合物で，木材，木綿，麻，トウモロコシの穂柄などの主成分である．ヒトや動物はデンプンやグリコーゲンを消化できるが，セルロースを消化することはできない．このことは生化学反応の特異性を明瞭に示している例である．デンプンとセルロースの化学的な相違点は，グリコシド結合の立体構造だけである．

〈主な性質〉

・ヨウ素デンプン反応を示さない．還元性はない．

・セルロースはデンプンに比べて加水分解されにくいが，希酸を加えて長時間加熱すると加水分解されてグルコースになる．

・セルロースは繊維として糸や紙などに利用されている．

　　再生繊維（レーヨン）：セルロースを化学的に処理して溶液とし，再び繊維状のセルロースにしたものをレーヨンという．レーヨンはセルロースを再生させてつくった繊維なので，再生繊維に分類される．レーヨンの原料は主に木材パルプが用いられる．

　　半合成繊維：セルロースを化学的に処理し，その官能基－OHの一部を変化させた繊維を半合成繊維という．

2　アミノ酸，ペプチド，タンパク質

タンパク質はアミノ酸がペプチド結合でつながった構造をもつ天然の高分子であり，生命体の構造と機能，そして生殖のための最も重要な物質と考えられる．

ペプチド結合
アミド結合のうち，アミノ酸同士が脱水縮合して形成されたものをペプチド結合という（p.191 参照）．

1）アミノ酸

アミノ基とカルボキシ基を同一分子内にもつ化合物を**アミノ酸**という．このうち，同じ炭素原子にアミノ基とカルボキシ基が結合したものを**α-アミノ酸**といい，R－CH(NH$_2$)COOHの構造をもつ．R－は側鎖であり，その違いによってアミノ酸の種類が決まる．α-アミノ酸はタンパク質を構成する主要成分であり，約20種類のアミノ酸から構成されている（**表5-7**）．これらのアミノ酸のうち，1つの例外として，プロリンは環状イミノ酸である．

タンパク質合成の際，そのアミノ酸配列の順序は，遺伝子の指示により決められるが，20種類のアミノ酸に対応する暗号だけが遺伝子上にあり，すべてのタンパク質はこれらのアミノ酸から合成される．タンパク質によっては，**表5-7**の20種類以外のアミノ酸も構成成分として存在するが，その場合は生

表 5-7　天然に存在するアミノ酸

				アミノ酸		略号		構造式
1	親水性	塩基性		L-アルギニン	L-arginine	Arg	(R)	$HN=C(NH_2)NH(CH_2)_3CH(NH_2)COOH$
2				L-リジン	L-lysine	Lys	(K)	$H_2N-(CH_2)_4CH(NH_2)COOH$
3				L-ヒスチジン	L-histidine	His	(H)	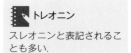
4		酸性		L-アスパラギン酸	L-aspartic acid	Asp	(D)	$HOOC-CH_2CH(NH_2)COOH$
5				L-グルタミン酸	L-glutamic acid	Glu	(E)	$HOOC-CH_2CH_2CH(NH_2)COOH$
6				L-アスパラギン	L-asaparagine	Asn	(N)	$H_2NOC-CH_2CH(NH_2)COOH$
7				L-グルタミン	L-glutamine	Gln	(Q)	$H_2NOC-CH_2CH_2CH(NH_2)COOH$
8	中性	ヒドロキシ		L-セリン	L-serine	Ser	(S)	$CH_2(OH)CH(NH_2)COOH$
9				L-トレオニン	L-threonine	Thr	(T)	$CH_3CH(OH)CH(NH_2)COOH$
10		脂肪族		グリシン	glycine	Gly	(G)	$CH_2(NH_2)COOH$
11				L-アラニン	L-alanine	Ala	(A)	$CH_3CH(NH_2)COOH$
12			分岐鎖	L-バリン	L-valine	Val	(V)	$(CH_3)_2CHCH(NH_2)COOH$
13				L-ロイシン	L-leucine	Leu	(L)	$(CH_3)_2CHCH_2CH(NH_2)COOH$
14				L-イソロイシン	L-isoleucine	Ile	(I)	$\begin{smallmatrix}CH_3\\CH_3CH_2\end{smallmatrix}>CHCH(NH_2)COOH$
15	疎水性	含硫		L-システイン	L-cysteine	Cys	(C)	$HS-CH_2-CH(NH_2)COOH$
16				L-メチオニン	L-methionine	Met	(M)	$CH_3SCH_2CH_2CH(NH_2)COOH$
17		芳香族		L-フェニルアラニン	L-phenylalanine	Phe	(F)	(ベンゼン環)$-CH_2CH(NH_2)COOH$
18				L-チロシン	L-tyrosine	Tyr	(Y)	$HO-$(ベンゼン環)$-CH_2CH(NH_2)COOH$
19				L-トリプトファン	L-tryptophan	Trp	(W)	(インドール環)$CH_2CH(NH_2)COOH$
20		特殊アミノ酸（環状イミノ酸）		L-プロリン	L-proline	Pro	(P)	(ピロリジン環)$-COOH$

物体内でタンパク質のポリペプチド鎖が合成されてから，アミノ酸側鎖が修飾されてできたものである．アミノ酸のうち生体内で合成されないものを必須アミノ酸といい，ヒトの必須アミノ酸はトレオニン，バリン，ロイシン，イソロイシン，メチオニン，リジン，フェニルアラニン，トリプトファン，ヒスチジンである．

　グリシンを除くすべてのアミノ酸は少なくとも 1 個の不斉炭素原子をもっているから，鏡像異性体が存在する．高等動物のタンパク質を構成するアミノ酸はすべて L 型である．しかし，自然界には D-アミノ酸も存在し，種々の抗生物質や細菌の細胞壁中などに D-アミノ酸が見出されている．

📓 トレオニン
スレオニンと表記されることも多い．

2）アミノ酸の性質（表 5-7）

　アミノ酸は，分子中に酸性のカルボキシ基と塩基性のアミノ基をもち，酸と塩基の両方の性質を示すため**両性化合物**とよばれる．また，結晶中や水中では

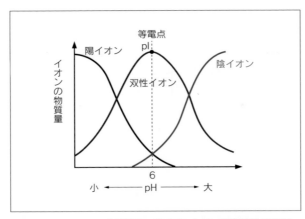

図5-18　アラニン水溶液のpHと各イオンの物質量の関係

正電荷と負電荷をあわせもった$R-CH(NH_3^+)COO^-$のようなイオン化した構造をとり，このようなイオンは**双性イオン**とよばれる．このため，アミノ酸分子間に静電気的な引力が働くので，一般の有機化合物に比べて融点が高く，水に溶けやすく，有機溶媒に溶けにくいものが多い．

アミノ酸の結晶を純水に溶かすと，双性イオンとなり，次のような電離平衡の状態で存在する．

$$H_3N^+ - \underset{\underset{H}{|}}{\overset{\overset{R}{|}}{C}} - COOH \underset{H^+}{\overset{OH^-}{\rightleftarrows}} H_3N^+ - \underset{\underset{H}{|}}{\overset{\overset{R}{|}}{C}} - COO^- \underset{H^+}{\overset{OH^-}{\rightleftarrows}} H_2N - \underset{\underset{H}{|}}{\overset{\overset{R}{|}}{C}} - COO^-$$

陽イオン（A⁺）　　　　　双性イオン（A±）　　　　陰イオン（A⁻）

アミノ酸の水溶液に酸を加えると，双性イオンの$-COO^-$がH^+を受け取って$-COOH$となり，アミノ酸は陽イオンになる．また，塩基を加えると，双性イオンの$-NH_3^+$がH^+を放出して$-NH_2$となり，アミノ酸は陰イオンになる．すなわち，溶液のpHにより各イオンの割合が変化する．

アミノ酸の水溶液があるpHになったときに，陽イオン，双性イオン，陰イオンの電荷の総和が全体としてゼロになる．このpHをアミノ酸の**等電点**という．等電点はアミノ酸の種類によって異なり，中性アミノ酸は中性域に，酸性アミノ酸は酸性域に，塩基性アミノ酸は塩基性域にそれぞれ等電点をもつ（**図5-18**）．

3）ペプチド

あるアミノ酸のカルボキシ基と別のアミノ酸のアミノ基が脱水縮合することで，**アミド結合**$-CO-NH-$ができる．このようにアミノ酸同士から生じたアミド結合を，特に**ペプチド結合**という．

ペプチド結合をもつ物質を**ペプチド**という．2分子のアミノ酸が縮合したペプチドを**ジペプチド**，3分子の場合は**トリペプチド**，多数のアミノ酸の場合は

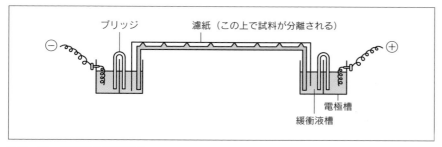

ブリッジ　　　　濾紙（この上で試料が分離される）

電極槽

緩衝液槽

図5-19　濾紙電気泳動装置

ポリペプチドという．また，アミノ酸が2〜10個結合したものを**オリゴペプ
チド**という．

4）タンパク質

　多数のアミノ酸が縮合重合したポリペプチドがタンパク質であり，すべての
生物の細胞中に存在し，生命活動を支える重要な働きをしている．

　「2）アミノ酸の性質」で説明したように，アミノ酸の塩基性の側鎖と酸性
の側鎖は pH に応じた電荷をもつので，タンパク質は通常その側鎖中に正の電
荷と負の電荷をもっている．中性付近では$-COOH$ は$-COO^-$ の形，$-NH_2$
は$-NH_3^+$ の形をとっている．タンパク質でも適当な pH（等電点）を選ぶと，
正の電荷を帯びた基の数と負の電荷を帯びた基の数が等しくなり，正味の電荷
はゼロになる．等電点はタンパク質の種類によって異なり，タンパク質の構造
の一つの特徴となっている．

（1）タンパク質の電気泳動法

　等電点より酸性側の pH ではタンパク質の正味の電荷は正となり，**電気泳動**
ではタンパク質は陰極側に移動する．また，等電点よりも塩基性側の pH では
タンパク質の正味の電荷は負となり，電気泳動では陽極側に移動する．**図5-
19**には濾紙を支持体とした電気泳動の例を示す．

　支持体としては，濾紙のほかに，ポリアクリルアミドゲル，デンプンゲル，
寒天ゲル，セルロースアセテート膜など，親水性であり，かつ，多くの物質と
吸着などの相互作用をしない種々の材質が用いられる．また，2枚のガラス板
などを平行に数 mm のすきまをあけて保ち，その間に緩衝液を満たして行う
無担体（支持体のない）の方法も用いられることがある．

　ゲル電気泳動においては，用いるゲルの網目を通してタンパク質が移動する
ため，網目のサイズより十分小さなタンパク質はその正味の電荷の程度により
分離されるのに対し，大きなタンパク質は網目の抵抗に逆らって移動せねばな
らず，同じ正味の電荷をもつ小さなタンパク質より移動速度が遅れる．網目を
通過しえない巨大分子は原点にとどまる．この点，同じ"分子 篩"効果を応
用したゲルクロマトグラフィの場合，巨大分子が最も速く溶出されるのと対照
的である．

ポリペプチドとタンパ
ク質の境界
明確な境界はないが，通常，
分子量が 5,000 以上で特
有の機能をもったポリペプ
チドをタンパク質とよんで
いる．

デンプンゲル，ポリアクリルアミドゲルなどは，デンプンまたはポリアクリルアミドの濃度を変えることにより，種々の大きさの網目をもつゲルをつくることができるので，非常によく似た高分子の分離，分析に用いられる．これらの支持体を用いて等電点を求めるには，種々のpHをもつ緩衝液中で電気泳動させ，pHと移動度をプロットして移動度0のところを内挿して求める必要がある．しかし，得られた結果が，緩衝液のイオン種，支持体の種類によっても異なることがある．

(2) 等電点電気泳動法

　等電点電気泳動法は等電点を一度の実験で求められるのみならず，等電点の微妙に異なる物質の分離分析にも適している．この方法の概略は以下のとおりである．

　種々のpHに等電点をもつ特殊な合成両性電解質混合液の中に試料タンパク質を加えて電気泳動をすると，ある時間後には陽極から陰極にかけ徐々にpHの増加する層（pH勾配）ができる．試料タンパク質は最初の位置にかかわらず泳動開始とともに移動し始め，等電点と同じpH層（等電点層：isoelectric zone）まできて停止する．すなわち，一定時間後にタンパク質はそれぞれの等電点と同じpH層に濃縮されて局在することになる．したがって，泳動終了後適当な方法によりpH層を乱すことなく泳動カラムから溶出し，タンパク質を含む分画のpHを測定すれば，個々のタンパク質の分別と同時にそれぞれの等電点を知ることができる．

5）成分に基づくタンパク質の分類

(1) 単純タンパク質

　アミノ酸だけからなるタンパク質を単純タンパク質という．

(2) 複合タンパク質

　アミノ酸以外に，糖類，色素，リン酸，脂質，核酸などを含むタンパク質を複合タンパク質という．アミノ酸以外の成分を補欠分子族といい，補欠分子族を含むことで，多様な機能を発揮することができる．補欠分子族の種類によって，核タンパク質，リポタンパク質，糖タンパク質，リンタンパク質，ヘムタンパク質，金属タンパク質などに分類される．

6）形状に基づくタンパク質の分類

(1) 球状タンパク質

　ポリペプチド鎖が球状に丸まったタンパク質を球状タンパク質という．球状タンパク質は内側に疎水基が集まり，外側である表面に親水基がくるため，水に溶けやすい．生命活動の維持に働くものが多い．

(2) 繊維状タンパク質

　複数のポリペプチド鎖が束状になったタンパク質を繊維状タンパク質という．繊維状タンパク質は水に溶けにくく形状も強固で，生体の組織形成に働く

ものが多い.

7) タンパク質の構造

(1) 一次構造

タンパク質のアミノ酸配列を一次構造といい，化学結合で表した分子の形を規定する．20種類の異なるアミノ酸の組み合わせによってできる配列の種類は膨大な数になる．タンパク質の基本的構成単位はアミノ酸であり，ポリペプチド鎖に組み込まれたアミノ酸を**アミノ酸残基**とよぶ．

(2) 二次構造

タンパク質のポリペプチド鎖は自由な形をとっているのではなく，異なるアミノ酸残基のC＝O基とN−H基の間で〉C＝O⋯H−N〈のような水素結合を形成して安定化している．その結果，ポリペプチド鎖はらせん状の**α-ヘリックス構造**や，ジグザグ状に折れ曲がった**β-シート構造**などの構造をとっている．このようなポリペプチド鎖にみられる基本構造を，二次構造という．

(3) 三次構造

ポリペプチド鎖はさらに側鎖（R−）間のファンデルワールス力，水素結合などの相互作用や，システインの側鎖の間につくられるジスルフィド結合などによって複雑に折りたたまれて，特有の立体構造をとる．このような構造を三次構造という．

(4) 四次構造

それぞれ1本のポリペプチド鎖からなる単位（サブユニット）がいくつか集まって，1つのタンパク質分子を形成することがある．これを四次構造という．たとえば，ヘモグロビンはα鎖というポリペプチドが2つ，β鎖というポリペプチドが2つ組み合わさって1つの分子（分子量66,000）をつくっている．

(5) 高次構造

タンパク質の二次構造以上をまとめて，高次構造という．タンパク質は高次構造を形成することによって，タンパク質としての形状が決まり特有の機能が発現する．

熱や薬品などでタンパク質分子の形状がくずれると完全な機能を失う．このような変化を**変性**という．卵白が熱で固まったり，豆乳が塩化マグネシウムで固まって豆腐ができるのも変性の一つである．

8) アミノ酸，ペプチド，タンパク質の呈色反応

(1) ニンヒドリン反応

アミノ酸やタンパク質の水溶液にニンヒドリン水溶液を加えて温めると，紫色に呈色する．この反応をニンヒドリン反応といい，アミノ酸やタンパク質のアミノ基を検出することで，アミノ酸やタンパク質自体を検出する方法である．

（2）ビウレット反応

タンパク質の水溶液に水酸化ナトリウムを加えて塩基性にし，少量の硫酸銅（II）水溶液を加えると赤紫色になる．この反応をビウレット反応という．トリペプチド以上のペプチドで呈色する．

（3）キサントプロテイン反応

タンパク質の水溶液に濃硝酸を加えて熱すると黄色になる．これをアンモニア水などで塩基性にすると，橙黄色になる．この反応をキサントプロテイン反応という．芳香族アミノ酸が含まれていると，ベンゼン環のニトロ化が起こりこの反応を呈する．

9）酵素

生体内で起こるさまざまな化学反応は，触媒により反応が促進され，すみやかに進行する．このように，生体内で働く触媒を**酵素**という．生体触媒である酵素の主成分はタンパク質であるため，無機触媒にはない次のような特色がみられる．

（1）基質特異性

酵素が作用する物質を**基質**といい，酵素はそれぞれ決まった基質にしか作用しない．この性質を**基質特異性**という．酵素に基質特異性があるのは，酵素の活性部位（活性中心）が，その立体構造に適合する基質だけを結合できる（酵素-基質複合体をつくることができる）からである．

（2）最適温度

一般の化学反応では，温度が高くなるほど反応速度は大きくなる．一方，酵素反応では，ある温度を超えると反応速度は急激に低下する．酵素が最もよく働く温度を**最適温度**といい，通常は35〜40℃である．これより高温になると，タンパク質が熱により変性してしまうため，多くの酵素は活性を失う（**酵素の失活**）．

（3）最適pH

タンパク質は水溶液のpHの影響を受けるため，酵素活性もpHの影響を受ける．酵素が最もよく働くpHを**最適pH**という．多くの酵素は中性付近に最適pHをもつが，胃液に含まれるペプシンはpH2付近，膵液に含まれるトリプシンやリパーゼはpH8付近が最適pHである．

3　脂質

脂質とは生体を構成する天然成分の一つで，細胞や組織から油脂溶剤で抽出される．生化学ならびに栄養学で重要な物質で，**単純脂質**と**複合脂質**に分類することができる．

1）単純脂質

単純脂肪酸とアルコールとのエステルで，**中性脂肪**ともよばれる．このうち

ビウレット法

ビウレット法はビウレット反応を利用した総タンパク質の定量法である．トリペプチド以上のオリゴペプチドもしくはタンパク質とCu（II）溶液を塩基性条件下で混合すると，タンパク質もしくはペプチド鎖中の窒素原子がCu（II）に配位結合してキレートをつくり，その際，Cu（II）からCu（I）に還元することによって，溶液の色が赤紫色に呈色する．540 nmにおける吸光度を測定し，あらかじめ作成した検量線を用いることによって，タンパク質の濃度を算出することができる．

ペプチドと1価銅イオンとの錯体の構造

グリセリンとのエステルは**アシルグリセロール**といい，グリセリンの３個のヒドロキシ基に脂肪酸がエステル結合したものを**トリアシルグリセロール**という．天然には同一脂肪酸からなるトリアシルグリセロールはほとんど存在せず，各種の脂肪酸が混在している．

　単純脂質を構成する脂肪酸にはいろいろな種類があるが，**飽和脂肪酸**と**不飽和脂肪酸**に大別できる．天然に最も多く存在しているものは，飽和脂肪酸ではパルミチン酸，ステアリン酸，不飽和脂肪酸ではオレイン酸，リノール酸，リノレン酸などである．一般に動物は飽和脂肪酸を生体内で合成する能力はあるが，不飽和脂肪酸はオレイン酸までを合成し，リノール酸，リノレン酸，アラキドン酸は合成できない．これらの不飽和脂肪酸は生体に必要であるため，**必須脂肪酸**とよばれている．不飽和脂肪酸は植物油に比較的多く存在し，動物は必要な不飽和脂肪酸を植物から摂取している場合が多い．

　不飽和脂肪酸における二重結合はほとんどシス形である．不飽和脂肪酸における二重結合が増えるにつれて，融点が低くなり，リノール酸，リノレン酸などは室温でも液体である．脂質を水酸化ナトリウム水溶液に加えて加熱すると，エステルは加水分解され，アシルグリセロールはグリセリンと脂肪酸のナトリウム塩になる．これを**けん化**という．

２）複合脂質

　脂肪酸とアルコールのほかに，分子内にリン酸，糖，有機塩基などを含む脂質を複合脂質という．複合脂質は**リン脂質**と**糖脂質**に分かれて，動植物および微生物細胞に含まれ，細胞機能に重要な役割を果たしている．

（1）リン脂質（図5-20）

　リン酸を含む複合脂質をリン脂質といい，**グリセロリン脂質**と**スフィンゴリン脂質**に分けられる．ホスファチジルコリン（レシチン）は代表的なグリセロリン脂質で，細胞内リン脂質の大部分を占めている．ホスファチジルコリンはグリセリンの１位と２位に脂肪酸が結合し，３位にはコリンがリン酸を介して結合している．このため，ホスファチジルコリンは両性電解質の性質をもっている．ホスファチジルコリンを構成する脂肪酸は，ステアリン酸，パルミチン

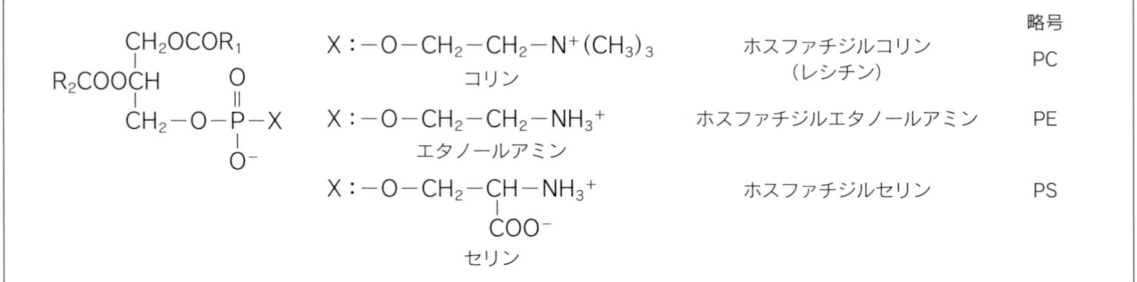

図5-20　リン脂質

酸，オレイン酸，リノール酸，リノレン酸，アラキドン酸などが多く，天然の
ものはグリセリンの１位に飽和脂肪酸，２位に不飽和脂肪酸を結合している場
合が多い．

　ホスファチジルコリン（レシチン）を構成するグリセリンの２位の脂肪酸
が外れた分子を，リゾホスファチジルコリン（リゾレシチン）という．

　コリンが結合したホスファチジルコリン以外に，エタノールアミン，イノシ
トール，セリン，グリセロールなどがリン酸とエステル結合したリン脂質もあ
る．

　スフィンゴリン脂質は，グリセリンに代わってスフィンゴシンを骨格とする
リン脂質である．スフィンゴリン脂質としてスフィンゴミエリンが知られてい
る．

$$CH_3-(CH_2)_{12}-CH=CH-\underset{OH}{\underset{|}{CH}}-\underset{H}{\underset{|}{\overset{NH_2}{\overset{|}{C}}}}-CH_2-OH$$

スフィンゴシン

$$CH_3-(CH_2)_{12}-CH=CH-\underset{OH}{\underset{|}{CH}}-\underset{H}{\underset{|}{\overset{NHCOR}{\overset{|}{C}}}}-\underset{O-\overset{\overset{O}{\parallel}}{\underset{O^-}{\underset{|}{P}}}-O-CH_2-CH_2-N^+(CH_3)_3}{\underset{|}{CH_2}}$$

スフィンゴミエリン

（2）糖脂質

　糖を結合した脂質を糖脂質といい，グリセロ糖脂質，スフィンゴ糖脂質など
がある．糖が単糖類であるスフィンゴ糖脂質をセレブロシド，少糖類であるス
フィンゴ糖脂質をガングリオシドという．

4　核酸

　核酸は直鎖状の高分子化合物であり，細胞核から初めて分離された．核酸を
加水分解すると，**ヌクレオチド**が得られる．タンパク質の構成単位がアミノ酸
であるように，核酸の構成単位はヌクレオチドである．核酸の一次構造を正し
く書くためには，タンパク質のアミノ酸配列と同じようにヌクレオチドの配列
についての知識が必要になる．

　ヌクレオチドを加水分解すると，リン酸とヌクレオシドが生成する．このヌ
クレオシドをさらに加水分解すると，糖と複素環塩基が生成する．

　このように，核酸の全体構造の基本骨格は，リン酸エステル結合で結ばれた
糖分子であり，それぞれの糖単位に塩基が結合した高分子として記述すること
ができる．

　核酸には，糖分子がデオキシリボース（$C_5H_{10}O_4$）でできている**デオキシリ
ボ核酸（DNA）**とリボース（$C_5H_{10}O_5$）でできている**リボ核酸（RNA）**がある．

ヌクレオチドとヌクレ
オシドの構成

ヌクレオシド

ヌクレオチド

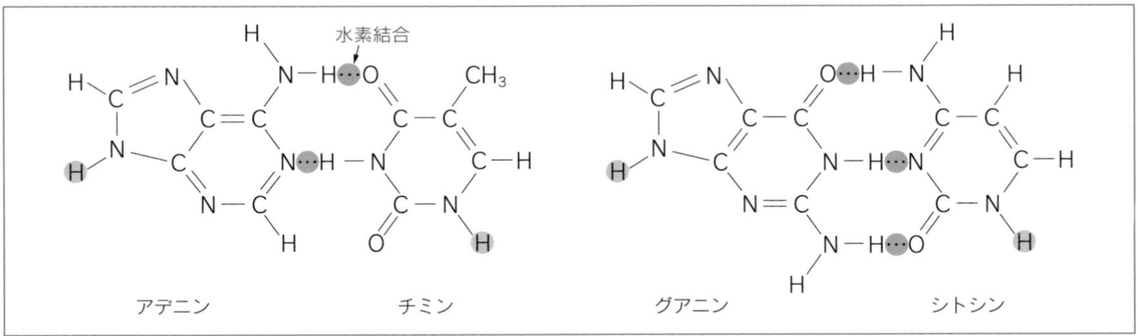

図5-21　アデニンとチミン，グアニンとシトシンの間の水素結合
DNAでは H が糖と結合する．

DNAとRNAを構成する核酸塩基はそれぞれ4種類ずつあり，DNAではアデニン（A），チミン（T），グアニン（G），シトシン（C），RNAではチミンの代わりにウラシル（U）が構成塩基となる．

> ウラシルの構造式は p.170 を参照のこと．

1）DNA

DNAは2本のポリヌクレオチドがらせん状に巻きあった二重らせん構造をとる．2本の鎖は，一方の鎖の塩基と他方の鎖の塩基が**水素結合**を形成して結びついている．このとき，水素結合をつくる塩基の組み合わせは，AとT，CとGと決まっていて，このような塩基同士の関係を相補性という（**図5-21**）．

DNAの塩基配列によって，アミノ酸の配列順序が決定され，タンパク質の一次構造が決まる．

2）RNA

RNAは1本のポリヌクレオチドからなり，次の3種類が知られている．

①伝令RNA（mRNA，メッセンジャーRNA）：DNAの遺伝情報のうち，必要な部分をコピー（転写）してつくられるRNA．DNAのA，T，C，Gに結合するRNAの塩基は，それぞれU，A，G，Cである．

②運搬RNA（tRNA，トランスファーRNA）：特定のアミノ酸と結合し，そのアミノ酸をリボソームまで運搬するRNA．

③リボソームRNA（rRNA）：リボソームを構成するRNAで，tRNAにより運ばれたアミノ酸をつないで，目的のタンパク質をつくる（翻訳という）働きをする．

> **リボザイム**
> 生体内の酵素は長い間タンパク質だけであると考えられてきたが，リボソームの立体構造が解明されたことにより，RNAに酵素としての機能があることが明らかになった．

5　ステロイド

ステロイドはステロイド骨格をもち，脂質の重要な構成成分である．構造的特徴は4つの環が縮合していることにある．A, B, Cの3つの環は6員環，D環は5員環であり，これらの環同士は通常トランス配置の結合によって縮合している．

ステロイドには，コレステロール，胆汁酸などがある．

ステロイド骨格

6　生体色素

　葉緑素，カロチノイド，フラボノイドなどの植物色素，チトクロム，ヘモグロビン，ミオグロビン，ヘモシアニン，ビリルビンなどの動物色素がある．

7　ビタミン

　ビタミンは生体に欠かせない微量な有機化合物であるが，我々の体内では合成されないために，食物から摂取しなければならない．ビタミンは水への溶解性によって，**脂溶性ビタミン**と**水溶性ビタミン**に分類される．脂溶性ビタミンにはビタミンA，ビタミンD，ビタミンE，ビタミンKがあり，体内の脂肪細胞に貯蔵される．水溶性ビタミンにはビタミンBとビタミンCがあり，水に対する溶解性を高める－OH基，－COOH基，そのほかの極性基をもつ．

1）脂溶性ビタミン

(1) ビタミンA（レチノール）

　視覚における重要物質であり，その供給源はβ-カロテンである．β-カロテンは小腸の粘膜細胞で酵素反応を受けてビタミンAになり，肝臓に蓄えられる．肝臓から目に運ばれたビタミンAは11-cis-レチナールに変換され，タンパク質のオプシンと反応して光感受性物質のロドプシンを生成する．

$$H_3C \quad CH_3$$
$$CH=CH-\overset{CH_3}{\underset{}{C}}=CH-CH=CH-\overset{CH_3}{\underset{}{C}}=CH-CH_2OH$$
$$CH_3$$
レチノール

(2) ビタミンD

　小腸からのカルシウム，リン酸の吸収促進，腎尿細管でのカルシウム，リン酸の再吸収促進などの生理作用がある．ビタミンDにはD_2～D_7があるが，生理的に特に重要なのはビタミンD_2（化学名：エルゴカルシフェロール）とビタミンD_3（化学名：コレカルシフェロール）である．ビタミンDの前駆体であるプロビタミンD_2，プロビタミンD_3に紫外線が当たることにより，それぞれビタミンD_2，ビタミンD_3になるので，ビタミンD欠乏にならないためには，ある程度日光に当たることが必要となる．

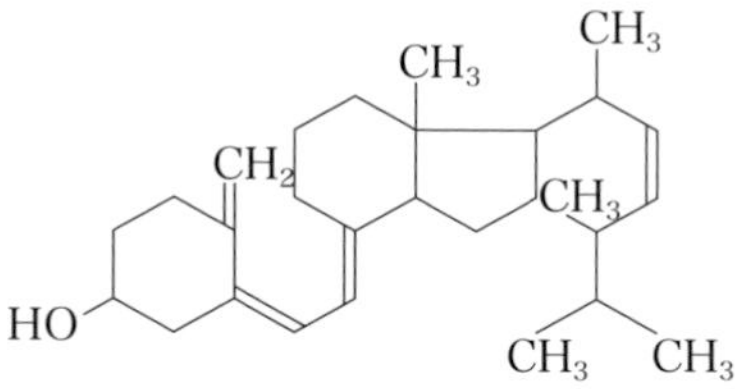

エルゴカルシフェロール 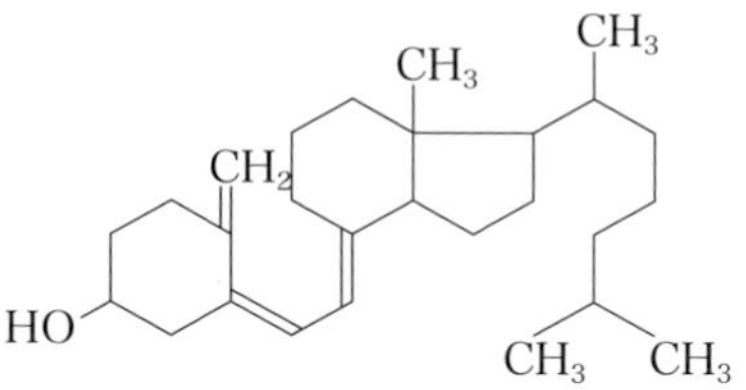　　　　　　　　　コレカルシフェロール

(3) ビタミンE

　ビタミンEは主に α-トコフェロールを指し，その生理作用は抗酸化作用である．

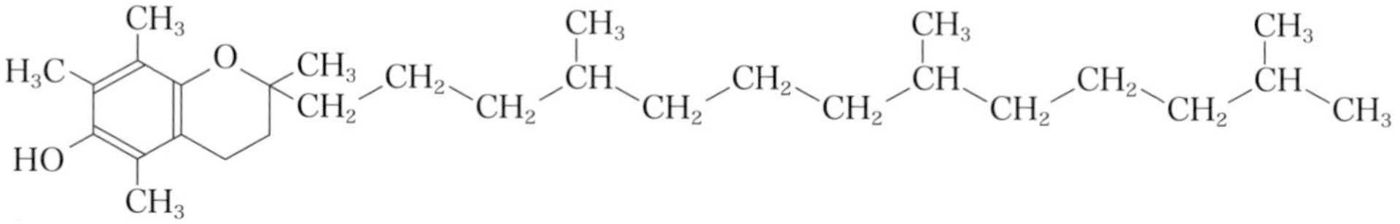

α-トコフェロール

(4) ビタミンK

　ビタミンKはプロトロンビンなどの血液凝固因子の前駆体中のグルタミン酸残基を γ-カルボキシグルタミン酸残基に変える反応に必要である．天然のものはビタミン K_1（フィロキノン）とビタミン K_2（メナキノン類）の2種類に分類される．

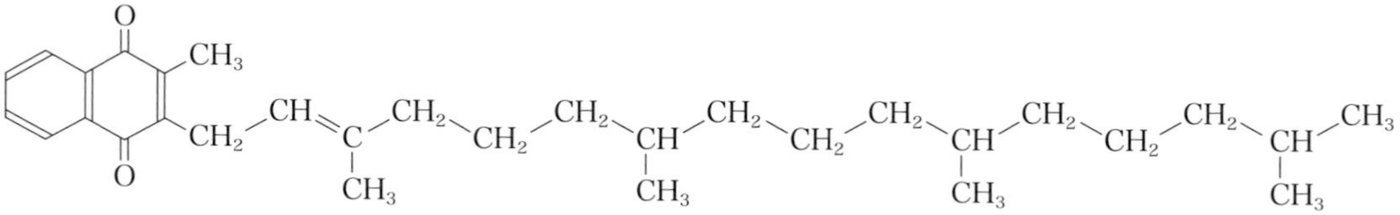

フィロキノン

2）水溶性ビタミン

(1) ビタミン B_1（チアミン）

　グルコース代謝に必要な酵素の補酵素として働く．

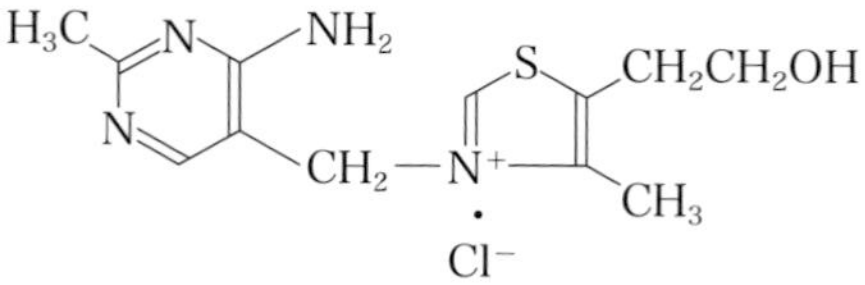

チアミン

(2) ビタミン B_2（リボフラビン）

　酸化酵素の補酵素として働く．

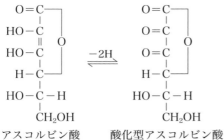

リボフラビン

(3) ビタミン B$_6$ (ピリドキシンなど)

アミノ酸転移酵素や脱炭酸酵素の補酵素として働く.

ピリドキシン　　　　　ピリドキサール　　　　　ピリドキサミン

(4) ビタミン B$_{12}$ (シアノコバラミン)

赤血球の成熟分裂と発育に不可欠な物質で，ヌクレオチドを含む複雑な構造をもった分子である.

(5) ビタミン C (アスコルビン酸)

強い抗酸化作用をもつビタミンで，活性酸素種による損傷を防ぐ働きをする.

$-2H$

アスコルビン酸　　　酸化型アスコルビン酸

> **活性酸素種**
>
> 過酸化水素，一重項酸素，スーパーオキシドアニオンラジカル，ヒドロキシラジカルの４種類が考えられる.
> 酸素呼吸を行う生物において，生体内のさまざまな代謝の過程で生成し，生体組織に損傷を与える.

8　ホルモン (hormones)

特定の器官（内分泌腺）または細胞で産出され，血中に分泌されて標的器官の細胞へと運ばれ，その細胞に対して生理作用を発揮するものである．ホルモンは化学構造から，ペプチド，ステロイド，アミノ酸誘導体の３種類に分けられる．細胞は疎水性分子からなる膜によって包まれているので，極性のない疎水性分子のみが膜を通過できる．ステロイドホルモンは非極性であり，細胞内に直接入ることができる．それに対して，ペプチド，アミノ酸誘導体のホルモンは水に可溶な極性分子なので，疎水性の細胞膜を通過できない.

代表的なペプチドホルモンとしてインスリンがある（**図5-22**）．ステロイドホルモンには男性ホルモンや女性ホルモンなど，アミノ酸誘導体にはサイロ

> **ホルモンの作用機序**
>
> 近年，血流により標的器官に運ばれるだけでなく，分泌された局所で近傍の細胞に作用する傍分泌，産生細胞自身に作用する自己分泌，分泌細胞内で合成されたものが自己の細胞内で作用する細胞内分泌などの存在も明らかとなってきた.

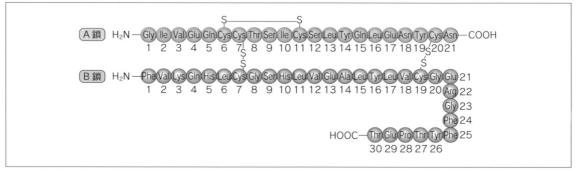

図 5-22　インスリン
インスリンは 51 個のアミノ酸からできている.

キシン（チロキシン），アドレナリンなどがある.

エストラジオール（E$_2$）
（女性ホルモン）

サイロキシン（T$_4$）

🔵 演習問題

1. 透過率 40％ の溶液の吸光度を求めよう．ただし，log2 = 0.301 とする.

> **解答**　吸光度と透過率には次の関係がある（p.150 参照）.
>
> $$A = 2 - \log\%T = \log 10^2 - \log\%T = \log(100/\%T)$$
>
> 　　または
>
> $$A = 2 - \log\%T = \log 10^2 - \log\%T = -(\log\%T - \log 10^2) = -\log(\%T/100)$$
>
> 透過率の問題は基本となる式を 1 つ覚えて，log の計算でそれぞれの式を導けるようにしておこう.
>
> 本問題は，$A = 2 - \log\%T$ を用いて，$A = 2 - \log 40 = 2 - (\log 10 + \log 4) = 2 - (1 + 2\log 2) = 2 - (1 + 2 \times 0.301)$
> $= 0.398$ となる.

2. 血清 200 μL に，成分 A に対する反応試薬を 1.8 mL 加え，反応後に吸光度を測定したところ，0.400 であった.
血清の成分 A の濃度［mmol/L］を求めよう.
ただし，モル吸光係数は 1,000 L・mol^{-1}・cm^{-1}，光路長は 1.0 cm とする.

> **解答**　溶液の単色光の吸収についてはランベルト・ベールの法則を用いる（p.150 参照）.
>
> $$A = \varepsilon \cdot c \cdot l$$
>
> （A：吸光度，ε：モル吸光係数［L・mol^{-1}・cm^{-1}］，c：モル濃度［mol/L］，l：光路長［cm］）

c はモル濃度であり，血清量 v [mL]，最終液量 V [mL]，目的成分濃度 x [mol/L] を用いて，$c = (v/V)\cdot x$，すなわち，

$$A = \varepsilon \cdot (v/V)\cdot x \cdot l$$

と表すこともできる.

本問題の条件を当てはめると，$0.400 = 1{,}000 \times 0.2/(0.2+1.8) \times x \times 1.0$ となり，$x = 4.0 \times 10^{-3}$ mol/L $= 4.0$ mmol/L となる.

実践 国試問題

1. 吸光度が 0.903 の透過率 [%] はどれか.

ただし，$\log 2 = 0.301$ とする.

① 10.0

② 12.5

③ 20.0

④ 25.0

⑤ 50.0

解答 ②

$A = 2 - \log\%T$ より，設問の値を代入すると，

$$0.903 = 2 - \log\%T = \log 100 - \log\%T = \log(100/\%T)$$

となる.吸光度 0.903 は $\log 2 = 0.301$ の 3 倍であるから，$0.903 = 3 \times \log 2 = \log 2^3 = \log 8$ となる.したがって，$\log 8 = \log(100/\%T)$ となり，$8 = 100/\%T$，$\%T = 100/8 = 12.5\%$ と導くことができる.

この問題は，0.903 が 0.301 の 3 倍であることに気づけるかもポイントである.

---

2. 水を対照としたときの試薬盲検および呈色溶液の透過率は，それぞれ80％，20％であった.試薬盲検を対照としたときの呈色溶液の吸光度はどれか.

ただし，$\log 2 = 0.301$ とする.

① 0.301

② 0.398

③ 0.602

④ 0.699

⑤ 0.903

解答 ③

水を対照とした試薬盲検の吸光度を A_0，呈色溶液の吸光度を A_1 とすると，試薬盲検は透過率80％であるから，$A = 2 - \log T$ より，$A_0 = 2 - \log 80 = 2 - (\log 10 + \log 8) = 2 - (1 + 3\log 2) = 0.097$.呈色溶液は透過率20％であるから，$A_1 = 2 - \log 20 = 2 - (\log 10 + \log 2) = 0.699$.

したがって，試薬盲検を対照とした呈色溶液の吸光度は，$A_1 - A_0 = 0.699 - 0.097 = 0.602$ となる.

$A_1 - A_0$ を直接計算し，$(2 - \log 20) - (2 - \log 80) = \log 80 - \log 20 = \log(80/20) = \log 4 = \log 2^2 = 2\log 2 = 0.602$

と導くこともできる.

3. NADH 溶液の光路長 1 cm, 測定波長 340 nm における吸光度は 0.158 であった.
この NADH 溶液の濃度に最も近いのはどれか.
ただし, 340 nm における NADH のモル吸光係数は 6.3×10^3 L・mol^{-1}・cm^{-1} とする.

①　5 μmol/L

②　25 μmol/L

③　5 mmol/L

④　25 mmol/L

⑤　5 mol/L

解答　②

ランベルト・ベールの法則より,

吸光度 $A = \varepsilon \cdot c \cdot l$

（ε：モル吸光係数 [L・mol^{-1}・cm^{-1}], c：モル濃度 [mol/L], l：光路長 [cm]）

$c = A/(\varepsilon \cdot l)$ に設問の条件を代入すると, $c = 0.158/(6.3 \times 10^3 \times 1) = 0.025 \times 10^{-3}$ mol/L $= 25\ \mu$mol/L となる.

4. 溶液 A を 20 倍希釈して吸光度を測定したとき, 0.200 であった.
この物質の測定波長におけるモル吸光係数を 2,000 L/mol・cm とすると, 溶液 A の濃度は何 mmol/L か.
ただし, 使用した光路長は 1.0 cm とする.

①　1

②　2

③　10

④　20

⑤　100

解答　②

$A = \varepsilon \cdot c \cdot l$ より, $0.200 = 2,000 \times c \times 1.0$. したがって, $c = 1.0 \times 10^{-4}$ mol/L.

c の濃度は溶液 A を 20 倍希釈したものであるため, 溶液 A の実際の濃度は $1.0 \times 10^{-4} \times 20$ mol/L $= 2.0 \times 10^{-3}$ mol/L $= 2.0$ mmol/L.

吸光度 0.200 は原液を 20 倍希釈したときの吸光度であることに注意する.

5. 中性アミノ酸はどれか.

①　リジン

②　アルギニン

③　ヒスチジン

④　アスパラギン

⑤　グルタミン酸

解答	④

リジン，アルギニン，ヒスチジンは塩基性アミノ酸，グルタミン酸は酸性アミノ酸である．酸性アミノ酸，中性アミノ酸，塩基性アミノ酸は側鎖の性質で分類される．酸性アミノ酸は側鎖にカルボキシ基があり酸性を示すもの，中性アミノ酸は側鎖が中性であるもの，塩基性アミノ酸は側鎖が塩基性を示すものである．

> **酸性アミノ酸**：アスパラギン酸，グルタミン酸
>
> **塩基性アミノ酸**：アルギニン，リジン，ヒスチジン
>
> **中性アミノ酸**：アスパラギン，グルタミン，セリン，トレオニン（スレオニン），グリシン，アラニン，バリン，ロイシン，イソロイシン，システイン，メチオニン，フェニルアラニン，チロシン，トリプトファン，プロリン

6. 飛行時間型質量分析＜TOF-MS＞法について**誤っている**のはどれか．

① イオンは超高真空中を飛行する．
② イオンの電荷は飛行時間に影響する．
③ イオンはレーザーの衝撃力により引き出される．
④ イオンの飛行速度はエネルギー保存の速度から算出される．
⑤ イオン化はマトリックス支援レーザー脱離イオン化＜MALDI＞法が汎用されている．

解答	③

7. ヘキソキナーゼ・グルコース6リン酸脱水素酵素法を用いた血清グルコース測定における反応終結時の試薬対照における吸収スペクトルを示す．主波長340 nmと副波長400 nmによる二波長法で測定した場合，患者血清のグルコース濃度［mg/dL］はどれか．

① 120
② 160
③ 200
④ 240
⑤ 280

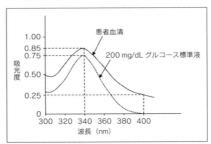

解答	②

ランベルト・ベールの法則より，吸光度と物質の濃度には比例関係がある．主波長340 nmの吸光度から副波長400 nmの吸光度を差し引いた値が，血清グルコース濃度と比例するので，

$$(0.75 - 0.00) : 200\,\text{mg/dL} = (0.85 - 0.25) : x$$
$$x = 200\,\text{mg/dL} \times (0.6/0.75) = 200\,\text{mg/dL} \times 4/5 = 160\,\text{mg/dL}$$

8. ビウレット法について正しいのはどれか．

① 尿蛋白の測定法である．
② キレート呈色反応である．

③　呈色反応は強酸性下で行う.
④　測定試薬は無色透明である.
⑤　呈色はグリコシド結合の数に比例する.

> **解答**　②
> p.195, 側注「ビウレット法」を参照.

9.　グリセロリン脂質で**ない**のはどれか.
①　レシチン
②　セファリン
③　リゾレシチン
④　スフィンゴミエリン
⑤　ホスファチジルセリン

> **解答**　④

10.　水溶性ビタミンはどれか.
①　カルシフェロール
②　トコフェロール
③　メナキノン
④　リボフラビン
⑤　レチノール

> **解答**　④
> カルシフェロールはビタミン D,トコフェロールはビタミン E,メナキノンはビタミン K_2,リボフラビンはビタミン B_2,レチノールはビタミン A の化学名である.
>
> | 脂溶性ビタミン：ビタミン A,D,E,K |
> | --- |
> | 水溶性ビタミン：ビタミン B,C |

第6章 実習のための基礎知識

　検査技術学をはじめとする医療系の学部・学科では，卒業後は専門職として現場での作業，データ解析や判断が要求されることから，実習を通じて，実験技術を習得するとともに，講義室では習得することがむずかしい薬品の安全性や危険性についての知識を正しく身につける必要がある．学校のカリキュラムによっては，実習を行う機会が限られている場合があるので，実験に関するDVDや動画などを観て，イメージトレーニングをしておくことも有効である．

Ⅰ 実験を始める前に

　実験書をよく通読して，実験の目的や内容を十分理解しておくべきである．また，関連事項について参考書などで調べておくことが望ましい．実験は時間内に終了するように，あらかじめ方法などについて検討して，計画を立てておくとよい．

1 安全のためのチェック事項
1）服装
　□履物はハイヒールなどを避けて，スニーカーなどの動きやすいものである
　□長い髪はヘアバンドなどで束ねておく
　□白衣を着用する
　□保護メガネ（またはゴーグル）を着用する

2）実験室内での行動
　□食べ物・飲み物を持ち込まない
　□実験室内で化粧をしない
　□スマートフォンなどの携帯電話は電源を切り，かばんに入れておく
　□かばんは所定の場所（実験台の下や棚，ロッカーなど）に入れて，実験台の上や床（通路）に放置しない
　□実験室内では，いたずら・ふざけた行動は事故につながるので，決してしない

3）実験操作
　□ガスバーナーの使い方を理解している

> **コンタクトレンズの使用について**
> 実験中に誤って薬品が目に入った場合，ただちに洗浄できるよう，またなるべく薬品を残さず洗浄できるよう，コンタクトレンズとメガネを併用している人はメガネを着用した方がよい．

□使用するガラス器具に傷，汚れがないか確かめてから使う

□ガラス器具の扱い方を理解している

□温度計の扱い方を理解している

□使用する化学試薬の性質を理解している

□ドラフトの使い方を理解している

4）緊急時の対処

□事故が起こったときどうすればよいか，理解している

□緊急マニュアルを読んでいる

□消火器，洗眼器，緊急シャワーの場所・使い方を理解している

Ⅱ 加熱の仕方（ガスバーナーの使い方）

　化学実験で用いる熱源としてはガスと電気がある．ガスバーナーにはいくつかの種類があるが，基本的な構造は同じで，ガスをガス管から取り込み，空気と混合燃焼させる．**図6-1**はテクルバーナーとよばれるもので，2つの回転バルブ（**図中AとB**）があり，下のバルブBがガス量調整バルブで，上のバルブAが空気量調整バルブである．

　点火するときは，まずガス栓のコックを開けて，次にバーナーの下のバルブ（ガス量調整バルブ）を開ける．そして，点火用ライターあるいはマッチなどで火種をつけて点火する．火がついたら，炎が適度な大きさになるようにガス量を調整する．次に，バーナーの上のバルブ（空気量調整バルブ）をゆっくり開けて，空気量を調整して，炎が不完全燃焼の黄色から完全燃焼の青色（中心は黄色）になるようにする．

　使用が終わったときは，2つのバルブを閉じて消火し，ガス栓を閉じて終了する．

　試験管に入れた液体を加熱するときは，直接バーナーで加熱すると，液体が

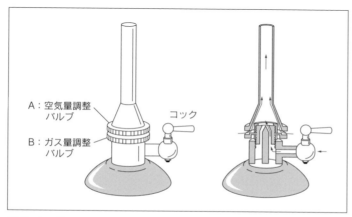

A：空気量調整
バルブ

コック

B：ガス量調整
バルブ

図6-1　ガスバーナーの構造

突沸して吹きこぼれることがあるので，注意が必要である．よく振り混ぜながら，均一に加熱することが大事である．試験管の口は人のいる方向に向けないように注意する．ビーカーやフラスコ類は試験管に比べて熱に弱いので，直火で加熱せず，加熱用金網にのせて加熱する．穏やかに加熱する必要があるときは，湯浴（ウォーターバス）を使って間接的に加熱すると，突沸や沸騰を防ぐことができる．

Ⅲ ガラス器具の取り扱い

　化学実験で用いるガラス器具は，たいていはソーダ石灰ガラス，ホウケイ酸ガラス，石英ガラスのいずれかである．

　ソーダ石灰ガラスは窓ガラスやコップ，びんなどの日用雑貨に使用される現在最も広く使用されているガラスである．二酸化ケイ素，酸化カルシウム，酸化ナトリウムが主成分で，「ソーダ」の名称は原料に使用される炭酸ナトリウムのことを指す．炭酸ナトリウムを使用するとガラスの融点が1,000℃程度まで下がるため，容易に加工することができる．しかし，炭酸ナトリウムを加えることでケイ酸ナトリウムが発生し水溶性となるので，それを防止するために炭酸カルシウムを添加する．

　ホウケイ酸ガラスは二酸化ケイ素を多く含むガラスで，その他，ホウ酸，酸化ナトリウム，酸化カリウム，酸化アルミニウムなどから構成される．温度の急上昇・急降下に対して強い耐性をもつのが特徴で，耐熱ガラス・硬質ガラスと呼称される場合も多い．硬質ガラスの「硬質」とは，素材の硬度ではなく熱衝撃への耐性の高さを表している．JIS により，2段階の等級に分けられる．

　石英ガラスは，石英や水晶からつくられる二酸化ケイ素純度の高いガラスである．石英や水晶を2,000℃以上の高温で溶かし，冷やし固めることでつくられる．より品質の高いものを得るために，化学気相蒸着を用いて四塩化ケイ素の気体から製造する方法がよく知られている．石英ガラスは，その透明度・耐食性・耐熱性の高さから，分光光度計のセルのほかに，太陽望遠鏡の平面鏡，光ファイバーなどに使用される．光ファイバーは，石英ガラスのチューブの内部に二酸化ケイ素を析出させる方法でつくられる製品である．

 硬質の等級

熱膨張係数×10^{-7}/℃が35以下，アルカリ溶出量が 0.10 mL/g 以下のものを JR-1，熱膨張係数×10^{-7}/℃が55以下，アルカリ溶出量が 0.20 mL/g 以下のものを JR-2 と表す．

1　ガラス器具の洗浄

　化学実験で用いる器具は常に清潔でなければならない．器具を洗うときは，内側は当然のこと，外側も必ず洗う必要がある．有色の汚れが付着している場合は一見してわかるが，微量の物質（たとえば手の脂）がついている場合はわかりにくい．そのため一見きれいに思われる器具であっても必ず洗い直す必要がある．ガラス器具を水で濡らして，水の膜が器壁にむらなく広がれば清浄であるが，不規則に切れたり，ところどころに水滴がついたりすれば，脂などが付着している証拠である．

ガラス器具を洗浄するには，次の方法がある．

①水による洗浄：酸，塩基，塩類などが付着していると思われるときは水で数回洗い流した後，ブラシを使って洗浄する．

②中性洗剤・せっけん・クレンザーによる洗浄：濡れたブラシに中性洗剤，せっけん，クレンザーなどをつけて軽くこすって洗う．最後は水で十分にすすがなければならない．クレンザーはブラシでこするとガラスの表面を傷つけることがある．ビュレット，ピペット，メスフラスコなどの測用器具はブラシを用いて洗浄してはいけない．

③有機溶剤による洗浄：脂質などの有機物による汚れの場合，アセトン，メタノール，石油ベンジンなどの有機溶剤でその汚れを溶かしてから，中性洗剤による洗浄を行う方が効果的である．

④酸・塩基による洗浄：塩基性のものは比較的落ちにくいので薄い酸で中和した後に洗浄する．微量の金属の酸化物などは，濃塩酸，濃硝酸，王水を用いて洗浄する．タンパク質による汚れは容器にこびりつくと落ちにくいので，薄めたアンモニア水や薄い水酸化ナトリウム水溶液などを用いて洗浄する．

⑤その他：汚れが二酸化マンガンなどの場合は，硫酸酸性のシュウ酸，亜硫酸ナトリウムなどの還元剤を用いて洗浄する．クロム酸混液による洗浄は，クロム酸の強力な酸化作用に基づいたもので，有機物の汚れを酸化分解する．しかし，クロム酸の廃液は水質汚濁防止法などで厳しく規制されているため，できるだけ使用しないことが望ましい．

Ⅳ 薬品の安全な取り扱い

使用する薬品については，あらかじめその性質についてよく把握しておき，爆発の危険のあるもの，引火性の強いもの，毒性の高いものなどについては十分に注意して取り扱うことが必要である．詳しい薬品の性質や取り扱いの注意事項については，試薬メーカーから無料で配布される**データ安全シート**（SDS：Safety Data Sheet）を入手して確認するとよい．

1　消防法による危険物の分類

化学物質には火災の発生や拡大を招くおそれがある「危険物」があり，消防法により6種類に分類されている（**表6-1**）．

2　GHSによる分類と表示

GHS（Globally Harmonized System of Classification and Labelling of Chemicals：化学品の分類および表示に関する世界調和システム）は，危険で有害な化学物質を分類している．使用者が安全な取り扱いのために必要な措置を講じられるように，国連において開発されたものである．**表6-2**に示した

表 6-1　消防法による危険物の 6 分類

分　類	形　状	性　質	具　体　例
第一類危険物	酸化性固体	それ自体は燃えない．ほかの物質を強く酸化させる．	塩素酸塩，過塩素酸塩，無機過酸化物，硝酸塩など
第二類危険物	可燃性固体	よく燃える．また低温（40℃）で引火する．	硫黄，硫化リン，金属粉末など
第三類危険物	自然発火性物質／禁水性物質	自然発火する．または水と反応して燃える．	アルカリ金属，アルカリ土類金属，有機金属化合物，金属水素化合物など
第四類危険物	引火性液体	よく燃える．また 1 気圧 20℃で液体である．	特殊引火物，アルコール類，第一〜第四石油類など
第五類危険物	自己反応性物質	加熱分解などで反応して燃える．	酸化物，ニトロ化合物，硝酸化合物，アゾ化合物，ジアゾ化合物など
第六類危険物	酸化性液体	それ自体は燃えない．	硝酸，過酸化水素，過塩素酸など

表示が試薬びんや SDS に記されている．

3　化学物質の保管

　毒物，劇物は法令による管理が必要で，施錠可能な堅固な保管庫（金属製で持ち運びが容易でないもの）に他の化学物質と区別して保管する必要がある．特定毒物，麻薬，向精神薬，覚せい剤，覚せい剤原料に分類される化学物質の取り扱いには，公的な資格が必要である．

Ⓥ 溶液調製における一般的注意

　溶液を調製するのに最も大事なことは，その溶液の濃度がどの程度の精度を必要とするかを考えて行うことである．必要とされる精度により，その調製に使用する容器だけでなく，秤量の方法も異なってくる．正確さを要求される溶液を調製するとき，秤量をいくら正確に行っても，それを他の容器に移すときの移し方や一定量にしようとするために用いた容器が適切でない場合は，その濃度は正確であるとはいえない．また，それほど精度を要求されない溶液をつくるときに，精密に秤量したり，精密な容器を使用する必要はない．効率的に実験を進めるためにも，秤量の方法，器具・機器の精度，容量を測定する容器の種類およびその特徴などをよく知っておかなければならない．

1　測用器具の取り扱い方

　化学実験で用いる容積を測る操作は，特に容量分析で重要である．よく用いられる測用器具を図 6-2 に示す．

表6-2 GHSのシンボルマーク

シンボル	意味	注意事項	シンボル	意味	注意事項
	爆発物,自己反応性化学品・有機過酸化物.熱や火花にさらされると爆発するようなもの.	熱,火花,裸火,高温のような着火源から遠ざける.保護手袋,保護衣および保護眼鏡を着用する.		金属腐食性物質,皮膚腐食性,眼に対する重篤な損傷性を表しており,接触した金属または皮膚などを損傷させる場合がある.	ほかの容器に移し替えない(金属腐食性物質).粉じん,ミストを吸入しない.取り扱い後はよく手を洗う.保護手袋,保護衣および保護眼鏡を着用する.
	可燃性／引火性ガス,エアゾール,引火性液体,可燃性固体,自己反応性化学品,自然発火性液体,自然発火性固体,自己発熱性化学品,水反応可燃性化学品,有機過酸化物を表しており,空気,熱や火花にさらされると発火するようなもの.	熱,火花,裸火,高温のような着火源から遠ざける.保護手袋,保護衣および保護眼鏡を着用する.		呼吸器感作性,生殖細胞変異原性,発がん性,生殖毒性,特定標的臓器／全身毒性,吸引性呼吸器有害性を表す.短期または長期に飲んだり,触れたり,吸ったりしたときに健康障害を引き起こす場合がある.	飲食・喫煙をしない.取り扱い後はよく手を洗う.粉じん,煙,ガス,ミスト,蒸気,スプレーなどを吸入しない.
	支燃性／酸化性ガス,酸化性液体,酸化性固体.ほかの物質の燃焼を助長するようなもの.	熱から遠ざける.衣類およびほかの可燃物から遠ざける.保護手袋,保護衣および保護眼鏡を着用する.		水生環境有害性を表しており,環境に放出すると水生環境(水生生物およびその生態系)に悪影響を及ぼす場合がある.	環境への放出を避ける.
	高圧ガスを表しており,ガスが圧縮または液化されて充填されているものを表す.熱すると膨張して爆発する可能性がある.	換気のよい場所で保管する.耐熱手袋,保護衣および保護眼鏡を着用する.		急性毒性,皮膚刺激性,眼刺激性,皮膚感作性,気道刺激性,麻酔作用の健康有害性があるものを表す.	
	急性毒性を表しており,飲んだり,触れたり,吸ったりすると急性的な健康障害が生じ,死に至る場合がある.	飲食・喫煙をしない.取り扱い後はよく手を洗う.目,皮膚,衣類につけない.保護手袋,保護衣および保護眼鏡を着用する.			

2　測用器具の精度

　測用器具は度量衡法令に基づいて国家検定が行われ,これに合格した製品のみ販売することが許されている.国家検定は各測用器具について誤差の基準が設けられており,これを**公差**という(**表6-3**).誤差が公差の範囲内にある製品を合格としている.ホールピペット,メスフラスコの公差は,20℃において表示値の±0.1%が基準とされている.したがって,市販品をそのまま使用すれば,最大±0.1%の誤差が生じることになる.精密分析を行うには,使用する測用器具より精度の高い手段によってあらかじめ測用器具の正しい容積を

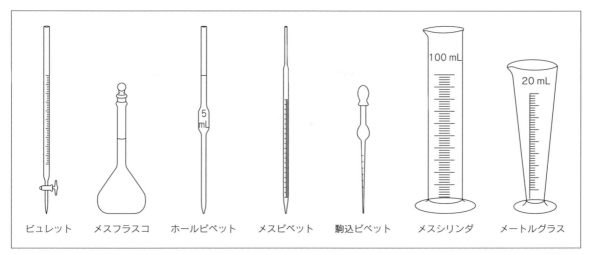

図6-2　よく用いられる測用器具

表6-3　測用器具の公差

メスフラスコ	容量 (mL)	10	25	100	200	
	受用公差 (mL)	0.04	0.06	0.1	0.15	
ホールピペット	容量 (mL)	0.5	5	10	20	50
	出用公差 (mL)	0.005	0.02	0.02	0.03	0.05
ビュレット	全容量 (mL)	2	10	25	50	100
	公差 (mL) 全量の 1/2 以上	0.01	0.02	0.03	0.05	0.1

測定しておき，さらに分析時の水温による補正が必要になる．ただし，学生実習で行う容量分析では，測用器具はすべて検定の結果どおりの容積を示すものとして実験を行う．

　メスシリンダの公差はビュレットに比べてはるかに大きく±0.4〜0.8％である．したがって，あまり精度を必要としない場合のみに使用する．

　メスピペットもホールピペットより精度が劣り，小型のメスシリンダの意味で使用される．また，駒込ピペットの目盛りは単に目安でしかないため，精度は低い．

3　マイクロピペット

　通常1,000 μL（1 mL）以下の微小容量の液体を正確に量りとる測用器具である．0.5〜10 μL，10〜100 μL，50〜200 μL，100〜1,000 μL用のものなどが市販されている．

4　実験廃液の処理

　実験中に生じた廃液は，水質汚濁防止法ならびに関連法規により規制されており，そのまま流しに捨ててはいけない．有機系と無機系で区別されており，有機系では難燃性有機廃液，ホルマリン廃液，廃油，可燃性有機廃液に分類される．無機系では，無機定性分析での廃液と，容量分析での廃液などがある．無機定性分析では，水銀やクロム酸イオンは他の重金属イオンと分別しなければならない．容量分析では，酸，塩基，キレート滴定で用いる EDTA 廃液などがある．

　実験廃液の分類のためのフローチャートの例を**図6-3**に示す．

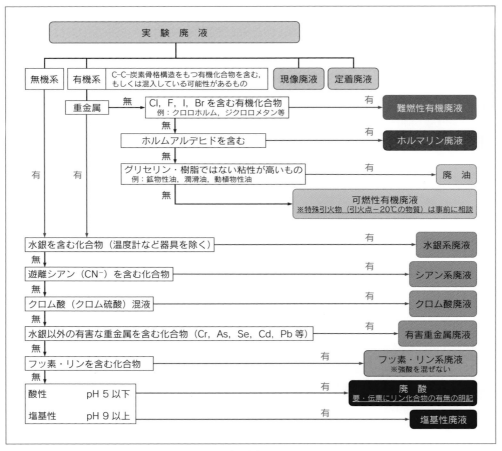

図6-3　実験廃液の分類のためのフローチャートの例

（東京医科歯科大学環境安全マニュアルより）

Ⅵ 数値の扱い方

1 有効数字

　化学計算の問題で四則計算を電卓で行うと，小数点以下にいくつも数値が並んでしまい，どこまで書けばよいかと戸惑うことがある．そのようなとき，有効数字の考え方を理解していると便利である．

　測定した値として意味のある数字，すなわち，数値を表すのに有効な数字を**有効数字**とよぶ．たとえば，電子天秤で 3.025 g というのは，有効数字 4 桁であることを意味する．この値は，3.024 でも 3.026 でもなく，小数点 4 位目を四捨五入して 3.025 になることを表し，3.0245 以上 3.0255 未満の値と解釈される．電子天秤で 0.1 mg (0.0001 g) の位まで正確に測れたときに 3.0250 g と書くのは正しいが，1 mg (0.001 g) の位までしか正確に測れない電子天秤で 3.0250 g と書くのは誤りである．このように 3.025 と 3.0250 は数学的には同じ値であるが，物理量として扱うときには異なるので注意しなければならない．

　有効数字の計算規則を以下にまとめるので，計算問題を解く際に活用してほしい．

---

1. 測定量を数値で表示する場合，一般的に最後の桁には ±0.5 の不確実さがあるとみなす．
2. 数値を整理して桁数を縮小するにあたり，切り捨てるべき桁数を四捨五入し，その直前の数字，すなわち，残すべき末尾の数字を整理する．
3. 加減計算を行う場合には，各項の小数点以下の桁数を，小数点以下の桁数が最も少ない項を基準にしてそろえる．
4. 乗除計算の場合にも各項の有効数字桁数を適切に選択して縮小すべきである．

---

2 誤差

　誤差（error）は真の値と実験値（測定値）との差であり，どのような測定にも常につきまとうものである．真の値は知ることができないものであるが，誤差の原因を究明・除去して，繰り返し測定することにより，誤差をできるだけ小さくして真の値に近づけることができる．一般に，原理の異なる複数の標準的な方法で測定された値が比較的一致しているときは，その測定値を真の値，承認された値とみなすことができる．

　誤差には，**系統誤差**と**偶然誤差**の 2 つのタイプがある．系統誤差は何か原因があって起こるもので，真の値から一定方向にずれる誤差である．一方，偶然誤差は系統誤差を取り除けたとしても必然的かつ偶然的に現れるもので，その大きさはばらつきとして統計学的に見積もることができる．できるだけ測定回数を増やすことにより，ばらつきを小さくすることが望ましい．

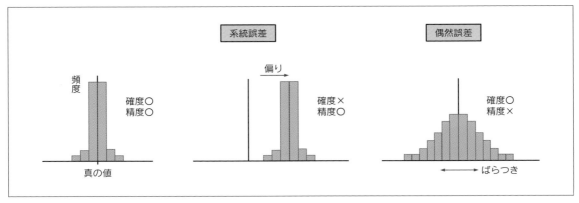

図6-4　頻度グラムでみる系統誤差と偶然誤差の違い

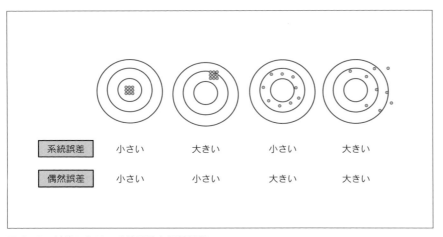

| 系統誤差 | 小さい | 大きい | 小さい | 大きい |
| 偶然誤差 | 小さい | 小さい | 大きい | 大きい |

図6-5　射的における系統誤差と偶然誤差

　系統誤差と偶然誤差の違いを頻度グラムや射的に例えて考えるとわかりやすい（**図6-4, 5**）.

3　正確さ（確度）と精密さ（精度）

　正確さ（確度）とは，測定値と真の値からの偏りの程度を示すもので，系統誤差の大きさと関係している（**図6-4**）. 偏りの程度は絶対誤差もしくは相対誤差で表される.

　　　絶対誤差 ＝ ｜測定値 － 真の値｜
　　　相対誤差 ＝ ｜（測定値 － 真の値）／測定値*｜　　（*厳密には最良推定値）

　精密さ（精度）とは，一群の測定値のばらつきの程度を示すもので，偶然誤差の大小であり，標準偏差を用いて表される. **図6-4, 5**でわかるように，精度の高い再現性のある結果と確度の高い結果は別のものである.

 最良推定値
測定値（実験値）の平均値で，最も良いと考えられる値である.

4 平均値

　測定結果の中心位置は**平均値**（average）である．ある量 x を（同じ装置，同じ手順で）N 回測定し，次のような N 個の値を得たとする．

　　$x_1,\ x_2,\ \cdots,\ x_N$

すべての誤差は互いにランダムであるとする．

　x の最良推定値は一般に $x_1,\ x_2,\ \cdots,\ x_N$ の平均値（x_{ave}）である．すなわち，

　　$x_{\mathrm{ave}} = (1/N)\,\Sigma\,x_i$

となる．

　二次標準溶液や未知試料の濃度を n 回の滴定で求めた場合，求めた溶液の濃度を $c_1,\ c_2,\ \cdots,\ c_n$ とし，その溶液の真の濃度を C_0 とすると，それぞれの測定値の誤差 Δc_i は，$\Delta c_1 = c_1 - C_0,\ \ \Delta c_2 = c_2 - C_0,\ \cdots$ となる．n 回の測定の平均値を C とすると，

　　$C = (c_1 + c_2 + \cdots + c_n)/n = [nC_0 + (\Delta c_1 + \Delta c_2 + \cdots + \Delta c_n)]/n$
　　　$= C_0 + 1/n\,\Sigma\,\Delta c_i$

c_i は C_0 の周りに分布するので，Δc_i は正負に分かれて分布し，$1/n\,\Sigma\,\Delta c_i$ は n が大きいと著しく小さくなる．

5 最小二乗法 (method of least requires)

　横軸 x に対する縦軸の測定値 y を求め，横軸の値を次々に変えながら n 回の測定を行って，測定値の組 $(x_1,\ y_1),\ (x_2,\ y_2),\ \cdots,\ (x_n,\ y_n)$ を得たとする．今，この組の測定値に最もよく合うような直線

　　$y = ax + b$

をあてはめることを考える．このような場合，各測定値の誤差は，

　　$y_1 - y = y_1 - (ax_1 + b)$
　　$y_2 - y = y_2 - (ax_2 + b)\ \cdots\cdots y_n - y = y_n - (ax_n + b)$

で与えられるが，これらの誤差の二乗和

　　$\mathrm{S} = (y_1 - y)^2 + (y_2 - y)^2 + \cdots + (y_n - y)^2$

が最小になるように定数 $a,\ b$ を決めようというのが最小二乗法とよばれるものである．詳細は割愛するが，原理的な手続きとしては，

　　$\partial\mathrm{S}/\partial a = 0$　　　$\partial\mathrm{S}/\partial b = 0$

とおいて，二元連立方程式を解くと，$a,\ b$ が求められる．

　先の二次標準溶液や未知試料の濃度を n 回の滴定で求めた場合で，$\Delta c_i = c_i - C_0$ と考えて，$\partial\mathrm{S}/\partial c = 0$ を求めると，

　　$C = (c_1 + c_2 + \cdots + c_n)/n$

を得る．したがって，平均値を求める方法は，"最小二乗法" に他ならない．

　このように，二元連立方程式から a と b を求めればよいのであるが，n が多くなるとかなり面倒な計算になる．より手軽な方法として，**図6-6**のようにすべての点に最も平等になるような直線を引き，この直線の傾きと切片から a と b を求める．この "最も平等になる" ということが，最小二乗法と同じ趣旨

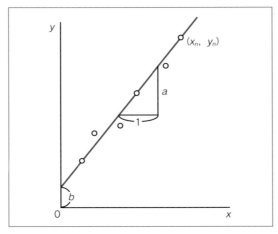

図6-6 最小二乗法

であって，このようにして求めた a, b は尊重されるべきデータである．

測定結果の中心位置は平均値（average）で，そのばらつきの程度は**標準偏差**と**平均値の標準偏差**で表される．

(1) 標準偏差

個々の測定値 x_1, x_2, $\cdots$, x_N の平均誤差は（標本）標準偏差

$$\sigma_x = \sqrt{\frac{1}{(N-1)}\Sigma(x_i - x_{ave})^2}$$

で与えられる．

$x_i - x_{ave}$ は**残差**（residual）または**偏差**（deviation）とよばれる．

(2) 平均値の標準偏差

$$\sigma = \frac{\sigma_x}{\sqrt{N}} = \sqrt{\frac{1}{N(N-1)}\Sigma(x_i - x_{ave})^2}$$

で与えられる．

標準偏差，平均値の標準偏差：最新臨床検査学講座「検査総合管理学」も参照のこと．

Ⅶ 無機定性分析

複数種類の金属イオンが含まれる混合水溶液から，各金属イオンを分離して，その種類を確認する操作を金属イオンの系統分析という．金属イオンの分離操作は，水溶液中のイオン平衡に関する原理に基づいている．すなわち，金属イオンの沈殿の生成と溶解には，難溶性塩の溶解度積，硫化水素の酸塩基平衡，アンモニアとの錯イオンの平衡，共通イオン効果を活用した沈殿の洗浄が用いられている．

無機定性分析で陽イオンとして取り扱われる金属イオンは30種類ぐらいである．これらのイオンを確認するためには，まずこれらのイオンが試薬とつくる化合物の溶解性によって，いくつかの属に分ける必要がある．分属の際に利用される化合物の溶解性を**表6-4**に示す．これらの性質に基づいて金属陽イ

表6-4 溶解性

	Ag$^+$	Hg$_2$$^{2+}$	Pb^{2+}	Hg^{2+}	Bi^{3+}	Cu^{2+}	Cd^{2+}	As$^{3+,5+}$	Sb$^{3+,5+}$	Sn$^{2+,4+}$	Fe^{3+}	Al^{3+}
塩化物	+	+	+	−	−	−	−	−	−	−	−	−
硫化物	+	+	+	+	+	+	+	+	+	+	+	+*
水酸化物	×	×	+	×	+	+	+	+	+	×	+	+
炭酸塩	+	+	+	+	+	+	+	×	×	×	×	×

	Cr^{3+}	Zn^{2+}	Co^{2+}	Ni^{2+}	Mn^{2+}	Ca^{2+}	Sr^{2+}	Ba^{2+}	Mg^{2+}	K$^+$	Na$^+$	NH$_4$$^+$
塩化物	−	−	−	−	−	−	−	−	−	−	−	−
硫化物	+*	+	+	+	+	−	−	−	−	−	−	−
水酸化物	+	+	+	+	+	−	−	−	+	−	−	−
炭酸塩	×	+	+	+	+	+	+	+	+	−	−	−

＋：水に不溶性のもの，－：水に可溶性のもの，＊：水中では水酸化物となる，×：相当する化合物がないもの．

表6-5 分属表

属	分属試薬	金属イオン	沈殿
（一）	HCl（または NH$_4$Cl）	Ag$^+$ Hg$_2$$^{2+}$ Pb^{2+}	AgCl Hg$_2$Cl$_2$ PbCl$_2$
（二）	H$_2$S（0.3 M の酸性で）	Pb^{2+} Hg^{2+} Bi^{3+} Cu^{2+} Cd^{2+} As^{3+} As^{5+} Sb^{3+} Sb^{5+} Sn^{2+} Sn^{4+}	PbS HgS Bi$_2$S$_3$ CuS CdS As$_2$S$_3$ As$_2$S$_5$ Sb$_2$S$_3$ Sb$_2$S$_5$ SnS SnS$_2$
（三）	NH$_3$ （NH$_4$Cl の存在下で）	Fe^{3+} Al^{3+} Cr^{3+}	Fe(OH)$_3$ Al(OH)$_3$ Cr(OH)$_3$
（四）	(NH$_4$)$_2$S (or NH$_4$OH ＋ H$_2$S)	Zn^{2+} Co^{2+} Ni^{2+} Mn^{2+}	ZnS CoS NiS MnS
（五）	(NH$_4$)$_2$CO$_3$ （NH$_4$Cl の存在下で）	Ca^{2+} Sr^{2+} Ba^{2+}	CaCO$_3$ SrCO$_3$ BaCO$_3$
（六）	残り	Mg^{2+} K$^+$ Na$^+$ （NH$_4$$^+$）	

オンを分離すると第一属～第六属に分離される（**表6-5**）．

(1) 第一属：Ag$^+$，Hg$_2$$^{2+}$（，Pb^{2+}）

　強酸性溶液において，Cl$^-$ と反応して不溶性または難溶性の沈殿を生じる．
PbCl$_2$ は溶解度が大きいので，沈殿は完全でなく一部は第二属へ移る．

(2) 第二属：A 群：Pb^{2+}，Hg^{2+}，Bi^{3+}，Cu^{2+}，Cd^{2+}

　　　　　　B 群：As^{3+}，As^{5+}，Sb^{3+}，Sb^{5+}，Sn^{2+}，Sn^{4+}

　酸性溶液において，S^{2-} と結合して不溶性の硫化物の沈殿を生じる．ただし，
第一属陽イオンが存在するとき，これらもまた硫化物として沈殿するため，あ
らかじめ第一属陽イオンを除かねばならない．

　沈殿を NaOH で処理すると，A 群は残り，B 群はオキシチオ錯塩を生成し
て溶解する．

$$As_2S_3 + 2\,OH^- \longrightarrow AsS_2^- + AsOS^- + H_2O$$

$$Sb_2S_3 + 2\,OH^- \longrightarrow SbS_2^- + SbOS^- + H_2O$$

$$SnS_2 + 2\,OH^- \longrightarrow SnOS_2^{2-} + H_2O$$

$$SnS + OH^- \longrightarrow SnOSH^-$$

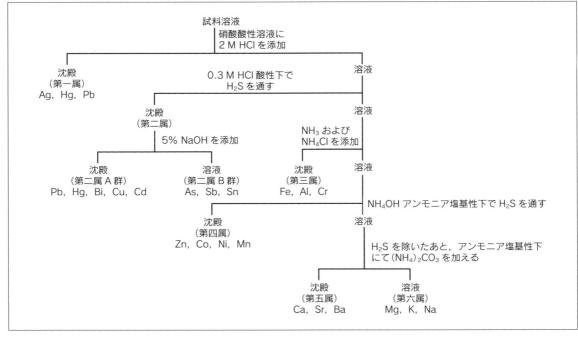

図6-7　系統分析（陽イオンを各属に分類する方法）

(3) 第三属：Fe^{3+}，Al^{3+}，Cr^{3+}

　アンモニア塩基性とすると水酸化物を沈殿する．

(4) 第四属：Zn^{2+}，Co^{2+}，Ni^{2+}，Mn^{2+}

　アンモニア塩基性において，S^{2-}を加えると硫化物を沈殿する（第一，第二属も同様に沈殿するため，あらかじめ第一，第二属は完全に除去しておく）．

(5) 第五属：Ca^{2+}，Sr^{2+}，Ba^{2+}

　アンモニア塩基性において，CO_3^{2-}を加えると不溶性炭酸塩を生じる（第一，第二，第三，第四属も同様に沈殿を生成するため，あらかじめ完全に除去しておく）．

(6) 第六属：Mg^{2+}，K^+，Na^+，NH_4^+

　第一属から第五属までの操作でいずれも沈殿を生じない．

　この系統分析の流れを図6-7にまとめる．難溶性の塩化物になるイオンの種類が最も少ないので，まず，塩酸を用いてAg^+，Hg_2^{2+}，Pb^{2+}の3種類のイオンだけを沈殿させて，これを第一属陽イオンとする．残りの化合物のなかで次に難溶性の化合物になるイオンが少ないのは硫化物である．溶解度積が小さいものだけが沈殿するように酸性（0.3 M）で硫化水素を通して，Hg^{2+}からSn^{4+}までのイオンを沈殿させて，これらを第二属陽イオンとする．ただし，第一属に分類したPb^{2+}は溶解度が比較的高いために，第二属の硫化物の沈殿としても生じる．また，1つの属とするには陽イオンの種類が多いので，沈殿

物を5% NaOHによりさらにA群とB群に分類する．第二属を分離した濾液は，いったんよく煮沸して硫化水素を追い出し，塩化アンモニウム存在下でアンモニア水を加えて，水酸化物の溶解度積が小さいFe^{3+}からCr^{3+}までを沈殿させ，これらを第三属陽イオンとする．第三属の沈殿を濾過した濾液には，硫化水素を通じてZn^{2+}，Co^{2+}，Ni^{2+}，Mn^{2+}の硫化物を沈殿させ，これらを第四属陽イオンとする．残りのイオンのなかでCa^{2+}，Sr^{2+}，Ba^{2+}は，塩化アンモニウム存在下で炭酸アンモニウムを加えて炭酸塩を沈殿させ，これらを第五属陽イオンとする．最後に残ったMg^{2+}，K^+，Na^+は第六属陽イオンとして分属される．

分属後の各イオンは，さらに分離して，確認反応を行う．

Ⅷ 無機定量分析

1 容量分析

物質の量を定める分析を**定量分析**（quantitative analysis）というが，そのなかで，定量しようとする成分（目的成分）と定量的に反応する濃度既知の試薬溶液の体積を量り，その体積から目的成分の含量を算出する方法を**容量分析**（volumetric analysis）という．容量分析は用いる方法から**滴定分析法**（titrimetric analysis）ともよばれる．容量分析には，次のような諸条件が必要である．

① 定量的に一方向のみに進行する不可逆反応であること．
② 反応速度が大きいこと．
③ 溶液中に共存する他物質が反応しないこと．
④ 反応の終点を明確に知る方法があること．

④については，反応物質自身が反応の終点で明確な色の変化を示すものもあるが，多くの場合，反応の終点で色の変化または発色する他の物質（指示薬）を少量加える．電気伝導度や電位を測定して終点を知る方法もある．

容量分析は，その反応の種類によって次のように分類される．
中和滴定法：中和反応を利用して酸または塩基の濃度を定める方法．
沈殿滴定法：沈殿の生成または消失によって濃度を定める方法．
酸化還元滴定法：酸化反応および還元反応を利用して濃度を定める方法．
キレート滴定法：キレート試薬を用いて濃度を定める方法．

本項では，特に中和滴定法とキレート滴定法について説明する．

1）中和滴定法（neutralization titration）

（1）水素イオン濃度

p.79，第3章「Ⅳ 電離平衡 1-水の電離，pH」参照．

（2）中和反応

中和反応によって塩および水が生成されるが，水のイオン積は非常に小さい（p.80参照）ため，反応は定量的また瞬間的に完了する．**図6-8-①**に示すよ

 規定度 N

専門科目ではNは使われなくなってきているが，臨床の現場ではEq/L（＝N）が使われることもあるので，Nもしっかり理解しておこう．

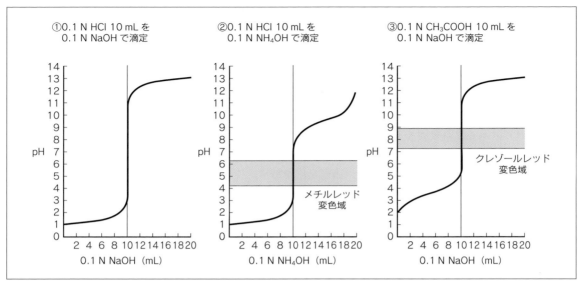

①0.1 N HCl 10 mL を
0.1 N NaOH で滴定

②0.1 N HCl 10 mL を
0.1 N NH₄OH で滴定

③0.1 N CH₃COOH 10 mL を
0.1 N NaOH で滴定

図6-8　中和曲線

うに，0.1 N HCl 10 mL を 0.1 N NaOH で滴定するときの中和曲線（中和滴定曲線）は，当量点（pH 7）に近づくまでは勾配が緩やかであるが，NaOH を約 10 mL 加えたところで急激に pH が変化する．この変化を pH 飛躍（pH jump）という．強酸，強塩基の場合は pH は 3 から 11 にわたって変化する．この pH の飛躍ののち，さらに NaOH を加えていくと勾配がふたたび緩やかになり，HCl が過剰の場合と逆の形を示す．このような中和曲線は，次のように酸と塩基の強さの組み合わせによってそれぞれ異なる．

① 強酸を強塩基で滴定する場合（**図6-8-①**）：中和点における変化が最も急激で，その中心の pH は 7 である．

② 強酸を弱塩基で滴定する場合（**図6-8-②**）：中和点における pH の変化は①ほど急激ではなく，その変化の中心の pH は 7 よりも小さい．

③ 弱酸を強塩基で滴定する場合（**図6-8-③**）：中和点における pH の変化は①ほど急激ではなく，その変化の中心の pH は 7 よりも大きい．

④ 弱酸を弱塩基で滴定する場合：中和点における pH の変化が非常に緩やかになる．

これらのことから，次に述べるように指示薬の選択は pH 飛躍と一致するよう考慮しなければならない．

(3) 指示薬

中和滴定法の終点を指示するために用いる指示薬は，滴定反応の当量点において変色するのが最も好ましい．また，指示薬はそれぞれ固有の変色範囲をもち（**表6-6**），その変色範囲の狭いものが指示薬として優れている．しかし，変色範囲の狭いものでも 1 以内のものはなく大部分は 2 に近い．強酸と強塩基の場合，弱酸と強塩基の場合，強酸と弱塩基の場合，いずれも中和点におけ

表 6-6　中和滴定の指示薬

指示薬	変色範囲	色調変化 （酸性側—塩基性側）
メチルバイオレット	0.1～ 3.2	黄——紫
チモールブルー	1.2～ 2.8	赤——黄
メチルイエロー	2.9～ 4.0	赤——黄
メチルオレンジ	3.1～ 4.4	赤——橙
ブロムクレゾールグリーン	4.0～ 5.6	黄——青
メチルレッド	4.2～ 6.3	赤——黄
アゾリトミン	5.0～ 8.0	赤——青
フェノールレッド	6.8～ 8.4	黄——赤
クレゾールレッド	7.2～ 8.8	黄——赤
チモールブルー	8.0～ 9.6	黄——青
フェノールフタレイン	8.2～10.0	無——赤
チモールフタレイン	9.3～10.5	無——青
アリザリンイエロー	10.1～12.0	黄——赤

る pH の変化は 2 より大きいので，これらの指示薬を用いて中和点を知ることができる．一方，弱酸と弱塩基の場合は，中和点における pH の変化が非常に小さいので指示薬の選択には注意が必要である．

　一般に用いられる指示薬は，弱塩基を滴定する場合にはメチルオレンジ，弱酸を滴定する場合にはフェノールフタレインである．強酸と強塩基の場合は，前述のように中和点における pH の変化が急激であるので，いろいろな指示薬を用いることができる．

2）中和滴定法の実習
(1) 酸，塩基標準溶液の調製と標定
　通常，塩基の定量には塩酸を，また酸の定量には水酸化ナトリウムの水溶液を標準溶液として用いる．しかし，これらは直接正確な濃度の溶液をつくることができないため，安定で純粋に得られる酸または塩基の水溶液で滴定して，間接的にその濃度を決めなければならない．酸としてはシュウ酸，コハク酸，フタル酸水素カリウムなどが，塩基としては炭酸ナトリウムが用いられる．
❶ 0.1 N NaOH 溶液の調製
　硬質ガラス試験管に水 4 mL をとり NaOH 4 g を加えて溶解する．このとき発熱するので注意する．冷却後ゴム栓をして数日放置する．濃厚な NaOH 溶液では Na_2CO_3 が不溶となり沈殿してくる．上澄液 1 mL を炭酸を含まない水（蒸留水を一度煮沸して急冷する）250 mL と混ぜ，貯蔵用びんに入れゴム栓

をして保存する.

❷ フタル酸水素カリウム標準溶液の調製

まず，秤量びんの質量を正確に量ったのち，フタル酸水素カリウム（分子量204.217）約5gを秤量びんにとり，それを精秤する．両者の差からフタル酸水素カリウムの正確な質量を求める（フタル酸水素カリウムは使用前に100〜110℃の定温乾燥器中に3〜4時間入れたのち，デシケータ中で放冷したものを用いる）．秤量したフタル酸水素カリウムを250 mLメスフラスコ中に注意して入れ（漏斗を用いる），秤量びんを数回炭酸を含まない水で洗い，定量的にメスフラスコへ移す．さらに漏斗を炭酸を含まない水で洗いながらメスフラスコの肩近くまで水を入れたら漏斗をとり，よく振り混ぜて試薬を溶かす．さらに水を加えて250 mLの標線に合わせたのち，栓をして数回転倒混和してよく混ぜ，乾いた試薬びんに移し保存する.

❸ 0.1 N NaOH の標定

ビュレットの口に小さい漏斗をつけ，0.1 N NaOH溶液を入れる．ビュレットを正しく垂直に立て，下のコックを開いて少し液を流し出し，コック内およびコック付近の気泡を追い出し，ビュレットの目盛を0.01 mLまで読みとる．次に，フタル酸水素カリウム標準溶液を10 mLホールピペットで正確に100 mLの三角フラスコにとり，フェノールフタレイン溶液を1滴加えたのちNaOHをビュレットから滴下する．終点が近くなったら（滴下箇所の赤色が消えにくくなったら）1滴ずつ注意しながら滴下し，1滴ごとに三角フラスコを振り混ぜて両液をよく混和させ色の変化をみる．なお，三角フラスコの下に濾紙をおいておくと色の変化がわかりやすい．無色から赤色に変わった点でビュレットの目盛を0.01 mLまで読みとる．滴下する前の読みとの差が酸の中和に用いられた塩基量である.

計算 規定度N（溶液1 L中の溶質のグラム当量）の溶液 V mLが規定度 N′ の溶液 V′ mLと定量的に反応すると，NVおよびN′V′はそれぞれ溶質のミリ当量数で，互いに等量であるからNV = N′V′ の関係になる.

フタル酸水素カリウムの標準溶液の規定度の計算値と標定に要した0.1 N NaOH溶液の体積から，この式を用いれば0.1 N NaOHの濃度が求められる．たとえばNaOH溶液の規定度が0.1059 Nであったとすると，これは0.1 N溶液に比べて0.1059/0.1 = 1.059倍濃いことを意味する．このため，この溶液の規定度は0.1 N（f = 1.059）と表される．fは**規定度係数**，**ファクター**（factor）または力価とよばれ，目標の規定度に対しどれだけ濃いか，または薄いかを表している．すなわち，0.1 N（f = 1.059）溶液10 mLは，0.1 N溶液10.59 mLに相当する.

なお，規定度は次のように求めてもよい．1グラム当量 x［g］の標準物質 a［g］を滴定して溶液 V［mL］を使ったとすると，標準物質は a/x グラム当量にあたるから，溶液の規定度Nは次のようになる.

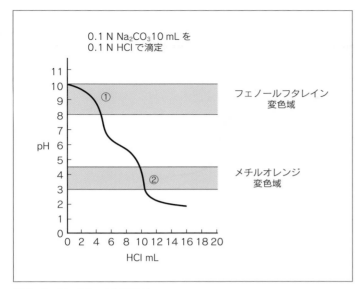

図 6-9　Na$_2$CO$_3$ の中和曲線

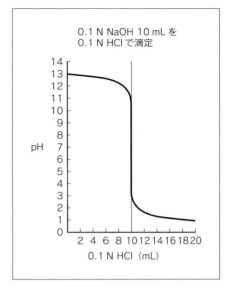

図 6-10　NaOH の中和曲線

$$\frac{VN}{1,000} = \frac{a}{x} \quad \therefore \quad N = \frac{1,000\,a}{Vx}$$

❹ 0.1 N HCl の調製と標定

　市販の塩酸の濃度は約 12 N であるので，約 120 倍に希釈すると約 0.1 N の HCl 溶液を調製できる．この 0.1 N HCl 10 mL をホールピペットで正確にとり，フェノールフタレイン 1 滴を加え，先に標定した 0.1 N NaOH で滴定する．

(2) NaOH および Na$_2$CO$_3$ 混合溶液の定量

　まず Na$_2$CO$_3$ を HCl で滴定した場合を考えてみる．中和曲線は，**図 6-9** に示すように，反応①と，反応②の 2 つの点で pH の急変がある．

　　Na$_2$CO$_3$ + HCl ⟶ NaCl + NaHCO$_3$　…①

　　NaHCO$_3$ + HCl ⟶ NaCl + H$_2$O + CO$_2$　…②

　①の反応が完了したときの pH は約 8.3 であり，②の反応が完了したときの pH は約 3.8 である．一方，NaOH を HCl で滴定した場合は，次の反応が起こり**図 6-10** のように，中和点で pH は約 11 から 3 に急変する．

　　NaOH + HCl ⟶ NaCl + H$_2$O　…③

　次に NaOH および Na$_2$CO$_3$ の混合溶液を HCl で滴定した場合を考える（**図 6-11**）．混合溶液にフェノールフタレインを加えて赤色とし，この赤色が消失するまで HCl で滴定したとき，Na$_2$CO$_3$ は①の反応だけが完了し，NaOH は③の中和反応が完了する．これにさらにメチルオレンジを加え，橙色が赤色に変わるまで HCl を滴下すると Na$_2$CO$_3$ の②の反応も完了する．いま，フェノールフタレインを指示薬として滴定した HCl の量を a mL，メチルオレンジが赤変するまでに追加滴定した HCl の量を b mL とすると，NaOH の中和のため

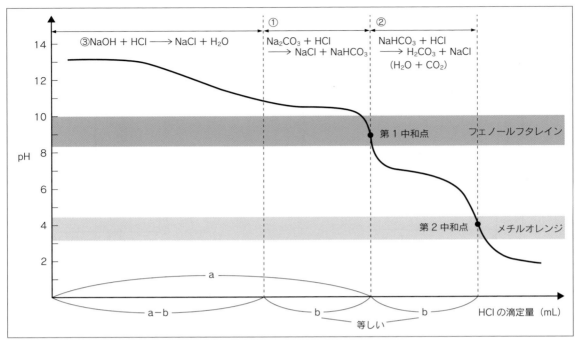

図6-11 NaOHとNa₂CO₃の混合溶液の中和曲線

に用いられた HCl の量は（a−b）mL であり，Na₂CO₃ を CO₂ まで分解する
のに用いられた HCl の量は 2 b mL となる．これから Na₂CO₃，NaOH 混合溶
液中のそれぞれの濃度を定量することができる．この方法を**ワルダー（Ward-
er）法**という．

（3）中和滴定法に用いる試薬溶液の調製

・フェノールフタレイン：1 g を 95 %アルコール 100 mL に溶解する．試
料溶液 100 mL に対し，約 2〜3 滴を用いる．

・メチルオレンジ：100 mg を水 100 mL に加温溶解し，必要に応じ濾過す
る．試料溶液 100 mL に対し，約 2〜3 滴を用いる．

3）キレート滴定法

金属イオンが配位結合によってある種の有機化合物と錯化合物を形成すると
き，一種の環状構造をもつ化合物をつくるが，この化合物を**キレート化合物**と
いい，キレート化合物をつくる有機化合物を**キレート試薬**という．キレート滴
定とは，キレート試薬と金属イオンの反応を利用した容量分析法をいう．キレー
ト滴定に利用されるキレート試薬には次のようなものがあるが，エチレンジア
ミン四酢酸（EDTA）が最も多く用いられている．

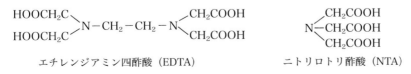

エチレンジアミン四酢酸（EDTA）　　　ニトリロトリ酢酸（NTA）

2 b mL となる理由

①と②の反応式では，すべ
ての物質の係数が 1 であ
るため，1 mol の Na₂CO₃
は完全に中和されるまでに
① で 1 mol，② で 1 mol
の HCl と反応する．すな
わち，①と②で滴下する
HCl の量は等しくなる．

Warder 法

15℃ 以上では NaHCO₃
の加水分解が著しく，終点
の変色が不明瞭になるため，
15℃以下に冷却して行う．

シクロヘキサンジアミン四酢酸（CyDTA）

EDTA の場合，2 価の金属イオン（M^{2+}）と反応して次のようなキレート化合物をつくる（詳しい構造は p.138 参照）．

EDTA は，2〜4 価の金属イオンとその金属の原子価に関係なく，1 mol 対 1 mol の割合で結合してキレート化合物をつくるので，EDTA 標準溶液の濃度を表すには，中和反応で用いたような規定度ではなく，モル濃度を用いる．また，キレート化合物の安定度は pH の影響を受けるため，反応系に緩衝液もしくは強塩基水溶液を加えて pH を一定に保つ必要がある．

滴定の当量点の決定には，一般に**金属指示薬**が用いられる．これも一種のキレート試薬であるが，それ自身の色と金属キレート化合物の色が違うことを利用したもので次のものがよく使われる．

NN 指示薬

エリオクロムブラック T（EBT）指示薬

当量点は，次のようにして求めることができる．金属イオン（M^{2+}）を含む溶液に微量の指示薬（H_2F で表す）を加えると，$M^{2+} + H_2F \longrightarrow MF + 2\,H^+$ のように反応して金属指示薬キレート化合物（MF）を生成し，ある pH 範囲で特有の色を示す．これを EDTA 溶液（Y^{4-}）で滴定していくと，EDTA はまず指示薬と結合していない遊離の金属イオンと結合し，当量点になると加えられた EDTA が金属指示薬キレート化合物（MF）から金属を奪って結合するため，指示薬は元の色に戻り，これにより当量点を求めることができる．

NN 指示薬

化学名の Naphthylazo-Naphthoic acid に由来する．ほとんどの金属イオンが水酸化物として沈殿する pH12〜13 で，Ca^{2+} と錯形成することより，キレート滴定における Ca^{2+} の専用指示薬として広く使用される．固体状態では安定であるが，水，アルコールに溶かした溶液状態ではかなり不安定で数分程度で分解，退色する．特に酸化性イオンが共存すると退色が著しい．したがって，キレート滴定に使用する場合，粉末を溶解した後，すみやかに滴定する必要がある．

4）キレート滴定法の実習

(1) 0.01 M EDTA 標準溶液の調製および標定

❶ 0.01 M EDTA 標準溶液の調製

EDTA-2Na（エチレンジアミン四酢酸二ナトリウム塩を 80℃で 5 時間乾燥したもの）3.724 g を水に溶かして 1,000 mL とする．なお，標準溶液，試薬の調製に用いる水は，イオン交換樹脂を用いて水中のイオンを除去した脱イオン水が最もよい．また，EDTA 溶液はガラス中のアルカリ土類金属，重金属を溶かし出す性質があるため，保存にはガラスびんではなくポリエチレン製容器を用いる．

❷ 0.02 M CaCl₂ 標準溶液の調製

110℃で十分乾燥した分析用炭酸カルシウム（CaCO₃）約 200 mg をとり，それを精秤し，少量の希塩酸を加えて溶解し，CO₂ を追い出すためしばらく煮沸する．これをメスフラスコに移し，脱イオン水で全量を 100 mL とする．ガラス貯蔵びんで 0.02 M CaCl₂ 標準溶液を貯蔵する．

❸ 0.01 M EDTA 標準溶液の標定

200 mL の三角フラスコに 0.02 M CaCl₂ 標準溶液 10 mL をホールピペットで正確に量りとり，脱イオン水 40 mL を加えて全容量を 50 mL にする．これに 8 M KOH 2 mL を加えて（pH 12〜13 になる），よく振り混ぜてから数分間放置する．次に NN 指示薬粉末約 0.1 g（ミクロスパーテル 1 杯）を加えて，0.01 M EDTA 溶液（ビュレットに注入済み）を用いて滴定する．赤から青へと変色し，終点の手前で紫色を帯び，さらに赤味が完全になくなったところを終点とする．この滴定で 0.01 M EDTA の正確な濃度を求める．3 回以上の滴定値の平均値により，EDTA 標準溶液の濃度を決定する．

キレート滴定における化学反応は EDTA 1 分子に対して，Ca²⁺ 1 原子が結合するので，標準溶液の濃度はモル濃度（mol/L ＝ M）で表す．

> **計算** EDTA 1 mol は CaCO₃ 1 mol と当量．
> 0.01 M EDTA 1,000 mL は CaCO₃/100 ＝ 1.001 g CaCO₃ に相当する．

 CaCO₃ の分子量
CaCO₃ ＝ 100.0869 g/mol であるため，0.01 mol は 1.001 g となる．

(2) ミネラルウォーター中の硬度の測定

❶ ミネラルウォーター中の Ca²⁺ の定量

200 mL の三角フラスコに試料水 50 mL をホールピペットで正確に量り，8 M KOH 2 mL を加えて，振り混ぜてから数分間放置する．次に NN 指示薬粉末約 0.1 g（ミクロスパーテル 1 杯）を加えて，0.01 M EDTA 標準溶液を用いて滴定する．3 回以上の滴定値の平均値により，Ca²⁺ の濃度を決定する．

❷ ミネラルウォーター中の（Ca²⁺＋Mg²⁺）の定量

200 mL の三角フラスコに試料水 50 mL をホールピペットで正確に量り，これに pH 10 緩衝液（NH₃＋NH₄Cl 緩衝液）約 1 mL を加えて pH を約 10 に保ち，エリオクロムブラック指示薬を 2〜3 滴加えて，0.01 M EDTA 標準溶

液を用いて滴定する．終点の変色は赤から青で完全に赤味がなくなったところとする．3回以上の滴定値の平均値により，$Ca^{2+}+Mg^{2+}$の濃度を決定する．

実験❷から試料溶液の（$Ca^{2+}+Mg^{2+}$）の濃度が求まり，実験❶で求まったCa^{2+}の濃度を差し引くことで，試料水中のMg^{2+}の濃度を求めることができる．

❸ 全硬度（総硬度）の算出

日本国内ではアメリカ硬度を採用しているので，水中のカルシウム塩とマグネシウム塩の濃度（全硬度）を炭酸カルシウムに換算した値を，mg/L（＝g/m^3）単位として表す．それぞれの原子量は Ca = 40，Mg = 24.3，分子量は$CaCO_3$ = 100なので，カルシウム濃度，マグネシウム濃度からの計算は次のようになる．

$$全硬度（mg/L）= Ca^{2+}濃度（mg/L）\times \frac{100}{40} + Mg^{2+}濃度（mg/L）\times \frac{100}{24.3}$$

たとえば，Ca^{2+}の濃度が 32.0 mg/L，Mg^{2+}の濃度が 1.4 mg/L だとすると，$32.0 \times 2.5 + 1.4 \times 4.1 = 85.7$ mg/L となる．

（3）キレート滴定法に用いる試薬溶液の調製

・$NH_3—NH_4Cl$緩衝液（pH 10）：濃アンモニア水（28 %，密度 0.90）570 mL と塩化アンモニウム 70 g に水を加えて 1,000 mL とする．

・エリオクロムブラック T（EBT）溶液：EBT 0.5 g，塩酸ヒドロキシルアミン 4.5 g を無水アルコールに溶解し 100 mL とする．褐色びんに保存する．

2 容量分析における誤差の扱い方（図6-12）

すべてにおいて機械や器具の操作は正確に行われたという前提の下に，次に述べるようなことを考慮しなければならない．

①電子天秤：機械の表示を信頼すれば 0.1 mg の桁まで読めるので，絶対誤差≦0.05 mg と解釈される．風袋のみと風袋＋固体試料の 2 回の測定で 1 つのデータが得られるから，絶対誤差≦0.1 mg となる．

②一次標準溶液：メスフラスコの誤差が問題になる．法律（計量法）では測用器具はその誤差が所定の限界以下でなければ市販できない．その限界を公差という．個々の器具の実際の誤差を器差という．器差を知るにはその器具より精密な器具で誤差を調べなければならない．これを検定または校正（calibration）という．学生実習は時間が限られているため，基本的には校正は行わず，器差の代わりに公差を用いる．したがって，誤差を実際の誤差よりも大きく見積もることになる．

③ホールピペット：持ち方，後流誤差，最後の滴の出し方など誤差を生じる原因は多い．

④希釈：メスフラスコとホールピペットの両方の誤差が含まれる．

⑤ビュレット

　i）読み取り誤差：最小目盛は 0.1 mL になっている．それを目分量で0.01 mL の桁まで読む．滴下前と滴下後の 2 度の読み取りで一つの

（注）
軟水などの Ca^{2+} 濃度が低い試料では少量で終点に達するので，EDTA 溶液をあらかじめ 0.005 M で調製して，滴定液が適量になるように調整する．硬水などの Ca^{2+} 濃度が高い試料では，ビュレットの全量を超えても終点に達しない場合があるので，その場合はピペットで量る試料水の量を減らして，減らした分を脱イオン水で補ってから，滴定の操作に入る．

風袋
風袋とは，はかりで試料の重さを量るとき，その試料を入れてある容器や薬包紙のことである．

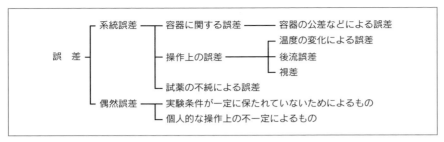

図6-12 誤差の種類

データが得られるため，絶対誤差は滴下前と滴下後の誤差を合わせたものになる．

ⅱ）後流誤差：容器の内壁に付着して残る液量は，①流出速度，②液の粘度，③内壁の面積，④内壁の洗浄度などによって異なってくる．操作をできるだけゆっくり行うか，考察実験でいろいろな速さで滴下して影響を調べるしかない．

ⅲ）滴誤差：1滴は 0.03〜0.05 mL であるから，これ以下は正確に測定することは困難である．

ⅳ）器差：管の直径が完全に一定とはかぎらない．標定と滴定をビュレットの大体同じ部分を使って行うことにより，器差を相殺することができる．誤差の要因としては最も影響が大きいため，注意が必要である．

1）間接測定の誤差

ある種の量を測定する場合に，直接その量を測定して得る場合と，種々の測定より計算して得る場合がある．たとえば，物質の質量を測定するのは直接測定であるが，質量と長さを直接測定して，これから密度を求めるのは間接測定である．

中和滴定で，未知の酸あるいは塩基の濃度を求めるのも間接測定にあたる．食酢中の酸の濃度を求める場合は，酸がすべて酢酸だとして，濃度既知の水酸化ナトリウム水溶液を使って，滴定して求める．

酸の価数 × M_A（酸試料のモル濃度）× V_A（酸試料の体積）

= 塩基の価数 × M_B（塩基の標準溶液のモル濃度）× V_B（標準溶液の体積）

価数×モル濃度 ＝ 規定度の関係を使って，

$$N_A V_A = N_B V_B$$

の関係式を用いることもある．規定度は当量 /L のことであるから，検査値の単位としても理解しておく必要がある．

このように，未知試料の濃度を求めるための濃度既知の溶液を標準溶液という．水酸化ナトリウムの固体は潮解性があるため，電子天秤で精密に測定しても，計算通りの濃度にはならない．実際には，水酸化ナトリウムを濃度既知の酸で標定する必要がある．潮解性のないシュウ酸二水和物などが酸として用い

られるが，この場合のシュウ酸標準溶液のように濃度既知の溶液を**一次標準溶液**，水酸化ナトリウム水溶液のように一次標準液によって正確な濃度が測定された（標定された）溶液を**二次標準溶液**という．標定と滴定の2段階を経て，濃度未知のサンプルの濃度を求める．

標準溶液の濃度は 1 mol/L，0.1 mol/L といったきりのよい数値がラベルの値になっているが，実際の濃度はその値から少しずれている．このずれをファクター値（力価）f で表す．すなわち，実際の濃度をラベルの値で割ったものが f である．

f ＝ 実際の濃度／ラベルの濃度

標定と滴定を経て，未知試料の濃度を求める場合のように，計算で求めた未知試料の濃度は典型的な間接測定の値であるが，それでは計算で求めた値の誤差はどのように評価すればよいのだろうか．誤差の合成の基本式を用いるとさまざまなケースの誤差を評価することができるが，ここでは，そこから得られる結論として，「足し算，引き算の計算では，絶対誤差は各成分の絶対誤差の和が上限となり，掛け算，割り算の計算では，相対誤差は各成分の相対誤差の和が上限となる」を用いる．

足し算，引き算のケースとしては，ビュレットの体積（始点－終点の体積），標準物質の質量〔（試料＋風袋）－風袋の質量〕の計算時などがあてはまる．また，掛け算，割り算のケースとしては，中和標準溶液の濃度を用いて濃度未知の溶液の濃度を求める計算などがあてはまる．

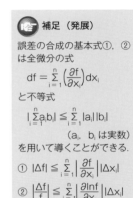

補足（発展）

誤差の合成の基本式①，②は全微分の式

$$df = \sum_{i=1}^{n} \left(\frac{\partial f}{\partial x_i}\right) dx_i$$

と不等式

$$\left| \sum_{i=1}^{n} a_i b_i \right| \leq \sum_{i=1}^{n} |a_i||b_i|$$

（a_i，b_i は実数）

を用いて導くことができる．

① $|\Delta f| \leq \sum_{i=1}^{n} \left|\frac{\partial f}{\partial x_i}\right| |\Delta x_i|$

② $\left|\frac{\Delta f}{f}\right| \leq \sum_{i=1}^{n} \left|\frac{\partial \ln f}{\partial x_i}\right| |\Delta x_i|$

〈**容量分析の誤差の見積もりの実例**〉

濃度 0.102 mol/L（＝ c_b）の水酸化ナトリウム水溶液を標準液として，塩酸を 20 mL（v_a）のホールピペットでとり，滴定したところ 20.71 mL（v_b）（たとえばビュレットの目盛が滴定前 0.03，滴定後 20.74）の標準液を要したとする．

このときの塩酸の濃度（c_a）とその誤差の見積もり方の一例を示す．

塩酸の濃度は $c_a \times v_a = c_b \times v_b$ より，$c_a = c_b \times v_b \times v_a^{-1}$（＝ 1.056×10^{-1}）となる．

誤差を見積もる場合，ここでは，仮に 20 mL のホールピペットの公差を 0.03 mL，ビュレットの公差を 0.03 mL とする．さらに，ビュレットの体積には，このビュレットの公差に，始点と終点の読み取り誤差を加える．前述の結論より，掛け算，割り算の計算では，相対誤差は各成分の相対誤差の和が上限となることから，

$$|\Delta c_a/c_a| \leq |\Delta c_b/c_b| + |\Delta v_b/v_b| + |\Delta v_a/v_a|$$

$$= |\underset{\text{有効数字による誤差}}{0.0005/0.102}| + |(\underset{\substack{\text{ビュレットの}\\\text{公差}}}{0.03} + \underset{\substack{\text{始点と終点の}\\\text{読み取り誤差}}}{0.005 + 0.005})/20.71| + |\underset{\substack{\text{ホールピペットの}\\\text{公差}}}{0.03/20.00}|$$

$\fallingdotseq 0.005 + 0.0019 + 0.0015 = 0.0084$　相対誤差 0.84%

したがって，塩酸の濃度は 0.106±0.008 N である．

　第 3 章「発展－希薄水溶液中の電離平衡の原理的な取り扱い」を学習したら，発展問題にチャレンジしてみよう！

1. 次の (1)～(6) の 6 種類の溶液（25℃）の pH として最も近いものを A～F のなかから選べ．
　ただし，同じ記号は一回限り使用できるものとする．また，酢酸の酸解離定数 $K_a = 1.8 \times 10^{-5}$ mol/L，アンモニアの塩基解離定数 $K_b = 1.8 \times 10^{-5}$ mol/L，水のイオン積 1.0×10^{-14} (mol/L)^2 とする．

　(1) 0.10 mol/L 酢酸水溶液
　(2) 0.10 mol/L アンモニア水溶液
　(3) 0.10 mol/L 酢酸ナトリウム水溶液
　(4) 0.10 mol/L 塩化アンモニウム水溶液
　(5) 0.05 mol/L 酢酸水溶液と 0.05 mol/L 酢酸ナトリウム水溶液の等量混合液
　(6) 0.05 mol/L アンモニア水溶液と 0.05 mol/L 塩化アンモニウム水溶液の等量混合液

　A：2.9　　　**B**：4.8　　　**C**：5.1　　　**D**：8.9　　　**E**：9.2　　　**F**：11.1

2. 付録 2：問題演習シート（使用例）にならって，(1)～(6) の 6 種類の溶液の pH を電離平衡の原理的な取り扱い－（平）（中）（量）に基づいて計算せよ（関数電卓を用いること）．
　※付録 3：問題演習シートは，問題ごとにコピーして使用してください．

例題 0.100 M モノクロロ酢酸の $[H^+]$ を求めよ．（$K_a = 1.38 \times 10^{-3}$ M）

容器の様子   溶液中の電離平衡式（すべて書き出す）

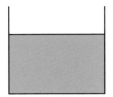

$$HA \rightleftharpoons H^+ + A^-$$
$$H_2O \rightleftharpoons H^+ + OH^- \quad （\leftarrow 忘れずに）$$

連立方程式をたてる

（平） $[H^+][A^-]/[HA] = K_a$
　　　　$[H^+][OH^-] = K_w$
（中） $[H^+] = [A^-] + [OH^-]$
（量） $0.1 M = [A^-] + [HA]$ （A の保存）

連立方程式を解く　液性から近似・仮定ができそうなものを考える
（**近似・仮定**：明らかに省略できる場合は，そのことを明記する．）

$[H^+] \gg [OH^-]$ と仮定する．→（中）$[H^+] = [A^-]$ （$[OH^-]$ を省略）

$[HA] = 0.1 - [A^-] = 0.1 - [H^+]$
$[H^+][A^-]/[HA] = [H^+]^2/(0.1 - [H^+]) = K_a$
$[H^+]^2 + K_a[H^+] - 0.1K_a = 0$
$[H^+] = 1.11 \times 10^{-2}$ （pH = 1.95）

このとき，$[OH^-] = 9.01 \times 10^{-13}$ より，$[H^+] \gg [OH^-]$と近似したのは妥当である．
（↑妥当性を確認）

<u>**答**　　　　1.11×10^{-2} M</u>
（物理量の場合は，単位を添える）

Point
・答えが出たら，近似・仮定の妥当性を確認すること．
・最終的な答えが物理量の場合は，必ず単位を添えること．

容器の様子

溶液中の電離平衡式（すべて書き出す）

連立方程式をたてる

（平）

（中）

（量）

連立方程式を解く

（近似・仮定：明らかに省略できる場合は，そのことを明記する．）

答 _____

Point

・答えが出たら，近似・仮定の妥当性を確認すること．

・最終的な答えが物理量の場合は，必ず単位を添えること．

付録４：発展問題　解答

解答 1

(1) **A**　　(2) **F**　　(3) **D**　　(4) **C**　　(5) **B**　　(6) **E**

解答 2

酢酸の酸解離定数 $K_a = 1.75 \times 10^{-5}$ mol/L, アンモニアの塩基解離定数 $K_b = 1.76 \times 10^{-5}$ mol/L, 水のイオン積 $K_w = 1.01 \times 10^{-14}$ (mol/L)^2 とする.

(1)　0.10 mol/L 酢酸水溶液

$K_a = 1.75 \times 10^{-5}$ M とする.

酢酸を HA とおく.

溶液中の電離式は以下の２つである.

$$HA \rightleftharpoons H^+ + A^-$$
$$H_2O \rightleftharpoons H^+ + OH^-$$

（平）$[H^+][A^-]/[HA] = K_a$　……①

$[H^+][OH^-] = K_w$　……②

（中）$[H^+] = [A^-] + [OH^-]$　……③

（量）$0.10\,\text{M} = [A^-] + [HA]$　……④

まず, （平）と（量）を使って [HA] を消去する.

$[H^+][A^-]/(0.10 - [A^-]) = K_a$　……⑤

⑤を [A⁻] についてまとめると,

$[A^-] = 0.10K_a/([H^+] + K_a)$　……⑥

⑥を（中）に代入する.

$[H^+] = 0.10K_a/([H^+] + K_a) + [OH^-]$　……⑦

液性が酸性に傾いていることに着目して, $[H^+] \gg [OH^-]$ を仮定する.

⑦の [OH⁻] を省略すると,

$[H^+] = 0.10K_a/([H^+] + K_a)$

となる（注）.

$[H^+]^2 + K_a[H^+] - 0.10K_a = 0$

この２次方程式を解くと,

$[H^+] = 1.31 \times 10^{-3}$ M

$\longrightarrow$ pH $= -\log_{10}[H^+] = 2.88$

②より, $[OH^-] = K_w/[H^+] = 7.71 \times 10^{-12}$ M.

したがって, $[H^+] \gg [OH^-]$ が成り立つので, 仮定は妥当である.

（注）$[H^+] \gg K_a$ と近似できることに気づくと, 分母の K_a を無視して, $[H^+] = \sqrt{0.10K_a} = 1.32 \times 10^{-3}$ M

pH $= 2.88$

押さえておくべき公式

弱酸の近似式　$[H^+] = \sqrt{cK_a}$

---

(2)　0.10 mol/L アンモニア水溶液

$K_b = 1.76 \times 10^{-5}$ M, $NH_3 = B$ とおいてもよい.

溶液中の電離式は以下の２つである.

$$NH_3 + H_2O \rightleftharpoons NH_4^+ + OH^-$$
$$H_2O \rightleftharpoons H^+ + OH^-$$

（平）$[NH_4^+][OH^-]/[NH_3] = K_b$　……①

$[H^+][OH^-] = K_w$　……②

（中）$[H^+] + [NH_4^+] = [OH^-]$　……③

（量）$0.10\,\text{M} = [NH_3] + [NH_4^+]$　……④

まず, （平）と（量）を使って [NH₃] を消去する.

$[NH_4^+][OH^-]/(0.10 - [NH_4^+]) = K_b$　……⑤

⑤を [NH₄⁺] についてまとめると,

$[NH_4^+] = 0.10K_b/([OH^-] + K_b)$　……⑥

⑥を（中）に代入する.

$$[H^+] + 0.10K_b/([OH^-] + K_b) = [OH^-] \quad \cdots\cdots⑦$$

液性が塩基性に傾いていることに着目して，$[OH^-]$ ≫$[H^+]$ を仮定する.

⑦の $[H^+]$ を省略すると，

$$0.10K_b/([OH^-] + K_b) = [OH^-]$$

となる（注）.

$$[OH^-]^2 + K_b[OH^-] - 0.10K_b = 0$$

この2次方程式を解くと，

$$[OH^-] = 1.32×10^{-3}\,M \qquad pOH = 2.88$$

②より，$[H^+] = K_w/[OH^-] = 7.65×10^{-12}\,M$

$$pH = 11.12$$

したがって，$[OH^-]$≫$[H^+]$ が成り立つので，仮定は妥当である.

（注）（1）同様に $[OH^-]$≫K_b と近似できることに気づくと，分母の K_b を無視して，$[OH^-] = \sqrt{0.10K_b}$ $= 1.32×10^{-3}\,M$ となる.

> **押さえておくべき公式**
> 弱塩基の近似式 $[OH^-] = \sqrt{cK_b}$

---

(3) 0.10 mol/L 酢酸ナトリウム水溶液

酢酸ナトリウムは水に溶けると完全電離する.

$$NaA \longrightarrow Na^+ + A^-$$

溶液中の電離式は以下の2つである．酢酸を HA とする.

$$HA \rightleftarrows H^+ + A^-$$
$$H_2O \rightleftarrows H^+ + OH^-$$

（平）$[H^+][A^-]/[HA] = K_a$ ……①

$\qquad [H^+][OH^-] = K_w$ ……②

（中）$[H^+] + [Na^+] = [A^-] + [OH^-]$ ……③

（量）$0.10\,M = [A^-] + [HA]$ ……④

$\qquad 0.10\,M = [Na^+]$ ……⑤

まず，（平）と（量）を使って $[HA]$ を消去する.

$$[H^+][A^-]/(0.10-[A^-]) = K_a \quad \cdots\cdots⑥$$

⑥を $[A^-]$ についてまとめると，

$$[A^-] = 0.10K_a/([H^+] + K_a) \quad \cdots\cdots⑦$$

⑦を（中）に代入する．その際に，⑤の $[Na^+] = 0.10\,M$ も代入する.

$$[H^+] + 0.10 = 0.10K_a/([H^+] + K_a) + [OH^-]$$
$$\cdots\cdots⑧$$

両辺に（$[H^+] + K_a$）を掛けて分母を払うと，

$$([H^+] + 0.10)([H^+] + K_a) = K_a(0.10 + [OH^-] + K_w/K_a) \quad \cdots\cdots⑨$$

となる．ここでは，$[H^+][OH^-] = K_w$ を使い，右辺を K_a でくくった.

$K_w/K_a = 5.77×10^{-10}$ となるので，0.10≫K_w/K_a は自明であり，無視できる.

液性が塩基性側になることを予想して，0.10≫$[H^+]$ を仮定して，$[H^+]$ を省略する.

⑨は $0.10([H^+] + K_a) = K_a(0.10 + [OH^-])$ ……⑩

となるので，$0.10[H^+] = K_a[OH^-]$ ……⑪

両辺を 0.10 で割り，さらに $[H^+]$ をかけた後，ルートをとると，

$$[H^+] = \sqrt{K_aK_w/0.10} = 1.33×10^{-9}\,M$$

$$pH = 8.88$$

したがって，仮定した 0.10≫$[H^+] = 1.33×10^{-9}$ は妥当である.

> **押さえておくべき公式**
> 弱酸と強塩基からなる塩の水溶液（加水分解）
> $[H^+] = \sqrt{K_aK_w/c}$

---

(4) 0.10 mol/L 塩化アンモニウム水溶液

$K_b = 1.76×10^{-5}\,M$，$NH_3 = B$ とおいてもよい.

塩化アンモニウムは水に溶けると完全電離する.

$$NH_4Cl \longrightarrow NH_4^+ + Cl^-$$

溶液中の電離式は以下の2つである.

$$NH_3 + H_2O \rightleftarrows NH_4^+ + OH^-$$
$$H_2O \rightleftarrows H^+ + OH^-$$

(平) $[NH_4^+][OH^-]/[NH_3] = K_b$ ······①

$\qquad$ $[H^+][OH^-] = K_w$ ······②

(中) $[H^+] + [NH_4^+] = [OH^-] + [Cl^-]$ ······③

(量) $0.10\,M = [NH_3] + [NH_4^+]$ ······④

$\qquad$ $0.10\,M = [Cl^-]$ ······⑤

まず，(平) と (量) を使って $[NH_3]$ を消去する．

$\qquad$ $[NH_4^+][OH^-]/(0.10-[NH_4^+]) = K_b$ ······⑥

⑥を $[NH_4^+]$ についてまとめると，

$\qquad$ $[NH_4^+] = 0.10K_b/([OH^-] + K_b)$ ······⑦

⑦を (中) に代入する．その際に，⑤の $[Cl^-] = 0.10\,M$ も代入する．

$\qquad$ $[H^+] + 0.10K_b/([OH^-] + K_b) = [OH^-] + 0.10$

$\qquad\qquad\qquad\qquad\qquad\qquad\qquad$ ······⑧

両辺に $([OH^-] + K_b)$ を掛けて分母を払うと，

$\qquad$ $K_b(0.10 + [H^+] + K_w/K_b) = ([OH^-] + 0.10)$

$([OH^-] + K_b)$ ······⑨

ここでは，$[H^+][OH^-] = K_w$ を使い，左辺を K_b でく

くった．

$\qquad$ $K_w/K_b = 5.74\times10^{-10}$ となるので，$0.10 \gg K_w/K_b$ は 自明であり，無視できる．

$\qquad$ 液性が酸性側になることを予想して，$0.10 \gg [OH^-]$ を仮定して，$[OH^-]$ を省略する．

$\qquad$ $K_b(0.10 + [H^+]) = 0.10([OH^-] + K_b)$ ······⑩

となるので，$K_b[H^+] = 0.10[OH^-]$ ······⑪

両辺を K_b で割り，さらに $[H^+]$ をかけた後，ルート をとると，

$\qquad$ $[H^+] = \sqrt{0.10K_w/K_b} = 7.58 \times 10^{-6}\,M$

$\qquad$ pH = 5.12

②より，$[OH^-] = K_w/[H^+] = 1.33\times10^{-9}\,M$．

$\qquad$ したがって，$0.10 \gg [OH^-]$ が成り立つので，仮定 は妥当である．

押さえておくべき公式

強酸と弱塩基からなる塩の水溶液（加水分解）

$[H^+] = \sqrt{cK_w/K_b}$

---

(5) $0.05\,mol/L\,(=C_a)$ 酢酸水溶液と $0.05\,mol/L\,(=C_s)$ 酢酸ナトリウム水溶液の等量混合液

酢酸ナトリウムは水に溶けると完全電離する．

$\qquad$ NaA $\longrightarrow$ Na$^+$ + A$^-$

溶液中の電離式は以下の2つである．酢酸を HA と する．

$\qquad$ HA $\rightleftharpoons$ H$^+$ + A$^-$

$\qquad$ H$_2$O $\rightleftharpoons$ H$^+$ + OH$^-$

(平) $[H^+][A^-]/[HA] = K_a$ ······①

$\qquad$ $[H^+][OH^-] = K_w$ ······②

(中) $[H^+] + [Na^+] = [A^-] + [OH^-]$ ······③

(量) $C_a + C_s = 0.10\,M = [A^-] + [HA]$ ······④

$\qquad$ $C_s = 0.05\,M = [Na^+]$ ······⑤

留意点：(3) と異なるのは (量) の式だけ．

まず，(平) と (量) を使って $[HA]$ を消去する．

$\qquad$ $[H^+][A^-]/\{(C_a + C_s) - [A^-]\} = K_a$ ······⑥

⑥を $[A^-]$ についてまとめると，

$\qquad$ $[A^-] = (C_a + C_s)K_a/([H^+] + K_a)$ ······⑦

⑦を (中) に代入する．その際に，⑤の $[Na^+] = C_s$

も代入する．

$\qquad$ $[H^+] + C_s = (C_a + C_s)K_a/([H^+] + K_a) + [OH^-]$

$\qquad\qquad\qquad\qquad\qquad\qquad\qquad$ ······⑧

両辺に $([H^+] + K_a)$ を掛けて分母を払うと，

$\qquad$ $([H^+] + C_s)([H^+] + K_a) = K_a[(C_a + C_s) + [OH^-]$

$+ K_w/K_a]$ ······⑨

となる．ここでは，$[H^+][OH^-] = K_w$ を使い，右辺 を K_a でくくった．

$\qquad$ $K_w/K_a = 5.77\times10^{-10}$ となるので，$C_a+C_s = 0.10 \gg$ K_w/K_a は自明であり，無視できる．

$\qquad$ 液性が酸性側になることを予想して，$C_a+C_s = 0.10 \gg$ $[OH^-]$ を仮定して，$[OH^-]$ を省略する．（仮定1）

$\qquad$ さらに，$C_s = 0.05 \gg [H^+]$ を仮定して，$[H^+]$ を 省略する．（仮定2）

$\qquad$ その結果，

⑨は $C_s([H^+] + K_a) = K_a(C_a + C_s)$ ······⑩

となるので，$[H^+] = K_aC_a/C_s$ ······⑪

$C_a = C_s = 0.05\,M$ より，

$\qquad$ $[H^+] = K_a = 1.75 \times 10^{-5}\,M$

pH = pK_a = 4.75

②より，$[OH^-] = K_w/[H^+] = 5.77 \times 10^{-9}$ M.

　したがって，$0.10 \gg [OH^-]$ が成り立つので，仮定1は妥当である．

　$[H^+] = 1.75 \times 10^{-5}$ M より，$0.05 \gg [H^+]$ が成り

立つので仮定2は妥当である．

> **押さえておくべき公式**
>
> 弱酸とその塩からなる緩衝液
>
> $[H^+] = K_a C_a/C_s$

---

(6)　0.05 mol/L（ = C_b）アンモニア水溶液と 0.05 mol/L（ = C_s）塩化アンモニウム水溶液の等量混合液

塩化アンモニウムは水に溶けると完全電離する．

$$NH_4Cl \longrightarrow NH_4^+ + Cl^-$$

溶液中の電離式は以下の2つである．

$$NH_3 + H_2O \rightleftarrows NH_4^+ + OH^-$$

$$H_2O \rightleftarrows H^+ + OH^-$$

（平）　$[NH_4^+][OH^-]/[NH_3] = K_b$　……①

　　　　$[H^+][OH^-] = K_w$　……②

（中）　$[H^+] + [NH_4^+] = [OH^-] + [Cl^-]$　……③

（量）　$(C_b + C_s) = 0.10$ M $= [NH_3] + [NH_4^+]$

　　　　　　　　　　　　　　　　　……④

　　　　$C_s = 0.10$ M $= [Cl^-]$　……⑤

留意点：(4) と異なるのは（量）の式だけ．

まず，（平）と（量）を使って $[NH_3]$ を消去する．

$[NH_4^+][OH^-]/\{(C_b + C_s) - [NH_4^+]\} = K_b$　……⑥

⑥を $[NH_4^+]$ についてまとめると，

$[NH_4^+] = (C_b + C_s)K_b/([OH^-] + K_b)$　……⑦

⑦を（中）に代入する．その際に，⑤の $[Cl^-] = C_s$ も代入する．

$[H^+] + (C_b + C_s)K_b/([OH^-] + K_b) = [OH^-] + C_s$

　　　　　　　　　　　　　　　　　……⑧

両辺に（$[OH^-] + K_b$）を掛けて分母を払うと，

$K_b[(C_b + C_s) + [H^+] + K_w/K_b] = ([OH^-] + C_s)$

$([OH^-]+K_b)$　……⑨

ここでは，$[H^+][OH^-] = K_w$ を使い，左辺を K_b でくくった．

　$K_w/K_b = 5.74 \times 10^{-10}$ となるので，$0.10 \gg K_w/K_b$ は自明であり，無視できる．

　液性が塩基性側になることを予想して，$(C_b + C_s) = 0.10 \gg [H^+]$ を仮定して，$[H^+]$ を省略する．（仮定1）

　さらに，$C_s = 0.05 \gg [OH^-]$ を仮定して，$[OH^-]$ を省略する．（仮定2）

　その結果，

$K_b(C_b + C_s) = C_s([OH^-] + K_b)$　……⑩

となるので，$K_b C_b = C_s[OH^-]$　……⑪

　$[OH^-] = K_b C_b/C_s$

$C_b = C_s = 0.05$ M より，

　$[OH^-] = K_b = 1.76 \times 10^{-5}$ M

　pOH = pK_b = 4.75　pH = 14.00 − pOH = 9.25

②より，$[H^+] = K_w/[OH^-] = 5.74 \times 10^{-10}$ M.

　したがって，$0.10 \gg [H^+]$ が成り立つので，仮定1は妥当である．

　$[OH^-] = K_b = 1.76 \times 10^{-5}$ M より，$0.05 \gg [OH^-]$ が成り立つので，仮定2は妥当である．

> **押さえておくべき公式**
>
> 弱塩基とその塩からなる緩衝液
>
> $[OH^-] = K_b C_b/C_s$

付表Ⅰ　4桁の原子量表

(元素の原子量は，質量数 12 の炭素（¹²C）を 12 とし，これに対する相対値とする。)

本表は，実用上の便宜を考えて，国際純正・応用化学連合（IUPAC）で承認された最新の原子量に基づき，日本化学会原子量専門委員会が独自に作成したものである。本来，同位体存在度の不確定さは，自然に，あるいは人為的に起こりうる変動や実験誤差のために，元素ごとに異なる。従って，個々の原子量の値は，正確度が保証された有効数字の桁数が大きく異なる。本表の原子量を引用する際には，このことに注意を喚起することが望ましい。

なお，本表の原子量の信頼性はリチウム，亜鉛の場合を除き有効数字の 4 桁目で±1 以内である（両元素については脚注参照）。また，安定同位体がなく，天然で特定の同位体組成を示さない元素については，その元素の放射性同位体の質量数の一例を（ ）内に示した。従って，その値を原子量として扱うことは出来ない。

原子番号	元　素　名	元素記号	原子量	原子番号	元　素　名	元素記号	原子量
1	水　　　　素	H	1.008	44	ル　テ　ニ　ウ　ム	Ru	101.1
2	ヘ　リ　ウ　ム	He	4.003	45	ロ　ジ　ウ　ム	Rh	102.9
3	リ　チ　ウ　ム	Li	6.94†	46	パ　ラ　ジ　ウ　ム	Pd	106.4
4	ベ　リ　リ　ウ　ム	Be	9.012	47	銀	Ag	107.9
5	ホ　　ウ　　素	B	10.81	48	カ　ド　ミ　ウ　ム	Cd	112.4
6	炭　　　　素	C	12.01	49	イ　ン　ジ　ウ　ム	In	114.8
7	窒　　　　素	N	14.01	50	ス　　　　ズ	Sn	118.7
8	酸　　　　素	O	16.00	51	ア　ン　チ　モ　ン	Sb	121.8
9	フ　ッ　　素	F	19.00	52	テ　　ル　　ル	Te	127.6
10	ネ　　オ　　ン	Ne	20.18	53	ヨ　　ウ　　素	I	126.9
11	ナ　ト　リ　ウ　ム	Na	22.99	54	キ　セ　ノ　ン	Xe	131.3
12	マ　グ　ネ　シ　ウ　ム	Mg	24.31	55	セ　シ　ウ　ム	Cs	132.9
13	ア　ル　ミ　ニ　ウ　ム	Al	26.98	56	バ　リ　ウ　ム	Ba	137.3
14	ケ　イ　　素	Si	28.09	57	ラ　ン　タ　ン	La	138.9
15	リ　　　　ン	P	30.97	58	セ　リ　ウ　ム	Ce	140.1
16	硫　　　　黄	S	32.07	59	プ　ラ　セ　オ　ジ　ム	Pr	140.9
17	塩　　　　素	Cl	35.45	60	ネ　オ　ジ　ム	Nd	144.2
18	ア　ル　ゴ　ン	Ar	39.95	61	プ　ロ　メ　チ　ウ　ム	Pm	(145)
19	カ　リ　ウ　ム	K	39.10	62	サ　マ　リ　ウ　ム	Sm	150.4
20	カ　ル　シ　ウ　ム	Ca	40.08	63	ユ　ウ　ロ　ピ　ウ　ム	Eu	152.0
21	ス　カ　ン　ジ　ウ　ム	Sc	44.96	64	ガ　ド　リ　ニ　ウ　ム	Gd	157.3
22	チ　　タ　　ン	Ti	47.87	65	テ　ル　ビ　ウ　ム	Tb	158.9
23	バ　ナ　ジ　ウ　ム	V	50.94	66	ジ　ス　プ　ロ　シ　ウ　ム	Dy	162.5
24	ク　　ロ　　ム	Cr	52.00	67	ホ　ル　ミ　ウ　ム	Ho	164.9
25	マ　ン　ガ　ン	Mn	54.94	68	エ　ル　ビ　ウ　ム	Er	167.3
26	鉄	Fe	55.85	69	ツ　リ　ウ　ム	Tm	168.9
27	コ　バ　ル　ト	Co	58.93	70	イ　ッ　テ　ル　ビ　ウ　ム	Yb	173.0
28	ニ　ッ　ケ　ル	Ni	58.69	71	ル　テ　チ　ウ　ム	Lu	175.0
29	銅	Cu	63.55	72	ハ　フ　ニ　ウ　ム	Hf	178.5
30	亜　　　　鉛	Zn	65.38*	73	タ　ン　タ　ル	Ta	180.9
31	ガ　リ　ウ　ム	Ga	69.72	74	タ　ン　グ　ス　テ　ン	W	183.8
32	ゲ　ル　マ　ニ　ウ　ム	Ge	72.63	75	レ　ニ　ウ　ム	Re	186.2
33	ヒ　　　　素	As	74.92	76	オ　ス　ミ　ウ　ム	Os	190.2
34	セ　　レ　　ン	Se	78.97	77	イ　リ　ジ　ウ　ム	Ir	192.2
35	臭　　　　素	Br	79.90	78	白　　　　金	Pt	195.1
36	ク　リ　プ　ト　ン	Kr	83.80	79	金	Au	197.0
37	ル　ビ　ジ　ウ　ム	Rb	85.47	80	水　　　　銀	Hg	200.6
38	ス　ト　ロ　ン　チ　ウ　ム	Sr	87.62	81	タ　リ　ウ　ム	Tl	204.4
39	イ　ッ　ト　リ　ウ　ム	Y	88.91	82	鉛	Pb	207.2
40	ジ　ル　コ　ニ　ウ　ム	Zr	91.22	83	ビ　ス　マ　ス	Bi	209.0
41	ニ　　オ　　ブ	Nb	92.91	84	ポ　ロ　ニ　ウ　ム	Po	(210)
42	モ　リ　ブ　デ　ン	Mo	95.95	85	ア　ス　タ　チ　ン	At	(210)
43	テ　ク　ネ　チ　ウ　ム	Tc	(99)	86	ラ　　ド　　ン	Rn	(222)

©2024 日本化学会　原子量専門委員会

原子番号	元　素　名	元素記号	原子量	原子番号	元　素　名	元素記号	原子量
87	フ ラ ン シ ウ ム	Fr	(223)	103	ロ ー レ ン シ ウ ム	Lr	(262)
88	ラ ジ ウ ム	Ra	(226)	104	ラ ザ ホ ー ジ ウ ム	Rf	(267)
89	ア ク チ ニ ウ ム	Ac	(227)	105	ド ブ ニ ウ ム	Db	(268)
90	ト リ ウ ム	Th	232.0	106	シ ー ボ ー ギ ウ ム	Sg	(271)
91	プロトアクチニウム	Pa	231.0	107	ボ ー リ ウ ム	Bh	(272)
92	ウ ラ ン	U	238.0	108	ハ ッ シ ウ ム	Hs	(277)
93	ネ プ ツ ニ ウ ム	Np	(237)	109	マ イ ト ネ リ ウ ム	Mt	(276)
94	プ ル ト ニ ウ ム	Pu	(239)	110	ダームスタチウム	Ds	(281)
95	ア メ リ シ ウ ム	Am	(243)	111	レ ン ト ゲ ニ ウ ム	Rg	(280)
96	キ ュ リ ウ ム	Cm	(247)	112	コ ペ ル ニ シ ウ ム	Cn	(285)
97	バ ー ク リ ウ ム	Bk	(247)	113	ニ ホ ニ ウ ム	Nh	(278)
98	カ リ ホ ル ニ ウ ム	Cf	(252)	114	フ レ ロ ビ ウ ム	Fl	(289)
99	アインスタイニウム	Es	(252)	115	モ ス コ ビ ウ ム	Mc	(289)
100	フ ェ ル ミ ウ ム	Fm	(257)	116	リ バ モ リ ウ ム	Lv	(293)
101	メ ン デ レ ビ ウ ム	Md	(258)	117	テ ネ シ ン	Ts	(293)
102	ノ ー ベ リ ウ ム	No	(259)	118	オ ガ ネ ソ ン	Og	(294)

†：人為的に ^{6}Li が抽出され，リチウム同位体比が大きく変動した物質が存在するために，リチウムの原子量は大きな変動幅をもつ。従って本表では例外的に 3 桁の値が与えられている。なお，天然の多くの物質中でのリチウムの原子量は 6.94 に近い。

＊：亜鉛に関しては原子量の信頼性は有効数字 4 桁目で ±2 である。

付表 II　基底状態における核外電子配置

元素		K	L		M			N				O	
		1s	2s	2p	3s	3p	3d	4s	4p	4d	4f	5s	5p
1	H	1											
2	He	2											
3	Li	2	1										
4	Be	2	2										
5	B	2	2	1									
6	C	2	2	2									
7	N	2	2	3									
8	O	2	2	4									
9	F	2	2	5									
10	Ne	2	2	6									
11	Na	2	2	6	1								
12	Mg	2	2	6	2								
13	Al	2	2	6	2	1							
14	Si	2	2	6	2	2							
15	P	2	2	6	2	3							
16	S	2	2	6	2	4							
17	Cl	2	2	6	2	5							
18	Ar	2	2	6	2	6							
19	K	2	2	6	2	6		1					
20	Ca	2	2	6	2	6		2					
21	Sc	2	2	6	2	6	1	2					
22	Ti	2	2	6	2	6	2	2					
23	V	2	2	6	2	6	3	2					
24	Cr	2	2	6	2	6	5	1					
25	Mn	2	2	6	2	6	5	2					
26	Fe	2	2	6	2	6	6	2					
27	Co	2	2	6	2	6	7	2					
28	Ni	2	2	6	2	6	8	2					
29	Cu	2	2	6	2	6	10	1					
30	Zn	2	2	6	2	6	10	2					
31	Ga	2	2	6	2	6	10	2	1				
32	Ge	2	2	6	2	6	10	2	2				
33	As	2	2	6	2	6	10	2	3				
34	Se	2	2	6	2	6	10	2	4				
35	Br	2	2	6	2	6	10	2	5				
36	Kr	2	2	6	2	6	10	2	6				
37	Rb	2	2	6	2	6	10	2	6			1	
38	Sr	2	2	6	2	6	10	2	6			2	
39	Y	2	2	6	2	6	10	2	6	1		2	
40	Zr	2	2	6	2	6	10	2	6	2		2	
41	Nb	2	2	6	2	6	10	2	6	4		1	
42	Mo	2	2	6	2	6	10	2	6	5		1	
43	Tc	2	2	6	2	6	10	2	6	5		2	
44	Ru	2	2	6	2	6	10	2	6	7		1	
45	Rh	2	2	6	2	6	10	2	6	8		1	
46	Pd	2	2	6	2	6	10	2	6	10			
47	Ag	2	2	6	2	6	10	2	6	10		1	
48	Cd	2	2	6	2	6	10	2	6	10		2	
49	In	2	2	6	2	6	10	2	6	10		2	1
50	Sn	2	2	6	2	6	10	2	6	10		2	2
51	Sb	2	2	6	2	6	10	2	6	10		2	3
52	Te	2	2	6	2	6	10	2	6	10		2	4
53	I	2	2	6	2	6	10	2	6	10		2	5
54	Xe	2	2	6	2	6	10	2	6	10		2	6

元素		K	L		M			N				O				P			Q
		1s	2s	2p	3s	3p	3d	4s	4p	4d	4f	5s	5p	5d	5f	6s	6p	6d	7s
55	Cs	2	2	6	2	6	10	2	6	10		2	6			1			
56	Ba	2	2	6	2	6	10	2	6	10		2	6			2			
57	La	2	2	6	2	6	10	2	6	10		2	6	1		2			
58	Ce	2	2	6	2	6	10	2	6	10	1	2	6	1		2			
59	Pr	2	2	6	2	6	10	2	6	10	3	2	6			2			
60	Nd	2	2	6	2	6	10	2	6	10	4	2	6			2			
61	Pm	2	2	6	2	6	10	2	6	10	5	2	6			2			
62	Sm	2	2	6	2	6	10	2	6	10	6	2	6			2			
63	Eu	2	2	6	2	6	10	2	6	10	7	2	6			2			
64	Gd	2	2	6	2	6	10	2	6	10	7	2	6	1		2			
65	Tb	2	2	6	2	6	10	2	6	10	8	2	6	1		2			
66	Dy	2	2	6	2	6	10	2	6	10	9	2	6	1		2			
67	Ho	2	2	6	2	6	10	2	6	10	10	2	6	1		2			
68	Er	2	2	6	2	6	10	2	6	10	11	2	6	1		2			
69	Tm	2	2	6	2	6	10	2	6	10	13	2	6			2			
70	Yb	2	2	6	2	6	10	2	6	10	14	2	6			2			
71	Lu	2	2	6	2	6	10	2	6	10	14	2	6	1		2			
72	Hf	2	2	6	2	6	10	2	6	10	14	2	6	2		2			
73	Ta	2	2	6	2	6	10	2	6	10	14	2	6	3		2			
74	W	2	2	6	2	6	10	2	6	10	14	2	6	4		2			
75	Re	2	2	6	2	6	10	2	6	10	14	2	6	5		2			
76	Os	2	2	6	2	6	10	2	6	10	14	2	6	6		2			
77	Ir	2	2	6	2	6	10	2	6	10	14	2	6	7		2			
78	Pt	2	2	6	2	6	10	2	6	10	14	2	6	9		1			
79	Au	2	2	6	2	6	10	2	6	10	14	2	6	10		1			
80	Hg	2	2	6	2	6	10	2	6	10	14	2	6	10		2			
81	Tl	2	2	6	2	6	10	2	6	10	14	2	6	10		2	1		
82	Pb	2	2	6	2	6	10	2	6	10	14	2	6	10		2	2		
83	Bi	2	2	6	2	6	10	2	6	10	14	2	6	10		2	3		
84	Po	2	2	6	2	6	10	2	6	10	14	2	6	10		2	4		
85	At	2	2	6	2	6	10	2	6	10	14	2	6	10		2	5		
86	Rn	2	2	6	2	6	10	2	6	10	14	2	6	10		2	6		
87	Fr	2	2	6	2	6	10	2	6	10	14	2	6	10		2	6		1
88	Ra	2	2	6	2	6	10	2	6	10	14	2	6	10		2	6		2
89	Ac	2	2	6	2	6	10	2	6	10	14	2	6	10		2	6	1	2
90	Th	2	2	6	2	6	10	2	6	10	14	2	6	10		2	6	2	2
91	Pa	2	2	6	2	6	10	2	6	10	14	2	6	10	2	2	6	1	2
92	U	2	2	6	2	6	10	2	6	10	14	2	6	10	3	2	6	1	2
93	Np	2	2	6	2	6	10	2	6	10	14	2	6	10	4	2	6	1	2
94	Pu	2	2	6	2	6	10	2	6	10	14	2	6	10	6	2	6		2
95	Am	2	2	6	2	6	10	2	6	10	14	2	6	10	7	2	6		2
96	Cm	2	2	6	2	6	10	2	6	10	14	2	6	10	7	2	6	1	2
97	Bk	2	2	6	2	6	10	2	6	10	14	2	6	10	9	2	6		2
98	Cf	2	2	6	2	6	10	2	6	10	14	2	6	10	10	2	6		2
99	Es	2	2	6	2	6	10	2	6	10	14	2	6	10	11	2	6		2
100	Fm	2	2	6	2	6	10	2	6	10	14	2	6	10	12	2	6		2
101	Md	2	2	6	2	6	10	2	6	10	14	2	6	10	13	2	6		2
102	No	2	2	6	2	6	10	2	6	10	14	2	6	10	14	2	6		2
103	Lr	2	2	6	2	6	10	2	6	10	14	2	6	10	14	2	6	1	2

付表III　元素の周期表

凡例：原子番号　元素記号[注1] ／ 元素名 ／ 原子量(2024)[注2]

原子番号	元素記号	元素名	原子量(2024)
1	H	水素	1.00784~1.00811
2	He	ヘリウム	4.002602
3	Li	リチウム	6.938~6.997
4	Be	ベリリウム	9.0121831
5	B	ホウ素	10.806~10.821
6	C	炭素	12.0096~12.0116
7	N	窒素	14.00643~14.00728
8	O	酸素	15.99903~15.99977
9	F	フッ素	18.998403162
10	Ne	ネオン	20.1797
11	Na	ナトリウム	22.98976928
12	Mg	マグネシウム	24.304~24.307
13	Al	アルミニウム	26.9815384
14	Si	ケイ素	28.084~28.086
15	P	リン	30.973761998
16	S	硫黄	32.059~32.076
17	Cl	塩素	35.446~35.457
18	Ar	アルゴン	39.792~39.963
19	K	カリウム	39.0983
20	Ca	カルシウム	40.078
21	Sc	スカンジウム	44.955907
22	Ti	チタン	47.867
23	V	バナジウム	50.9415
24	Cr	クロム	51.9961
25	Mn	マンガン	54.938043
26	Fe	鉄	55.845
27	Co	コバルト	58.933194
28	Ni	ニッケル	58.6934
29	Cu	銅	63.546
30	Zn	亜鉛	65.38
31	Ga	ガリウム	69.723
32	Ge	ゲルマニウム	72.630
33	As	ヒ素	74.921595
34	Se	セレン	78.971
35	Br	臭素	79.901~79.907
36	Kr	クリプトン	83.798
37	Rb	ルビジウム	85.4678
38	Sr	ストロンチウム	87.62
39	Y	イットリウム	88.905838
40	Zr	ジルコニウム	91.224
41	Nb	ニオブ	92.90637
42	Mo	モリブデン	95.95
43	Tc*	テクネチウム	(99)
44	Ru	ルテニウム	101.07
45	Rh	ロジウム	102.90549
46	Pd	パラジウム	106.42
47	Ag	銀	107.8682
48	Cd	カドミウム	112.414
49	In	インジウム	114.818
50	Sn	スズ	118.710
51	Sb	アンチモン	121.760
52	Te	テルル	127.60
53	I	ヨウ素	126.90447
54	Xe	キセノン	131.293
55	Cs	セシウム	132.90545196
56	Ba	バリウム	137.327
57~71		ランタノイド	
72	Hf	ハフニウム	178.486
73	Ta	タンタル	180.94788
74	W	タングステン	183.84
75	Re	レニウム	186.207
76	Os	オスミウム	190.23
77	Ir	イリジウム	192.217
78	Pt	白金	195.084
79	Au	金	196.966570
80	Hg	水銀	200.592
81	Tl	タリウム	204.382~204.385
82	Pb	鉛	206.14~207.94
83	Bi*	ビスマス	208.98040
84	Po*	ポロニウム	(210)
85	At*	アスタチン	(210)
86	Rn*	ラドン	(222)
87	Fr*	フランシウム	(223)
88	Ra*	ラジウム	(226)
89~103		アクチノイド	
104	Rf*	ラザホージウム	(267)
105	Db*	ドブニウム	(268)
106	Sg*	シーボーギウム	(271)
107	Bh*	ボーリウム	(272)
108	Hs*	ハッシウム	(277)
109	Mt*	マイトネリウム	(276)
110	Ds*	ダームスタチウム	(281)
111	Rg*	レントゲニウム	(280)
112	Cn*	コペルニシウム	(285)
113	Nh*	ニホニウム	(278)
114	Fl*	フレロビウム	(289)
115	Mc*	モスコビウム	(289)
116	Lv*	リバモリウム	(293)
117	Ts*	テネシン	(293)
118	Og*	オガネソン	(294)

ランタノイド

原子番号	元素記号	元素名	原子量
57	La	ランタン	138.90547
58	Ce	セリウム	140.116
59	Pr	プラセオジム	140.90766
60	Nd	ネオジム	144.242
61	Pm*	プロメチウム	(145)
62	Sm	サマリウム	150.36
63	Eu	ユウロピウム	151.964
64	Gd	ガドリニウム	157.25
65	Tb	テルビウム	158.925354
66	Dy	ジスプロシウム	162.500
67	Ho	ホルミウム	164.930329
68	Er	エルビウム	167.259
69	Tm	ツリウム	168.934219
70	Yb	イッテルビウム	173.045
71	Lu	ルテチウム	174.9668

アクチノイド

原子番号	元素記号	元素名	原子量
89	Ac*	アクチニウム	(227)
90	Th*	トリウム	232.0377
91	Pa*	プロトアクチニウム	231.03588
92	U*	ウラン	238.02891
93	Np*	ネプツニウム	(237)
94	Pu*	プルトニウム	(239)
95	Am*	アメリシウム	(243)
96	Cm*	キュリウム	(247)
97	Bk*	バークリウム	(247)
98	Cf*	カリホルニウム	(252)
99	Es*	アインスタイニウム	(252)
100	Fm*	フェルミウム	(257)
101	Md*	メンデレビウム	(258)
102	No*	ノーベリウム	(259)
103	Lr*	ローレンシウム	(262)

注1：元素記号の右肩の*はその元素には安定同位体が存在しないことを示す。そのような元素については放射性同位体の質量数の一例を（　）内に示した。ただし、Bi, Th, Pa, U については天然で特定の同位体組成を示すので原子量が与えられる。

注2：この周期表には最新の原子量「原子量表（2024）」が示されている。原子量は単一の数値あるいは変動範囲で示されている。原子量を単一の数値で示すために大きく変動するその他の70元素については、原子量の不確かさは示された数値の最後の桁にある。なお、原子量は主要な同位体から計算されるが、これには安定同位体および半減期が5億年以上の放射性同位体が含まれる。ただし、^{230}Thと^{234}Uは^{238}UO, ^{231}Paは^{235}Uの壊変生成物として常に自然界に存在するために主要な同位体として扱っている。

©2024 日本化学会　原子量専門委員会

索引

【著者略歴】
奈 良 雅 之
1990 年　東京大学理学部化学科卒業
1995 年　東京大学大学院理学系研究科博士課程化学専攻修了
2001 年　東京医科歯科大学助教授
2010 年　同大学教授
2024 年　東京科学大学教授
　　　　　現在にいたる　博士（理学）

最新臨床検査学講座
化学　　　　　　　　　　　　　　　ISBN978-4-263-22376-5

2020 年 2 月 25 日　第 1 版第 1 刷発行
2025 年 1 月 10 日　第 1 版第 7 刷発行

著 者　奈 良 雅 之
発行者　白 石 泰 夫
発行所　医歯薬出版株式会社
〒 113-8612　東京都文京区本駒込 1-7-10
TEL.（03）5395-7620（編集）・7616（販売）
FAX.（03）5395-7603（編集）・8563（販売）
https://www.ishiyaku.co.jp/
郵便振替番号 00190-5-13816

乱丁，落丁の際はお取り替えいたします　　　　　印刷・壮光舎印刷／製本・明光社